5

Schlüssel zur Mathematik

Sekundarschule
Sachsen-Anhalt

Berater
Dr. Lothar Flade, Halle
Kathrin Knopf, Jävenitz
Jörg Meyer, Harsleben
Michael Sommer, Magdeburg

Cornelsen

Teile dieses Unterrichtswerkes basieren auf Inhalten bereits erschienener
Lehrwerke. Diese wurden herausgegeben von Reinhold Koullen
und Udo Wennekers sowie erarbeitet von:
Ilona Gabriel, Ines Knospe, Martina Verhoeven, Udo Wennekers

Beraten durch Dr. Lothar Flade (Halle), Kathrin Knopf (Jävenitz), Jörg Meyer
(Harsleben), Michael Sommer (Magdeburg)

Redaktion: Grit Weber, Sabrina Bühl

Bildrecherche: Peter Hartmann

Illustration: Roland Beier

Grafik: Christian Böhning, Ulrich Sengebusch †

Umschlaggestaltung: V+I+S+K, Berlin

Layout und technische Umsetzung: CMS – Cross Media Solutions GmbH

www.cornelsen.de

Unter der folgenden Adresse befinden sich multimediale Zusatzangebote
für die Arbeit mit dem Schülerbuch:
www.cornelsen.de/schluessel-zur-mathematik
Die Buchkennung ist **MSL004538**.

1. Auflage, 8. Druck 2023

Alle Drucke dieser Auflage sind inhaltlich unverändert und können im Unterricht
nebeneinander verwendet werden.

© 2010 Cornelsen Verlag, Berlin
© 2017 Cornelsen Verlag GmbH, Berlin

Druck und Bindung: Livonia Print, Riga

ISBN 978-3-06-004538-9

PEFC zertifiziert
Dieses Produkt stammt aus nachhaltig
bewirtschafteten Wäldern und kontrollierten
Quellen.

PEFC
PEFC/12-31-006   www.pefc.de

Inhalt

Natürliche Zahlen multiplizieren und dividieren

119

Brüche

189

Größen

143

Aufgabenpraktikum

211

Anhang

221

Gleichungen

171

Daten

Daten können für viele Zwecke verwendet werden. Die Daten dieses Anmelde-formulars werden beispielsweise benutzt, um Schülerausweise zu erstellen.

Noch fit?

Einstieg

1 Halbieren und Verdoppeln
Wie viel ist …
a) die Hälfte von 200?
b) das Doppelte von 200?
c) die Hälfte von 1000?
d) das Doppelte von 1000?

2 Zahlen ordnen
Ordne die Zahlen der Größen nach.

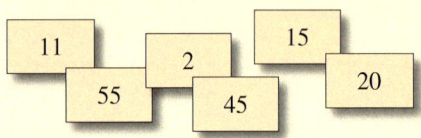

3 Werte aus Tabellen ablesen
a) Wie viele Goldmedaillen
   hatte Russland?
b) Welches Land hatte die
   meisten Silbermedaillen?
c) Welches Land hatte
   die meisten Medaillen?

Olympische Spiele 2008 Gesamtwertung			
	China	Russland	USA
Gold	51	23	36
Silber	21	21	38
Bronze	28	38	36

Aufstieg

1 Halbieren und Verdoppeln
Ergänze die Tabelle im Heft.

die Hälfte		1200		
Zahl	300			1020
das Doppelte			1620	

2 Zahlen ordnen
Ordne die Zahlen der Größe nach.

4 Schulwege vergleichen
Einige Kinder einer Klasse haben aufgeschrieben, wie lange sie zur Schule gehen:

Jonas und Kevin	10 Minuten
Dorothee, Maria und Hasan	3 Minuten
Christina und David	5 Minuten
Max	15 Minuten
Luise und Mark	1 Minute

a) Wie lange läuft Kevin zur Schule?
b) Wie viele Kinder laufen fünf Minuten
   bis zur Schule?
c) Wer läuft drei Minuten bis zur Schule?
d) Wer läuft am längsten zur Schule?
e) Wer läuft weniger lange zur Schule
   als Jonas?

a) Wie viele Kinder laufen mehr als fünf
   Minuten zur Schule?
b) Welche Kinder benötigen weniger Zeit
   für den Schulweg als Christina?
c) Hat Jonas den längsten Schulweg?
d) Ist der Schulweg von Max dreimal so lang
   wie der von Maria?

5 Kurz und knapp
a) Ergänze im Heft: Ein Fußballplatz ist etwa 90 _____ lang.
b) Welche der Aufgaben haben das gleiche Ergebnis? $30 \cdot 40$; $40 \cdot 30$; $5 \cdot 240$; $10 \cdot 245$
c) Wie viele Stunden haben zwei Tage?
d) 2 Vor-, 2 Haupt- und 2 Nachspeisen. Wie viele verschiedene Menüs sind möglich?

Umfragen planen, Daten sammeln

Erforschen und Entdecken

1 Deine neue Klasse

a) Viele neue Kinder sind in deiner Klasse.
Was möchtest du gern über sie wissen?
Schreibe dazu einige Fragen auf.

b) Arbeitet nun zu zweit. Vergleicht eure Fragen.
Gibt es Fragen, die euch beide interessieren?
Stellt einen gemeinsamen Fragebogen auf.
Das Bild rechts zeigt euch ein Beispiel.

c) Erstellt mit allen Kindern in der Klasse einen
gemeinsamen Fragebogen.
Führt die Befragung in eurer Klasse durch.

Persönliche Daten

Vorname
Geschlecht (bitte ankreuzen) ☐ Junge ☐ Mädchen
Alter
Größe
Schuhgröße
Anzahl der Geschwister
Lieblingsfach
Traumberuf
Haustier
Wie lange brauchst du für den Weg zur Schule?
Wie kommst du meistens zur Schule? (bitte ankreuzen)
☐ zu Fuß   ☐ Fahrrad   ☐ Bus
☐ Straßenbahn ☐ Zug   ☐ Auto

2 In einer 5. Klasse wurden alle Kinder nach ihrem Alter und ihrem Hobby gefragt.

a) Wie viele Mädchen gibt es in dieser Klasse?

b) Wie viele Kinder sind 10 Jahre alt?
Wie viele Kinder sind 11 Jahre alt?
Wie viele Kinder sind 12 Jahre alt?

c) Wie viele Kinder haben jeweils welches Hobby?

3 Die Tabelle rechts zeigt die Altersverteilung
in der Klasse 5 d.

a) Wie viele Kinder sind zehn Jahre alt?
Wie viele Kinder sind elf Jahre alt?

b) Wie viele Schülerinnen und Schüler hat die Klasse 5 d?

c) Legt eine eigene Strichliste für das Alter
in eurer Klasse an.

Alter	Strichliste	Häufigkeit
9	IIII III	8
10	IIII IIII II	12
11	IIII I	6
12	I	1
		27

4 Eine eigene Umfrage

Plant eine eigene Umfrage zu einem Thema, das euch interessiert.
Überlegt zunächst, wen ihr fragen wollt und wie mögliche Antworten aussehen könnten.

Lesen und Verstehen

Bevor die Schüler der Klasse 5a ihren neuen Klassensprecher wählen, wollen sie die Kandidaten näher kennen lernen und erstellen einen Fragebogen.

Ein **Fragebogen** enthält alle Fragen, auf die man gern eine Antwort hätte.
Der Befragte soll seine Antwort auf dem Fragebogen eintragen können.

BEISPIEL 1

Tina und Kai lesen gerne. Sie möchten wissen, ob andere Kinder auch gerne lesen.
Rechts ist ihr Fragebogen abgebildet. ■

Wie die Antwort eingetragen werden soll, wird im Fragebogen vorgegeben:
– Ist neben der Frage eine Linie, so kann z. B. ein beliebiges Wort eingetragen werden.
– Sind einige Antworten vorgegeben, so ist oft ein kleines Feld zum Ankreuzen dabei.

Fragebogen: Liest du gern?

Alter: ____ Jahre;   Geschlecht: *m* ☐ *w* ☐

Liest du gerade?   Ja ☐   Nein ☐

Was liest du? (Mehrfachnennungen möglich)
Bücher ☐   Comics ☐   Zeitschriften ☐
Zeitung ☐   Texte im Internet ☐   sonstiges ☐

Dein Lieblingsbuch: _____

Ungefähre Anzahl der gelesenen Bücher: _____

Was ist der Grund dafür, dass du gerne/nicht gerne liest?
_____
_____

Bei einer **Umfrage** (oder Datenerhebung) werden mehrere Antworten oder Beobachtungsergebnisse gesammelt.

Die Ergebnisse der Umfragen oder Beobachtungen nennt man **Daten**.
Deshalb spricht man bei Umfragen auch oft von **Datenerhebungen**.

Zum Auswerten einer Umfrage werden alle Ergebnisse zusammengetragen.
Für eine erste Übersicht wird eine Tabelle angelegt, die so genannte **Urliste**.

Zum einfachen Zählen der Ergebnisse hilft eine **Strichliste**.
Man bündelt immer fünf Striche zu einem Päckchen, um schneller abzählen zu können.
Die Zahl, die angibt, wie oft eine Antwort gegeben wurde, nennt man **Häufigkeit**.

BEISPIEL 2

Das Ergebnis der Klassensprecherwahl:
Für Rebecca wurde 7-mal gestimmt, für Florian 8-mal, für Dilek 9-mal und für Sven 7-mal.
Wer ist der neue Klassensprecher?

Ein Strich steht für eine Stimme, die ein Schüler dem jeweiligen Kandidaten gegeben hat.

Dilek wurde mit der Häufigkeit 9 zur Klassensprecherin gewählt. ■

Basisübungen

1 Was möchtest du gern von deinen Mitschülern wissen?
a) Schreibe drei Fragen auf.
b) Schreibe einige mögliche Antworten dazu.

2 Du sollst den Verkehr in deiner Straße beobachten.
a) Welche Fragen könnten interessant sein?
b) Schreibe einige mögliche Antworten dazu.

3 In einer 5. Klasse entstand folgender Fragebogen zum Thema „Familie".
a) Was fehlt bei der Frage 1 und 2?
b) Welche Frage ist zum Thema „Familie" nicht sinnvoll?

Fragebogen:
Unsere Familien

1) Wie heißt du?

2) Wie alt bist du?

3) Wie viele Geschwister hast du?

_____

4) Was ist deine Lieblingsfarbe?

_____

5) Leben deine Eltern zusammen?

Ja ☐   Nein ☐

4 Entwickle mit einem Mitschüler oder einer Mitschülerin einen eigenen Fragebogen zum Thema „Unsere Familien".

1 Was möchtest du gern von der Familie deiner Mitschüler wissen?
a) Schreibe drei Fragen auf.
b) Schreibe einige mögliche Antworten dazu.

2 Du sollst Leute am Bahnhof in deiner Stadt beobachten.
a) Welche Fragen könnten interessant sein?
b) Schreibe einige mögliche Antworten dazu.

3 In einer 5. Klasse entstand folgender Fragebogen zum Thema „Hobbys".
a) Welche Fragen passen gut?
b) Welche Fragen würdest du anders stellen? Warum?

Fragebogen:
Unsere Hobbys

1) Wie heißt du?   _____

2) In welchem Monat wurdest du geboren?

_____

3) Hast du ein Hobby?   Ja ☐   Nein ☐

4) Ist dein Hobby „Fußball"?   Ja ☐   Nein ☐

5) Ist dein Hobby „Kochen"?   Ja ☐   Nein ☐

6) Wie viel Zeit nimmst du dir für dein Hobby?

_____

4 Entwickle mit anderen zusammen einen eigenen Fragebogen zum Thema „Unsere Hobbys".

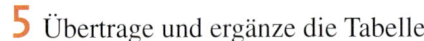

5 Übertrage und ergänze die Tabelle.

Hobbys	Strichliste	Häufigkeit
Fußball	‖‖‖ ‖‖‖ ‖‖‖ ‖‖‖ |||	
Lesen	‖‖‖ ‖‖‖ ‖‖‖ ‖‖‖	
Computer	||||	
Tanzen		11
Handball		4
Reiten		2

5 Übertrage und ergänze die Tabelle.

Lieblingsessen	Strichliste	Häufigkeit
Pizza	‖‖‖ ‖‖‖ ‖‖‖	
Spaghetti		7
Müsli		3
Spinat	‖‖‖		
Schnitzel		8
Pommes frites	‖‖‖ ‖‖‖ ||||	

6 Würfele 20-mal.
Übertrage und ergänze die Strichliste.

⚀	⚁	⚂	⚃	⚄	⚅

6 Würfele mit zwei Würfeln 20-mal.
Welche Augensummen sind möglich?
Erstelle eine Strichliste.
Gib auch die Häufigkeiten der einzelnen
Ergebnisse an.

7 Wirf 20-mal zwei Würfel gleichzeitig
und berechne jeweils die Augensumme.
Wie häufig ist die Augensumme …
a) gleich 3?
b) gleich 7?
c) gleich 10?

7 Wirf 20-mal zwei Würfel gleichzeitig
und berechne die Augensumme.
Wie häufig ist die Augensumme …
a) gleich 8?
b) kleiner als 11?
c) größer als 9?

8 Glück im Lotto?

Welche Zahl wurde wie oft angekreuzt?

8 Glück im Lotto?

Auf welche Zahl setzt Max seine größte
Hoffnung?

9 Urliste zur Umfrage: „Liest du gern?"

Alter	m/w	Liest du gern?	Anzahl gelesener Bücher	Was liest du?
11	m	ja	30	Bücher, Comics
10	w	ja	22	Zeitung, Bücher
11	m	nein	6	–
12	m	ja	16	Bücher
10	w	nein	9	Comics

Fertige eine Strichliste zu folgenden Fragen an.
Gib auch jeweils die Häufigkeiten an.
a) Wie viele Kinder sind wie alt?
b) Wie viele Kinder lesen gern?
c) Wie viele Jungen wurden befragt?
d) Was lesen die Kinder am liebsten?

Fertige eine Strichliste zu folgenden Themen
an. Gib auch jeweils die Häufigkeiten an.
a) Kinder, die mehr als zehn Bücher gelesen
haben
b) Elfjährige, die nicht gerne lesen
c) Mädchen, die gerne lesen

■ Daten in Tabellen und Diagrammen

Erforschen und Entdecken

1 Fünf Kinder aus der Klasse 5 c spielen Fußball im Verein.

Name	Alter	Tore	Gelbe Karten	Rote Karten
Sergej	10	15	2	1
Anne	12	7	1	1
Ben	11	4	0	0
Fatma	10	6	3	1
Tom	9	12	4	0

a) Wie alt ist Fatma?
b) Wer bekam die meisten gelben Karten?
c) Wer schoss die meisten Tore?
d) Wie viele gelbe Karten bekam der Spieler mit den meisten Toren?
e) Erfinde drei eigene Fragen und stelle sie deinen Mitschülern.

2 Schuhgrößen von Jungen und Mädchen
Es soll untersucht werden, ob es einen Unterschied bei den Schuhgrößen zwischen Jungen und Mädchen gibt.
a) Schreibt alle eure Schuhgrößen an die Tafel, die Mädchen links, die Jungen rechts.
b) Jeder zeichnet in sein Heft eine Tabelle, aus der man später ablesen kann, wie viele Mädchen und wie viele Jungen welche Schuhgröße haben.
c) Was meinst du: Hat in eurer Klasse ein Mädchen oder ein Junge die größeren Füße?

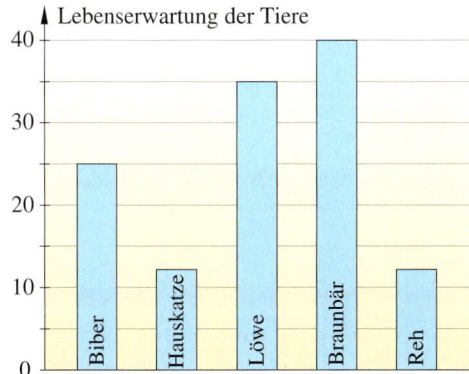

3 Lebenserwartung von Tieren
a) Richtig oder falsch?
   Entscheide mithilfe der Abbildung.
   ① Ein Braunbär hat eine Lebenserwartung von 35 Jahren.
   ② Ein Biber wird in den meisten Fällen älter als ein Löwe.
   ③ Das Reh und die Hauskatze haben etwa die gleiche Lebenserwartung.
b) Schreibe zwei weitere falsche und zwei richtige Aussagen auf.

HINWEIS
Natürlich wird nicht jeder Löwe genau 35 Jahre alt, ein paar Löwen werden nicht so alt und ein paar sogar älter. Aber im Mittel werden sie ungefähr 35 Jahre alt.

4 Das nebenstehende Liniendiagramm zeigt einen Temperaturverlauf.
Sammelt gemeinsam alle Informationen, die ihr dem Diagramm entnehmen könnt.

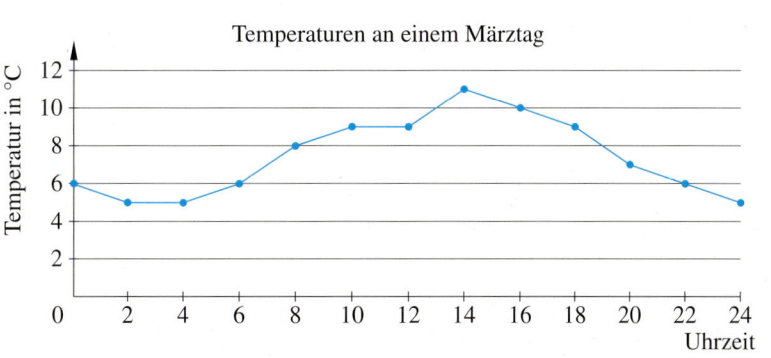

Lesen und Verstehen

In Inas Klasse wurde eine Umfrage zum Thema „Fußball" durchgeführt. Die Ergebnisse wurden in einer Tabelle zusammengefasst. Das folgende Bild zeigt einen Ausschnitt dieser Tabelle.

BEISPIEL 1

Name	Fußball finde ich	Lieblingsverein	Lieblingsspieler	Spielst du im Verein?	eigene Tore
Svetlana	cool	FC Schalke 04	Lukas P.	ja	7
Sven	blöd	–	–	nein	0
Eric	cool	Bayern München	Uwe S.	ja	11
Thomas	cool	VfB Stuttgart	Lukas P.	nein	5

Den Lieblingsspieler von Eric findet man dort, wo sich die Zeile „Eric" und die Spalte „Lieblingsspieler" treffen. ■

> **Tabellen** fassen Angaben geordnet zusammen.
> Sie bestehen aus **Zeilen** und **Spalten**.
> Überschriften stehen oft in der ersten Zeile und in der ersten Spalte.

HINWEIS
Zeilen verlaufen von links nach rechts.
Spalten verlaufen von oben nach unten.

Ina möchte die Umfrageergebnisse zum Thema „Fußball" anschaulich darstellen. Sie hat sich für ein Säulendiagramm entschieden.

HINWEIS
Diagramme sind Schaubilder, in denen Daten oder Informationen anschaulich dargestellt werden.

> Diagramme mit Säulen heißen **Säulendiagramme**. Hier werden Zahlen durch unterschiedlich hohe Säulen dargestellt.

zu BEISPIEL 1

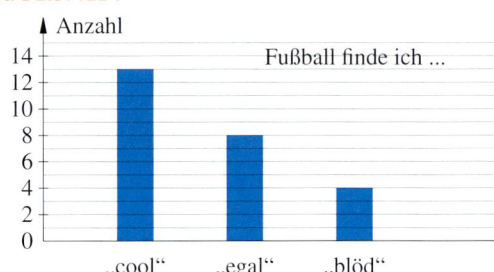

Zeichnen eines Säulendiagramms:
Bevor man ein Säulendiagramm zeichnet, sollte man sich überlegen:
1. Wie hoch wird die höchste Säule?
2. Wie viele Säulen werden es sein?
3. Wie breit sind die Säulen?
4. Was steht an den beiden Achsen?
5. Welche Überschrift bekommt das Diagramm?

Es gibt noch viele weitere Diagrammarten, z. B. Liniendiagramme.

BEISPIEL 2

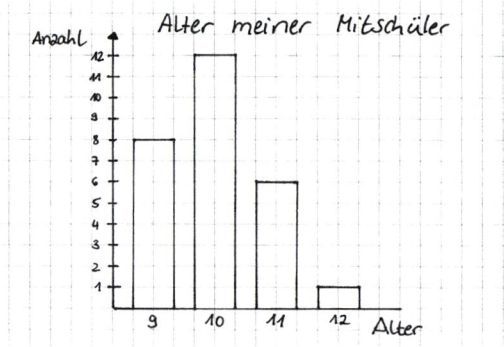

> Bei **Liniendiagrammen** werden die einzelnen Daten durch gerade Linien verbunden.

In Liniendiagrammen wird der zeitliche Verlauf der Daten gut sichtbar.

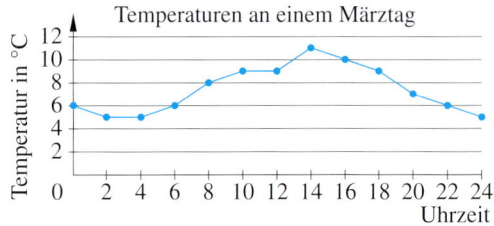

Basisübungen

1 Ergänze sinnvolle Überschriften im Heft.

Robert	Reiten	Fische
Elli	Tennis	Katze
Maik	Handball	Hund

2 Befrage zwei Mitschüler.
Übertrage die Tabelle und fülle sie aus.

Name	Lieblingsfach	Augenfarbe

3 Erstelle eine Tabelle mit Zeitangaben zu Annes Tagesablauf.

1 Ergänze sinnvolle Überschriften im Heft.

Alma	10	2	36
Betty	11	1	38
Chris	10	0	40
Tobi	12	4	39

2 Befrage mehrere Mitschüler zu ihrem Traumberuf und ihrer Schuhgröße.
Erstelle eine passende Tabelle im Heft und fülle sie aus.

3 Erstelle eine Tabelle mit Zeitangaben zu deinem eigenen Tagesablauf.

7:00　　7:50　　8:00　　14:00　　15:00　　18:00　　18:30　　19:00

4 Berühmte Sportler – Wer ist wer?

4 Berühmte Sportler – Wer ist wer?

Name	geboren	Staat	Sportart
Steffi Graf	14.06.1969	Deutschland	Tennis
Tiger Woods	30.12.1975	USA	Golf
David Beckham	02.05.1975	England	Fußball
Michael Jordan	17.02.1963	USA	Basketball
Muhammed Ali	17.01.1942	USA	Boxen
Michael Schumacher	03.01.1969	Deutschland	Formel 1
Franz Beckenbauer	11.09.1945	Deutschland	Fußball

a) Wann wurde Steffi Graf geboren?
b) Welche Sportart übte Muhammed Ali aus?
c) Aus welchem Land stammt Michael Jordan?
d) Wer stammt aus England?
e) Wie heißt der Golfspieler?

a) Sortiere die Sportler nach ihrem Alter.
b) Aus welchem Land stammt der ältere der beiden Fußballer?
c) Wie alt ist der englische Sportler heute?
d) Woher kommt der Sportler, der einen Tag vor Silvester Geburtstag hat?

5 Zeichne eine Tabelle und fasse folgende Angaben über den Schulweg zusammen.
– Julian braucht 20 Minuten mit dem Fahrrad zur Schule.
– Jil kann zu Fuß zur Schule gehen. Es dauert nur 5 Minuten.
– Pit fährt jeden Morgen 35 Minuten mit dem Schulbus.

5 Fasse folgende Angaben in einer Tabelle zusammen und ergänze zwei Beispiele.
– Umut hat eine Katze. Sie heißt Garfield und ist sechs Jahre alt.
– Sabrinas Hund heißt Peppels und ist fünf Jahre alt.
– Bugs Bunny heißt das zweijährige Kaninchen von Christian.

6 Richtig oder falsch?
a) Igel werden etwa sieben Jahre alt.
b) Füchse werden etwa doppelt so alt wie Kaninchen.
c) Der Hirsch ist das gefährlichste Tier von allen.
d) Wildschweine werden etwa dreimal so alt wie Kaninchen.

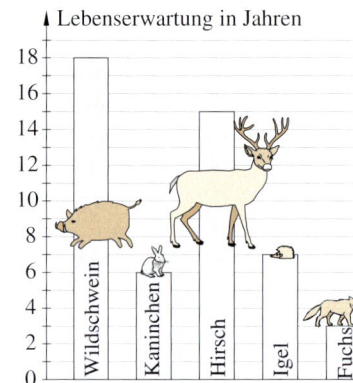

Lebenserwartung in Jahren

Wildschwein, Kaninchen, Hirsch, Igel, Fuchs

6 Antworte mithilfe der Abbildung:
a) Wie alt werden Igel im Durchschnitt?
b) Welches Tier hat die kürzeste Lebenserwartung?
c) Wie alt wird ein Wildschwein etwa?
d) Vergleiche Fuchs und Igel.

7 Vervollständige das Säulendiagramm im Heft.

Lieblingsfach	Anzahl der Stimmen
Mathematik	7
Sport	8
Deutsch	5
Sonstiges	6

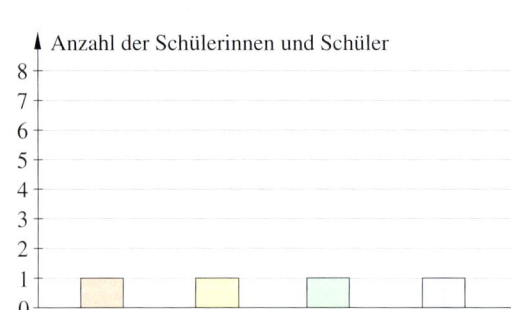

Anzahl der Schülerinnen und Schüler

Mathematik — Sport — Deutsch — Sonstiges

7 Zeichne jeweils ein Säulendiagramm:
a) Lieblingsfarben der Klasse 5 b

Lieblingsfarbe	Anzahl der Stimmen
blau	3
rot	2
grün	7
violett	5
gelb	0

b) Lieblingsfarben aller Kinder der fünften Klassen

Lieblingsfarbe	Anzahl der Stimmen
blau	21
rot	15
grün	12
violett	18
gelb	5

8 Tim bekommt seit Januar monatlich 10 € Taschengeld.
Das Liniendiagramm zeigt den Verlauf von Tims Geldbestand jeweils am Ende des Monats.

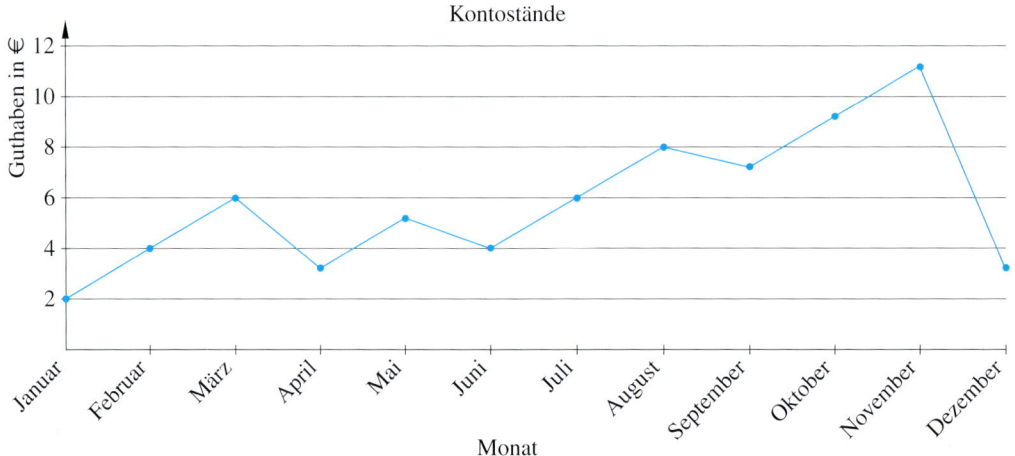

Kontostände

Monat

In welchem Monat hat Tim wie viel Geld ausgegeben? Stelle eine passende Tabelle auf.

Methode: Diagramme mit dem Computer erstellen

Diagramme lassen sich auch mit dem Computer erstellen.
Dazu wird ein **Tabellenkalkulationsprogramm** benötigt.

1 Zuerst müssen die Ausgangsdaten in eine Excel-**Tabelle** übertragen werden.

Ausgangstabelle:

Gebäude	Höhe in m
Berliner Fernsehturm	367
Eiffelturm	300
Taipei 101	508
Empire State Building	452

Tabelle in EXCEL:

	A	B
1	Gebäude	Höhe in m
2	Berliner Fernsehturm	367
3	Eiffelturm	300
4	Taipei 101	508
5	Empire State Building	452

2 Alle **Daten** werden in der Excel-Tabelle **markiert**.
(Linke Maustaste gedrückt halten und von A 1 bis B 5 ziehen. Die Tabelle wird dabei grau.)
Oben in der Symbolleiste auf den Button 📊 klicken.
Dann öffnet sich der **Diagramm-Assistent**.

Im ersten Schritt kann man dann den **Diagrammtypen** wählen, z. B. Liniendiagramm oder Säulendiagramm. Im zweiten Schritt kann man die Auswahl der Daten aus der Tabelle noch einmal ändern.

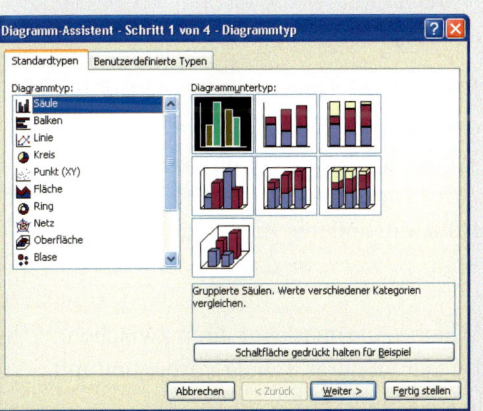

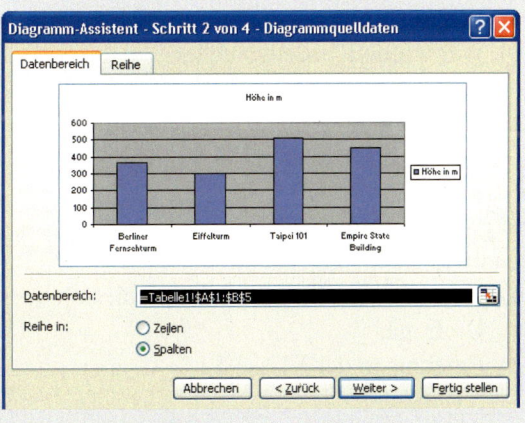

3 Beim dritten Schritt lassen sich z. B. die Überschrift verändern oder die Achsen beschriften. Auch das Entfernen der Legende ist möglich.
Das **fertige Diagramm** könnte dann z. B. wie auf dem Bild rechts aussehen.

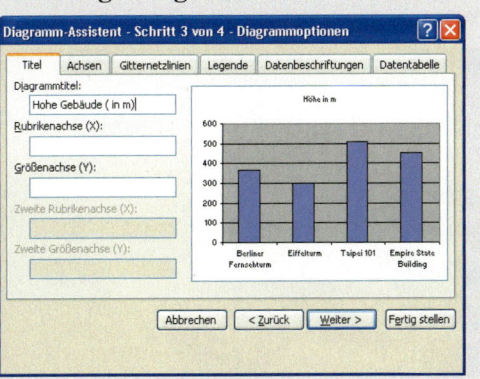

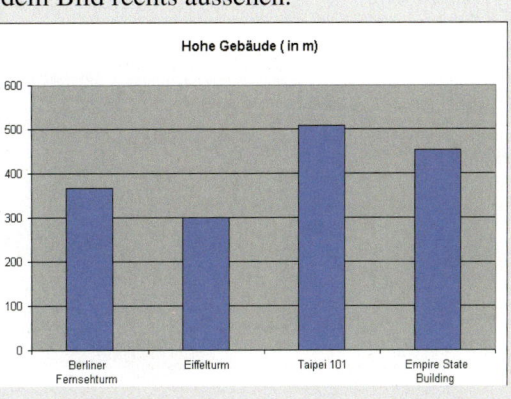

HINWEIS

 015-1

In unserem Beispiel werden die Höhen einiger bekannter Gebäude mithilfe des Tabellenkalkulationsprogramms EXCEL in einem Säulendiagramm dargestellt. Unter dem Webcode 015-1 findest du eine vorgefertigte Tabelle in Excel, mit der du die einzelnen Schritte nachvollziehen kannst.

SCHON GEWUSST?
Unter der Legende einer Landkarte oder eines Plans versteht man eine Beschreibung der verwendeten Symbole oder Farben.

ANREGUNG
Probiere es aus: Erstelle ein Säulendiagramm zu einer von euch durchgeführten Umfrage.

Klar soweit?

→ *Seite 8*

■ Umfragen planen, Daten sammeln

1 Die Klasse 5 b will ihren Klassenraum neu gestalten.
Die Kinder sollen vorher nach ihren Wünschen gefragt werden.
a) Schreibe drei Fragen auf.
b) Schreibe mögliche Antworten auf.

2 Jonas will das Wetter im Monat August beobachten.
Welche Daten könnten interessant sein?
Gib drei Beispiele an.

3 Ergebnis der Klassensprecherwahl:

Name	Strichliste
Jennifer	卌 ‖
Marcel	卌 卌
Dilek	卌 ‖‖

a) Wer bekam wie viele Stimmen?
b) Wer wurde Klassensprecher?
   Wer hatte die zweitmeisten Stimmen?
c) Am Wahltag fehlten zwei Schüler.
   Wie viele Kinder sind in der Klasse?

4 Was für Haustiere gibt es in deiner Klasse und wie viele von jeder Art?
a) Erstelle einen Fragebogen für eine solche Umfrage.
b) Ergebnis in der Klasse 5 a:
   5 Hunde
   7 Katzen
   5 Vögel
   8 Hamster
   12 Fische
   Wie sah die Strichliste dazu aus?

1 Das Schulamt will den Schulhof neu gestalten lassen. Die Schülerinnen und Schüler sollen mit einem Fragebogen nach Vorschlägen befragt werden.
a) Schreibe fünf Fragen auf.
b) Nenne einige mögliche Antworten.

2 Eine Bekleidungsfirma beobachtet in der Fußgängerzone, wie sich junge Menschen kleiden.
Schreibe drei Dinge auf, die für die Firma interessant sein könnten.

3 Wohin beim nächsten Klassenausflug?

Ziel	Strichliste
Zoo	卌 ‖
Erlebnispark	卌 ‖‖
Schwimmbad	卌 卌	
Ausstellung		

a) Mit welcher Häufigkeit wurde für die einzelnen Ziele abgestimmt?
b) Wohin wird der Ausflug gehen?
c) Am Abstimmungstag fehlten zwei Schüler.
   Hätte ein anderes Ziel herauskommen können, wenn sie da gewesen wären?

4 Welche Automarken fahren zwischen 7 Uhr und 8 Uhr an eurer Schule vorbei und mit welcher Häufigkeit?
a) Plane eine entsprechende Beobachtung.
b) Peters Ergebnisse:
   12 Opel, 22 VW, 7 Mercedes, 15 Ford, 19 Renault und 9 Mazda.
   Wie sah die Strichliste dazu aus?

Daten in Tabellen und Diagrammen

→ *Seite 12*

5 Wer hat wie viele Geschwister?

Lisa, 11 Jahre 5. Klasse 2 Brüder	Tonia, 13 Jahre 6. Klasse 1 Schwester

Nesrin, 12 Jahre
5. Klasse
2 Schwestern,
2 Brüder

Mark, 11 Jahre
5. Klasse
Einzelkind

Felix, 12 Jahre
5. Klasse
1 Bruder,
1 Schwester

a) Zeichne eine Tabelle und fülle sie aus. Überlege zuerst, welche Spalten die Tabelle hat.

b) Beantworte folgende Fragen:
  ① Wie viele Kinder haben keine Schwester?
  ② Wie viele Kinder sind älter als 11 Jahre?
  ③ Wie heißt das Einzelkind?
  ④ Wie viele Fünftklässler wurden befragt?

5 Wer hat wie viele Geschwister?

a) Erstelle zu den Angaben eine Tabelle. Verwende auch die Überschrift *Anzahl Geschwister*.

b) Wie viele Kinder in der 5. Klasse haben mehr als ein Geschwisterkind?

c) Wie viele Stühle werden zusätzlich gebraucht, wenn alle Kinder aus der 5. Klasse ihre Geschwister mitbringen?

6 Was zeigt das Säulendiagramm?

a) Wie viele Mitschüler sind 12 Jahre alt?

b) Wie viele Mitschüler sind älter als 10 Jahre?

c) Wie viele Kinder gibt es in dieser Klasse?

d) Wie alt sind die Kinder in deiner Klasse?

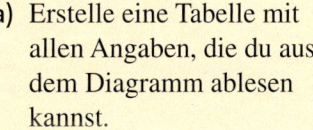

6 Was zeigt das Säulendiagramm?

a) Erstelle eine Tabelle mit allen Angaben, die du aus dem Diagramm ablesen kannst.

b) Zeichne ein passendes Säulendiagramm für die Altersangaben in deiner Klasse.

7 Ein Säulendiagramm zeichnen
Vier Kinder haben gezählt, wie viele Paar Schuhe sie besitzen:
Jana: 6 Paar Schuhe
Silas: 2 Paar Schuhe
Toni: 5 Paar Schuhe
Maja: 4 Paar Schuhe
Zeichne ein passendes Säulendiagramm.

7 Ein Säulendiagramm zeichnen
Die Schüleranzahl von vier fünften Klassen wurden verglichen:
Klasse 5 a: 27 Kinder
Klasse 5 b: 30 Kinder
Klasse 5 c: 22 Kinder
Klasse 5 d: 17 Kinder
Zeichne ein passendes Säulendiagramm.

Vermischte Übungen

1 Denke dir ein interessantes Thema für eine Umfrage aus, deren Ergebnisse du mit folgenden Bildzeichen darstellen kannst.

a) Gib deiner Umfrage eine Überschrift.
b) Schreibe zwei Fragen auf.

2 Finde heraus, wie viele Serien, Tierfilme und Wettervorhersagen heute auf deinem Lieblingssender zu sehen sind.

3 Felix ist krank, er hat Fieber.

a) Wann wurde welche Temperatur gemessen?
b) Beschreibe den Temperaturverlauf mit Worten.

4 Würfele 20-mal mit einem Würfel. Übertrage und ergänze die Tabelle im Heft.

Die Augenzahl ist	Strichliste	Häufigkeit
gleich 1		
gleich 3		
gleich 5		
gerade		
größer als 3		
kleiner als 3		

1 Denke dir ein interessantes Thema für eine Umfrage aus, deren Ergebnisse du mit folgenden Bildzeichen darstellen kannst.

a) Gib deiner Umfrage eine Überschrift.
b) Schreibe zwei Fragen auf.

2 Wähle zwei Fernsehsender. Vergleiche die Häufigkeit von Serien, Talkshows und Nachrichten, die diese Sender in einer Woche ausstrahlen.

3 Temperaturen im September

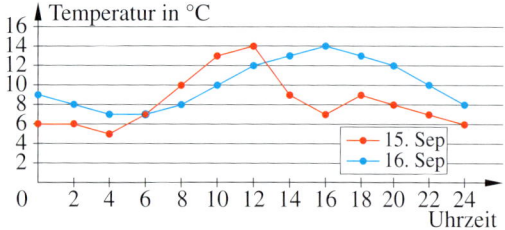

a) Beschreibe den Verlauf der Graphen.
b) Bestimme jeweils die höchste und die niedrigste gemessene Temperatur.

4 Würfele 20-mal mit zwei Würfeln und berechne jeweils die Augensumme. Übertrage und ergänze die Tabelle im Heft.

Die Augensumme ist	Strichliste	Häufigkeit
gleich 5		
größer als 7		
kleiner als 8		
gleich 6, 7, oder 8		
gerade		
ungerade		

5 Die Längen verschiedener Flüsse

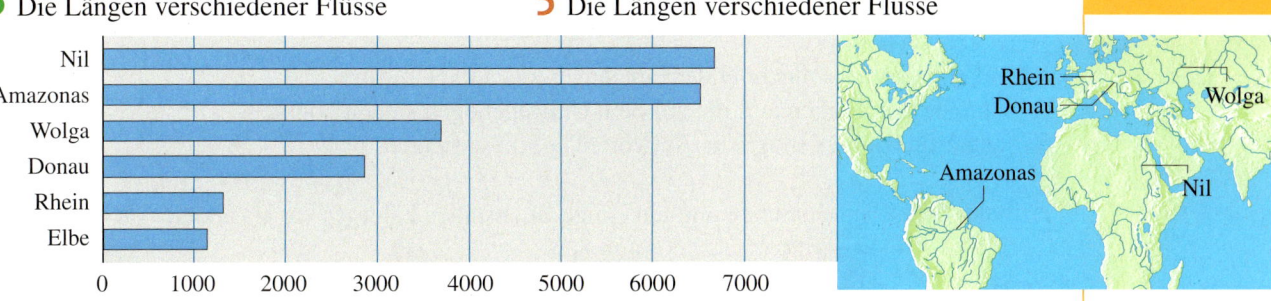

Richtig oder falsch?
a) Die Donau ist kürzer als der Rhein.
b) Der Nil ist etwa 6-mal so lang wie die Elbe.
c) Die Wolga ist mehr als 4000 km lang.

5 Die Längen verschiedener Flüsse

a) Wie lang etwa ist die Wolga?
b) Wie lang etwa ist der Rhein?
c) Um etwa wie viel Kilometer ist der Amazonas länger als die Wolga?

6 Merle beobachtet die Straße.

Es kommen 5 Opel, 7 Volkswagen, 5 Renault, 1 Mazda und 3 Mercedes vorbei.
a) Zeichne eine Tabelle und trage die Angaben ein.
b) Zeichne ein Säulendiagramm, das zu den Angaben passt.

6 Georg beobachtet die Straße.

Es kommen vorbei: 12 Opel, 18 Volkswagen, 8 Mercedes, 10 Ford und 6 Mazda.
a) Zeichne ein Säulendiagramm
b) Eine Gruppe von 156 Motorrädern kommt noch vorbei. Warum könnte man diese Angabe nicht in das Diagramm eintragen?

7 Weltbevölkerung

a) Beschreibe mit Worten, was das Säulendiagramm zeigt.
b) Etwa wie viele Menschen lebten 1970 auf der Erde?
c) Um wie viel nahm die Weltbevölkerung von 1970 bis 1980 zu?
d) Was schätzt du:
Wie viele Menschen werden im Jahr 2030 auf der Erde leben?

Das Wachstum der Weltbevölkerung 1750 bis 2000 in Mio.

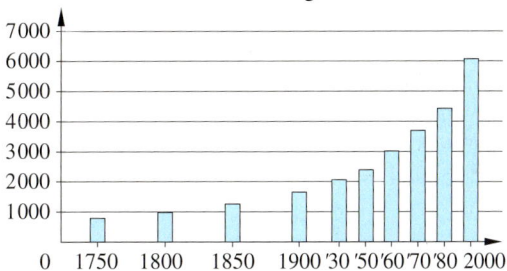

8 Fahrzeit eines Zuges

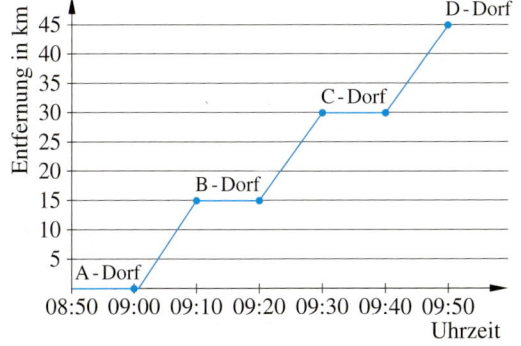

a) Wann fährt der Zug in A-Dorf los?
b) Wann kommt der Zug in D-Dorf an?
c) Wie lange hält der Zug unterwegs?

8 Fahrzeiten zweier Züge

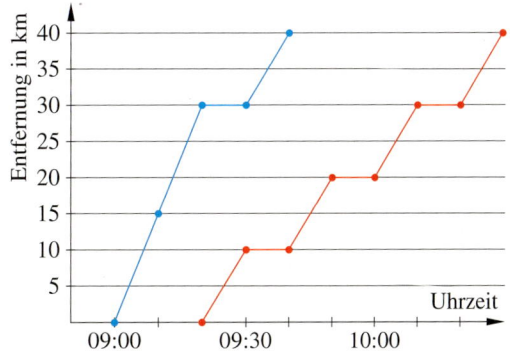

a) Welcher der beiden Züge ist schneller?
b) Schreibe einen Fahrplan für die beiden Züge.

19

Teste dich!

(2 Punkte) **1** Ein Fernsehsender macht in der Fußgängerzone eine Umfrage.
a) Schreibe drei Fragen auf, die auf dem Umfragebogen stehen könnten.
b) Nenne auch einige mögliche Antworten auf diese Fragen.

(3 Punkte) **2** In der deutschen Sprache kommen einige Buchstaben häufiger vor als andere.

Wie häufig kommen die kleinen Buchstaben a, e, n und v in dieser Aufgabe vor?
Fertige eine Tabelle mit einer Strichliste an und trage die Häufigkeiten ein.

(4 Punkte) **3** Brötchenbestellung für das Schulcafé:

Brötchensorte	Mo	Di	Mi	Do	Fr
Körnerbrötchen	20	20	30	20	20
Weizenbrötchen	50	40	50	50	40
Schokobrötchen	60	60	60	60	60
Mohnbrötchen	20	15	20	15	15

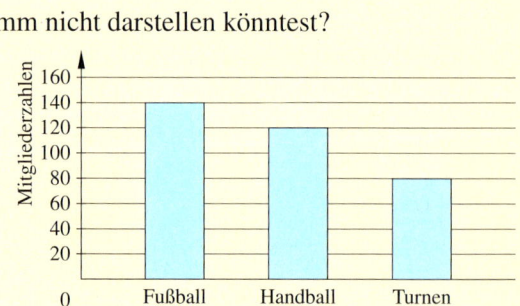

a) Wie viele Mohnbrötchen werden montags bestellt?
b) Wie viele Brötchen werden montags insgesamt bestellt?
c) Wie viele Körnerbrötchen werden pro Woche bestellt?
d) Welche Sorte verkauft sich am besten?
e) Welche Sorte verkauft sich am schlechtesten?

(4 Punkte) **4** So schwer etwa werden folgende Tiere:
Schäferhund: 40 kg   Reh: 30 kg
Hauskatze: 10 kg   Puma: 60 kg
a) Zeichne ein Säulendiagramm.
Zeichne für je 10 kg eine 1 cm hohe Säule.
b) Gibt es Tiere, die du in deinem Säulendiagramm nicht darstellen könntest?

(2 Punkte) **5** Ein Sportverein hat seine Mitgliederzahlen in einem Säulendiagramm dargestellt.
a) Wie viele Mitglieder hat jede der drei Sportabteilungen des Vereins?
b) Wie viele Mitglieder hat der Verein insgesamt?

6 Das Bild zeigt die Höchsttemperaturen für einige Städte an einem Oktobertag.

(6 Punkte)

a) Übertrage die Städtenamen mit den zugehörigen Temperaturwerten in eine Tabelle.

b) Welche war die höchste gemessene Temperatur?
In welcher Stadt wurde sie gemessen?

c) Welche war die niedrigste Temperatur und wo wurde sie gemessen?

d) Wie groß war der Unterschied zwischen der niedrigsten und der höchsten Temperatur?

e) Wähle fünf Städte aus und zeichne für diese Städte ein passendes Säulendiagramm.

7 Beim Seilspringen gab es folgende Ergebnisse:

(4 Punkte)

Schüler	Max	Svenja	Lea	Mark	Yasmin	Marek	Jennifer	Meret
Wiederholungen	32	28	46	37	52	39	33	41

a) Wer hatte die meisten Wiederholungen, wer die wenigsten?

b) Wie groß ist der Unterschied zwischen dem besten und dem schlechtesten Ergebnis?

c) Zeichne ein passendes Säulendiagramm.

8 In dem Säulendiagramm ist das Ergebnis einer Umfrage dargestellt, bei der 16-Jährige nach ihrem Taschengeld pro Monat befragt wurden.

(5 Punkte)

a) Welche Daten kannst du dem Diagramm entnehmen? Schreibe sie in eine Tabelle.

b) „Das Taschengeld ist von 2008 bis 2009 auf fast das Doppelte angestiegen."
Stimmt diese Aussage?
Begründe deine Meinung.

c) Beschreibe, was an der Zeichnung verändert werden müsste, damit das Diagramm korrekt ist.

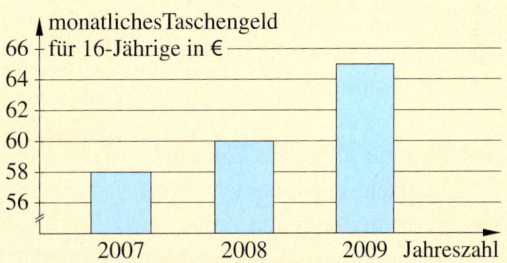

9 Beschreibe den Inhalt des Diagramms mit Worten.

(3 Punkte)

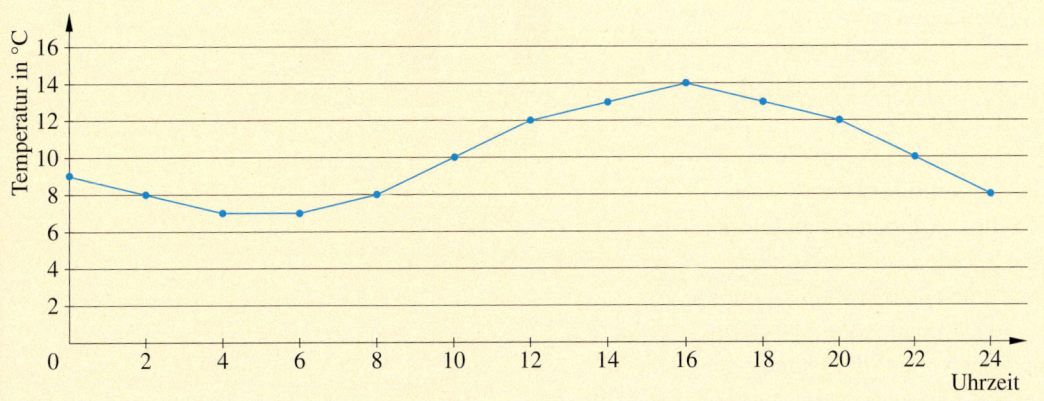

Gold: 31–33 Punkte, Silber: 26–30 Punkte, Bronze: 20–25 Punkte

Zusammenfassung

→ Seite 8

Umfragen planen, Daten sammeln

Um Daten zu sammeln, kann man eine Umfrage durchführen oder Personen und Situationen selbst beobachten.
Dazu benötigt man
– einen **Fragebogen**, den der Befragte ausfüllen soll, oder
– einen **Beobachtungsbogen**, den der Beobachter selbst ausfüllt.

Fragebogen			
Alter: _____ Jahre;	Geschlecht: *m* ☐	*w* ☐	
Liest du gerade?	Ja ☐ Nein ☐		
Was liest du? (Mehrfachnennungen möglich)			
Bücher ☐	Comics ☐	Zeitschriften ☐	
Zeitung ☐	Texte im Internet ☐	sonstiges ☐	

Für eine erste Übersicht über die Ergebnisse stellt man dann die Daten in einer so genannten **Urliste** zusammen.

Alter	m/w	Liest du gerne?	Was liest du?
11	m	ja	Bücher, Comics
10	w	nein	…

Zur Auswertung der Angaben wird eine **Strichliste** mit **Häufigkeitstabelle** angelegt.

Liest du gerne?	Strichliste	Häufigkeit
ja	卌 卌 |||	13
nein	卌 ||||	9

→ Seite 12

Daten in Tabellen und Diagrammen

Um die Eigenschaften von Daten schnell erkennen zu können, werden sie oft in Tabellen oder Diagrammen angeordnet.

Tabellen bestehen aus **Zeilen** und **Spalten**. Die Überschriften stehen oft in der ersten Zeile und in der ersten Spalte.

Name	Fußball finde ich
Svetlana	cool
Sven	blöd
Eric	cool
Thomas	cool

Diagramme mit Säulen heißen **Säulendiagramme**.
Hier werden Daten durch unterschiedlich hohe Säulen dargestellt.

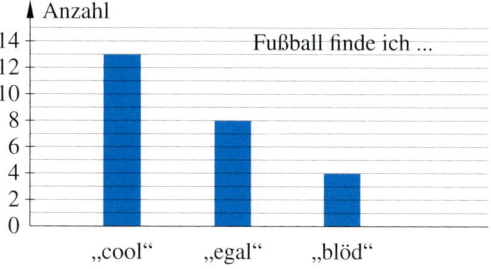

Bei **Liniendiagrammen** werden die einzelnen Daten durch eine gerade Linie verbunden. Sie eignen sich besonders gut bei fortlaufenden Zahlenreihen, weil der Verlauf der Daten mit der Zeit gut sichtbar wird.

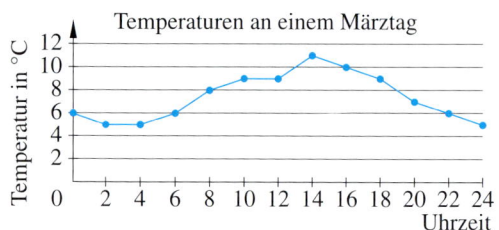

Die natürlichen Zahlen

1 400 000

15 000 000

6000

Die Sonne ist ein gewaltiger Himmelskörper von
etwa einer Million vierhunderttausend Kilometer Durchmesser.
In ihrem Inneren herrschen Temperaturen
bis zu fünfzehn Millionen Grad Celsius,
an der Oberfläche immer noch sechstausend Grad Celsius.
Immer wieder kommt es zu gewaltigen Gasausbrüchen,
die wie helle Fackeln aufleuchten.

$$\frac{x + y}{2}$$

Noch fit?

Einstieg

1 Zahlen ordnen
Ordne die Zahlen der Größe nach.

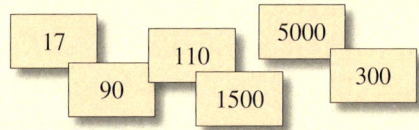

17 90 110 1500 5000 300

2 Addieren im Kopf
Übertrage die Aufgaben. Rechne im Kopf.
a) 12 + 3   b) 15 + 4
c) 28 + 5   d) 25 + 6
e) 70 + 20   f) 90 + 60
g) 51 + 10   h) 67 + 30

3 Zahlenreihen ergänzen
Ergänze die fehlenden Zahlen im Heft.
a) 1, 2, 3, 4, 5, 6, …, 8, 9, 10
b) 34, 35, 36, …, 39
c) 100, 101, …, 103, 104, 105, …, 109, 110
d) 2, 4, 6, …, 12

4 Mosaiksteine abzählen
a) Zähle die weißen Mosaiksteine …
   – im Buchstaben Z.
   – im Buchstaben H.
b) Wie viele weiße Steine
   wurden für diese beiden
   Buchstaben insgesamt
   gebraucht?

5 Subtrahieren im Kopf
Löse die Aufgaben im Heft.
a) 100 – 40   b) 500 – 250
c) 85 – 5   d) 90 – 7
e) 200 – 80   f) 26 – 16
g) 122 – 9   h) 431 – 120

6 Große Zahlen
Schreibe passende Paare ins Heft.

dreihundertachtzig	2 000 000
siebenhunderttausend	50 000
zwei Millionen	380
sechstausendfünfhundert	700 000
fünfzigtausend	6 500

Aufstieg

1 Zahlen ordnen
Ordne die Zahlen der Größe nach.

1717 717 117 10171 1017 1070 171

2 Addieren im Kopf
Übertrage die Aufgaben. Rechne im Kopf.
a) 59 + 5 + 13   b) 63 + 28 + 5
c) 246 + 555   d) 835 + 116
e) 5990 + 2090   f) 8450 + 680
g) 7003 + 13 520   h) 444 + 666

3 Zahlenreihen ergänzen
Ergänze die fehlenden Zahlen im Heft.
a) 111, 113, …, 127, 129
b) 34, 36, …, 52
c) 3254, …, 3257, …, 3261, 3262
d) 520, 530, …, 600

4 Mosaiksteine abzählen
a) Zähle die weißen Mosaiksteine in jedem Buch-
   staben.
   Wie viele weiße Steine
   sind es insgesamt?
b) Schätze die Anzahl der
   blauen Mosaiksteine.

5 Subtrahieren im Kopf
Löse die Aufgaben im Heft.
a) 1020 – 400   b) 12 500 – 450
c) 85 – 16 – 5   d) 482 – 381
e) 5260 – 121   f) 4099 – 3012
g) 17 820 – 23   h) 1000 – 123

6 Große Zahlen
Schreibe passende Paare ins Heft.

dreitausendachthundert	4 080 000
fünfhundertzwanzigtausend	23 000
vier Millionen achtzigtausend	3 800
sechzigtausendachthundert	520 000
dreiundzwanzigtausend	60 800

Natürliche Zahlen ordnen und vergleichen

Erforschen und Entdecken

1 Zahlen kommen in verschiedenen Zusammenhängen vor.

a) Die „29" auf dem Abreißkalender bedeutet: der 29. Tag des Monats.
Welche anderen Zahlen in den Beispielen werden zum Aufzählen verwendet?

b) Es gibt in den Beispielen auch Zahlen, die nicht zum Aufzählen verwendet werden.
Welche sind das und wofür werden sie verwendet?

c) Sortiere die Zahlen nach verschiedenen Merkmalen.
Vergleicht in der Klasse die gefundenen Merkmale.

d) Ergänze zu jedem Merkmal drei weitere Beispiele.

2 Aus dem Kreuzworträtselheft

a) Setze die Zeichenfolgen im Heft fort.

① ✳✳●●●✳✳●●●✳✳●●● …

② ○●■■○●■■○●■■○●■■○ …

③ ▲▼□▲▼□□▲▼□□□▲▼□□□□▲▼ …

④ ☉☉○□□☉○☉☉□□○ …

b) Setze die Zahlenfolgen im Heft fort.

① 2, 4, 6, 8, 10, 12, …

② 36, 33, 30, 27, 24, 21, …

③ 11, 16, 21, 26, 31, 36, 41 …

④ 1, 2, 4, 8, 16, 32, 64, …

c) Erfinde eigene Zahlenfolgen.
Beschreibe deine Zahlenfolgen mit Worten im Heft.

d) Arbeitet zu zweit.
Einer schreibt den Anfang einer Zahlenfolge auf, der andere setzt die Folge fort.
Tauscht dann eure Rollen.

Lesen und Verstehen

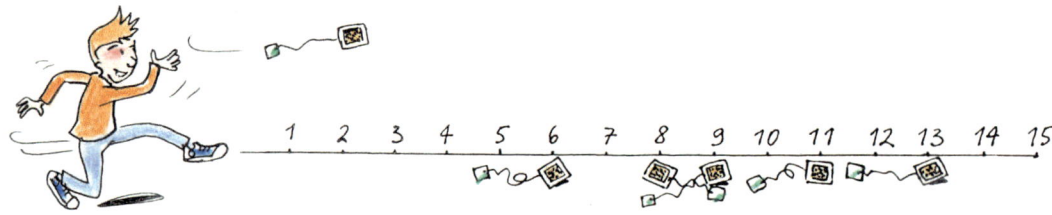

Auf einer Geburtstagsparty wird ein Spiel gespielt. Es heißt Teebeutel-Weitwurf.
Der Rekord liegt bei 13 Metern.
Der erste Platz gewinnt zwei Eintrittskarten für das Kino.

Überall im Alltag kommen Zahlen vor.

Mit Zahlen kann man gemessene Werte angeben, z. B. die Länge.
Mit Zahlen kann man Nummerierungen vergeben, z. B. die Reihenfolge der Platzierung.
Mit Zahlen kann man die Anzahl angeben, z. B. wie viele Karten verlost werden.

Zum Abzählen werden die Zahlen 1, 2, 3, 4, 5, … verwendet.
Obwohl man die Zahl 0 nicht zum Abzählen benötigt, wurde festgelegt, dass auch **die Null** zu den natürlichen Zahlen gehört.

> Die **Menge der natürlichen Zahlen** wird mit $\mathbb{N}$ bezeichnet.
> $\mathbb{N} = \{0; 1; 2; 3; 4; \dots\}$

HINWEIS
Der Zahlenstrahl ist wie ein Sonnenstrahl: Er hat einen Anfang, aber kein Ende.

Das folgende Bild zeigt einen Zahlenstrahl.

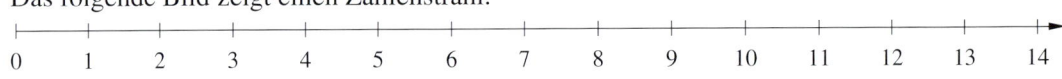

> Am **Zahlenstrahl** kann man Zahlen übersichtlich darstellen.
> Der Zahlenstrahl beginnt bei Null. Eine größte Zahl gibt es nicht.
> Der **Vorgänger** einer natürlichen Zahl steht direkt links neben ihr,
> der **Nachfolger** einer natürlichen Zahl steht direkt rechts neben ihr.

ERINNERE DICH
*> oder <?
In die größere Öffnung passt mehr, daher steht dort die größere Zahl.*

BEISPIEL 1

Der Vorgänger von 9 ist 8,
da 8 direkt links von der 9 steht.

Der Nachfolger von 9 ist 10,
da 10 direkt rechts von der 9 steht. ■

Am Zahlenstrahl kann man Zahlen auch gut vergleichen.
Die kleinere Zahl steht immer links von der größeren Zahl.

BEISPIEL 2

Auf dem Zahlenstrahl liegt:
        8 links von 11
Daher gilt: 8 ist kleiner als 11
        8 < 11

Auf dem Zahlenstrahl liegt:
        13 rechts von 11
Daher gilt: 13 ist größer als 11
        13 > 11 ■

$$\frac{x+y}{2}$$

Basisübungen

1 Wo begegnen dir zuhause Zahlen?
Vergleicht eure „Fundorte" für Zahlen.

2 Arbeitet in Gruppen.
Wo begegnen euch Zahlen im Leben? Gestaltet dazu ein interessantes Plakat.

3 „Zahlen helfen mir bei der Angabe der Uhrzeit."
Schreibe zwei ähnliche Sätze mit dem gleichen Satzanfang.

4 Im Restaurant:

Gast: „Guten Tag, ich möchte einen Tisch für den 19. Februar reservieren."

Kellner: „Für wie viele Personen?"

Gast: „Wir sind elf Leute."

Kellner: „Kein Problem. Ich reserviere Ihnen einen Tisch für drei Stunden."

Gast: „Vielen Dank."

Welche Zahlen hat der Gast, welche Zahlen hat der Kellner verwendet?

5 Welche Zahlen passen zu folgenden Angaben?
a) Dauer einer Unterrichtsstunde
b) Inhalt eines Wassereimers
c) Spielzeit beim Fußball
d) Anzahl der Tage im Jahr
e) Länge der Tafel
f) dein Alter
g) Anzahl deiner Geschwister

6 Welche Zahlen werden durch die drei Punkte ersetzt?
a) $\mathbb{N} = \{0; 1; 2; 3; \ldots\}$
b) $\mathbb{N} = \{\ldots; 2; 3; 4; \ldots; 8; \ldots\}$
c) $\mathbb{N} = \{0; 1; \ldots; 777; 778; 779; \ldots\}$

7 Ergänze die Tabelle im Heft.

	Vorgänger	Zahl	Nachfolger
a)		100	
b)		999	
c)			500
d)			618
e)	729		
f)	123		

1 Sammle Beispiele mit Zahlen aus der Tageszeitung. Lege eine Liste an.

3 Schreibe drei Sätze mit dem Satzanfang „Ohne Zahlen könnte ich nicht …".

4 In der Bäckerei:
„Hallo, ich hätte gern 10 Brötchen."
„Das macht 2,30 €."
„Dazu möchte ich noch ein halbes Brot."
„Dieses Brot wiegt 500 g."

Welche Zahlen hat der Kunde, welche hat die Verkäuferin verwendet?

5 Ergänze die Wörter zu sinnvollen Sätzen mit Zahlenangaben, z. B.:
Die Höhe des Eiffelturms beträgt 300 m.
a) Die Höhe …
b) Der Preis …
c) Die Spielzeit …
d) Die Länge …
e) Der Abstand …
f) Der Inhalt …

6 Welche Zahlen werden durch die drei Punkte ersetzt?
a) $\mathbb{N} = \{0; 1; \ldots; 4; \ldots\}$
b) $\mathbb{N} = \{0; 1; 2; \ldots\}$
c) $\mathbb{N} = \{\ldots; 2; \ldots\}$
d) $\mathbb{N} = \{0; \ldots; 99; \ldots; 999; \ldots\}$

7 Ergänze die Tabelle im Heft.

	Vorgänger	Zahl	Nachfolger
a)		0	
b)	899 999		
c)			10 000 000
d)		7000	
e)	1 Mio.		
f)			10 101

HINWEIS

 028-1

Unter dem Web-
code 028-1 gibt
es ein Arbeits-
blatt zum Zah-
lenstrahl.

8 Welche Zahlen sind hier markiert?

a)
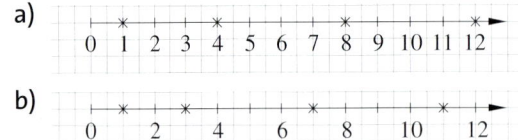

b)
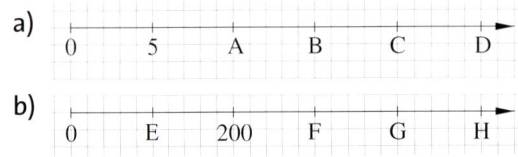

8 Welche Zahlen sind hier markiert?

a)
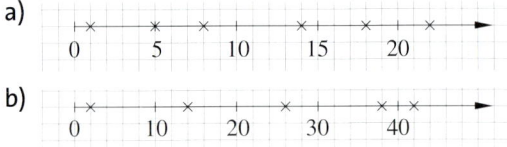

b)
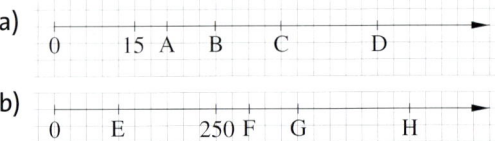

9 Welche Zahlen müssen anstelle der
Buchstaben stehen?

a)

| 0 | 5 | A | B | C | D |

b)

| 0 | E | 200 | F | G | H |

9 Welche Zahlen müssen anstelle der
Buchstaben stehen?

a)

| 0 | 15 A | B | C | D |

b)

| 0 | E | 250 F | G | H |

HINWEIS
zu Aufgabe 10:
Der Zahlenstrahl
muss nicht mit
Null beginnen.

10 Zeichne jeweils einen Zahlenstrahl und
markiere die Lage der Zahlen.
a) 4, 6, 11, 12, 15, 17
b) 5, 20, 25, 40, 45, 55
c) 20, 40, 50, 80, 85, 100
d) 7, 21, 42, 49, 77, 84
e) 13, 6, 27, 18, 35
f) 29, 27, 25, 23, 21

10 Zeichne jeweils einen Zahlenstrahl und
markiere die Lage der Zahlen.
a) 34, 6, 110, 92, 99, 17
b) 305, 320, 325, 340, 345, 355
c) 1220, 1430, 970, 810, 835, 1080
d) 10, 100, 1000, 10 000
e) 17, 107, 170, 71, 77
f) 314, 312, 315, 310, 318

NACHGEDACHT
Beschreibe mit
deinen Worten,
wie dir der
Zahlenstrahl
dabei hilft, Zah-
len zu ordnen.

11 Ordnen am Zahlenstrahl
① Zeichne einen Zahlenstrahl, der 10 cm
lang ist. Markiere den Anfangspunkt als
180 und den Endpunkt als 280.
② Markiere die Lage der folgenden Zahlen:
240, 270, 235, 195, 210, 275 und 185.
③ Schreibe dann die Zahlen geordnet auf.

11 Ordnen am Zahlenstrahl
Zeichne einen 12 cm langen Zahlenstrahl
in dein Heft mit dem Anfangspunkt 236 und
dem Endpunkt 284.
Markiere die Lage der folgenden Zahlen:
270, 254, 240, 260, 275, 248 und 281.
Schreibe dann die Zahlen geordnet auf.

HINWEIS

 028-2

Unter dem Web-
code 028-2
findest du ein
Arbeitsblatt
mit weiteren
Aufgaben
zum Ordnen
von Zahlen.

12 Setze im Heft zwischen die Zahlen das
passende Zeichen (>, < oder =).
a) 13 ▧ 18 b) 876 ▧ 678
c) 4872 ▧ 8742 d) 75 199 ▧ 75 909
e) 87 699 ▧ 87 788 f) 17 876 ▧ 17 911
g) 9999 ▧ 999 h) 3567 ▧ 4567

12 Setze im Heft zwischen die Zahlen das
Zeichen (>, < oder =) und begründe.
a) 1013 ▧ 1103 b) 8706 ▧ 67 085
c) 9354 ▧ 9465 d) 30 934 ▧ 39 043
e) 99 999 ▧ 89 999 f) 120 213 ▧ 102 215
g) 1001 ▧ 10 001 h) 50 505 ▧ 50 550

13 Übertrage die Tabelle ins Heft und ergänze die passenden Zeichen (>, < oder =).

	456	3780	10 111	12 348
67	<			
567				
4567				
34 567				
3456				
345				

13 Übertrage die Tabelle ins Heft und vergleiche die Zahlen.

	10 101	11 011	11 001	10 110
11 010	>			
10 001				
11 110				
11 000				
10 101				
10 010				

■ Große natürliche Zahlen und Potenzen

Erforschen und Entdecken

1 In der Randspalte stehen übereinander einige Zahlen mit vielen Nullen.
a) Kannst du alle Zahlen in der Randspalte lesen?
   Beginne unten. Wie weit kommst du?
b) Ist die Abbildung ein Zahlenstrahl? Was fällt dir auf?

2 Lies folgenden Zeitungsartikel:

Das Buch „Harry Potter und die Heiligtümer des Todes" ist Teil sieben der Reihe um den Zauberlehrling Harry Potter.
Das 736 Seiten dicke Buch verbrauchte bei einer Startauflage von 3 Millionen Exemplaren etwa 88 Quadratkilometer Papier, das entspricht einer Fläche von über zwölftausend Fußballfeldern.
Insgesamt wurden in Deutschland bisher über 25 Millionen Harry-Potter-Bücher verkauft, weltweit sind es mehr als 325 Millionen Exemplare."

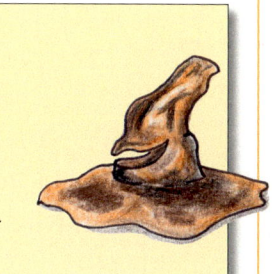

a) Schreibe alle Zahlenangaben in Ziffern auf, zum Beispiel: 7; …
   Schreibe dann die Zahlen so untereinander, dass Einer über Einer steht, Zehner über Zehner und so weiter.
b) Sammelt Zeitungsartikel oder Artikel aus dem Internet, in denen große Zahlen vorkommen.
   Arbeitet gemeinsam in einer Gruppe von drei bis vier Schülerinnen und Schülern.
   Sortiert eure Beispiele und fertigt gemeinsam ein Plakat mit allen von euch gefundenen Zahlen an.

3 Arbeitet in der Klasse zusammen.

① Schreibt auf insgesamt neun DIN-A4-Blättern jeweils eine große Ziffer von 1 bis 9.
   Legt die Blätter verdeckt auf einen Tisch.
   Fünf von euch ziehen jeweils ein Blatt und halten es hoch.
   Stellt euch nun so auf, dass die größte Zahl gebildet wird. Lest diese Zahl vor.
   Stellt euch dann so auf, dass die kleinste Zahl gebildet wird. Lest auch diese Zahl vor.
② Nun zieht ein sechstes Kind ein weiteres Blatt und hält es hoch.
   Bildet wieder die größte und die kleinste Zahl und lest sie vor.
   Was war anders als bei ① und was war genauso?
③ Bildet nun aus zwei Nullen und drei anderen Ziffern die kleinste und die größte mögliche Zahl. Könnte man die Nullen auch einfach weglassen?

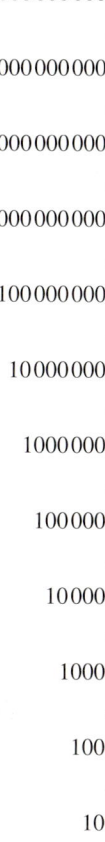

1000000000000 ⊣
100000000000 ⊣
10000000000 ⊣
1000000000 ⊣
100000000 ⊣
10000000 ⊣
1000000 ⊣
100000 ⊣
10000 ⊣
1000 ⊣
100 ⊣
10 ⊣
1 ⊣

$$\frac{x+y}{2}$$

Lesen und Verstehen

Die Sonne hat einen Durchmesser von 1 400 000 km.
Schon daran kann man erkennen, dass zur Beschreibung unseres Sonnensystems sehr große Zahlen notwendig sind.

Für die ersten zehn Zahlen gibt es jeweils ein Zeichen (eine Ziffer), aber niemand könnte so viele Zeichen kennen, wie es Zahlen gibt. Deshalb werden unsere Zahlen in einem Stellenwertsystem aufgeschrieben:
Je nachdem, an welcher Stelle eine Ziffer in einer Zahl steht, hat sie eine andere Bedeutung, z. B. bedeutet 34 nicht 3 plus 4, sondern 30 plus 4.

> Unser Stellenwertsystem heißt **Dezimalsystem** oder Zehnersystem, weil immer beim Zehnfachen einer Stelle eine neue Stelle hinzukommt.

BEACHTE
E steht für Einer,
Z steht für Zehner,
H steht für
Hunderter.

Die folgende **Stellenwerttafel** soll dies verdeutlichen:

Billionen			Milliarden			Millionen			Tausend					
H	Z	E	H	Z	E	H	Z	E	H	Z	E	H	Z	E
·10	·10	·10	·10	·10	·10	·10	·10	·10	·10	·10	·10	·10	·10	
												3	0	6	1
		5	1	2	3	4	5	6	7	8	9	0	1	2
			5	9	0	0	0	0	0	0	0	0	0	0

Lies:	5 Billionen	123 Milliarden	465 Millionen	789 Tausend	12	
		5 Milliarden	900 Millionen			

SCHON GEWUSST?
So geht es weiter:
Million,
Milliarde,
Billion,
Billiarde,
Trillion,
Trilliarde,
Quadrillion
Quadrilliarde ...

Die Zahl „dreitausendeinundsechzig" bedeutet, dass die Zahl aus drei Tausendern, keinem Hunderter, sechs Zehnern und einem Einer besteht.
$3061 = 3 \cdot 1000 + 0 \cdot 100 + 6 \cdot 10 + 1 \cdot 1$

Von Stelle zu Stelle wird im Zehnersystem immer wieder mit 10 multipliziert, z. B.
$1000 = 10 \cdot 10 \cdot 10$ oder $1\,000\,000 = 10 \cdot 10 \cdot 10 \cdot 10 \cdot 10 \cdot 10$.
In der Mathematik gibt es eine vereinfachte Schreibweise für das wiederholte Multiplizieren mit der gleichen Ziffer: die **Potenzschreibweise**.

HINWEIS
$10^0 = 1$
$10^1 = 10$
$10^2 = 100$
$10^3 = 1000$
$10^4 = 10\,000$
$10^5 = 100\,000$
$10^6 = 1\,\text{Mio.}$
$10^7 = 10\,\text{Mio.}$
$10^8 = 100\,\text{Mio.}$
$10^9 = 1\,\text{Mrd.}$

> Das Produkt aus lauter gleichen Zahlen kann man kürzer als **Potenz** schreiben:
>
> $10 \cdot 10 \cdot 10 \cdot 10 = 10^4$ Sprich: „10 hoch 4"

$$\underbrace{10^4}_{\text{(Potenz)}} \quad \begin{matrix} \leftarrow \text{(Exponent)} \\ \leftarrow \text{(Basis)} \end{matrix}$$

Die einfachsten Potenzen sind die **Quadratzahlen**: $2^2 = 2 \cdot 2 = 4$, $3^2 = 3 \cdot 3 = 9$ usw.
Wenn der Exponent 3 ist, spricht man von **Kubikzahlen**: $2^3 = 2 \cdot 2 \cdot 2 = 8$ usw.
Die Potenzen für das Dezimalsystem heißen **Zehnerpotenzen**, z. B. $10^6 = 1\,000\,000$.

Die Zahl 3061 lässt sich mit Zehnerpotenzen auch so schreiben:
$3061 = 3 \cdot 10^3 + 0 \cdot 10^2 + 6 \cdot 10^1 + 1 \cdot 10^0 = 3 \cdot 10^3 + 6 \cdot 10^1 + 1 \cdot 10^0$

$$\frac{x+y}{2}$$

Basisübungen

1 Arbeitet zu zweit.
Einer liest die Zahl vor, der andere schreibt auf, was er gehört hat (ohne die Zahl zu sehen).
1969
15 800
111 520
2 444 050
212 012 012
999 990 990
Vergleicht dann das Notierte mit dem Buch.
Tauscht auch eure Rollen.

1 Arbeitet zu zweit.
Einer diktiert dem anderen die folgenden Zahlen.
Achtet darauf, die Zahlen richtig zu lesen.
10 100
30 003
100 520
1 380 500
8 050 808 005
909 030 712 003
Vergleicht dann das Notierte mit dem Buch.
Tauscht auch eure Rollen.

NACHGEDACHT
Auf Formularen wie z. B. Quittungen werden die €-Beträge auch in Zahlwörtern angegeben. Kannst du dir den Grund dafür denken?

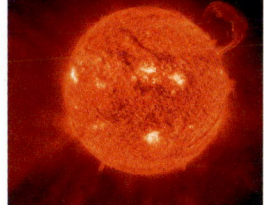

2 Wie viele Nullen haben die Zahlen?
a) dreihundert
b) fünfzehntausend
c) zwei Milliarden
d) sechzig Millionen
e) sieben Billionen
f) vierhundertachtzig Milliarden

2 Wie viele Nullen haben die Zahlen?
a) hundertundeins
b) fünfzehntausend
c) elf Milliarden
d) zwölf Millionen
e) drei Billionen
f) neunzig Milliarden dreihundertzehn

3 Ordne die Zahlwörter den Zahlen zu.
① 7 003 400 400
② 300 000 500 120
③ 41 010 500
④ 7 300 440 000
a) dreihundert Milliarden fünfhunderttausend einhundertzwanzig
b) sieben Milliarden dreihundert Millionen vierhundertvierzigtausend
c) einundvierzig Millionen zehntausend fünfhundert
d) sieben Milliarden drei Millionen vierhunderttausendvierhundert

3 Ordne die Zahlwörter den Zahlen zu.
① 90 003 700 000
② 90 037 000 000
③ 900 003 007 000
④ 900 300 700 000
a) neunhundert Milliarden drei Millionen siebentausend
b) neunhundert Milliarden dreihundert Millionen siebenhunderttausend
c) neunzig Milliarden drei Millionen siebenhunderttausend
d) neunzig Milliarden siebenunddreißig Millionen

4 Unsere Sonne ist einhundertneunundvierzig Millionen sechshunderttausend Kilometer von der Erde entfernt.
Die Sonne ist etwa dreihundertdreißigtausend Mal so schwer wie die Erde.
Schreibe die Zahlen mit Ziffern.

4 Der menschliche Körper besteht aus etwa zehn Billionen Zellen. Darunter sind 100 Milliarden Nervenzellen. Ohne sie könnten wir nicht eine Million Farben unterscheiden.
Schreibe die Zahlen mit Ziffern.

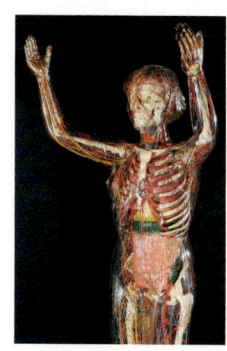

SCHON GEWUSST?
*Abkürzungen für große Zahlen:
Mio. steht für Millionen,
Mrd. steht für Milliarde,
Bio. steht für Billionen.*

$$\frac{x+y}{2}$$

HINWEIS

www 032-1

Unter dem Web-code 032-1 gibt es ein Arbeits-blatt mit leeren Stellenwert-tabellen und weiteren Auf-gaben.

5 Lies die Zahlen in der Stellenwerttafel.

Milliarden			Millionen			Tausend					
10^{11}	10^{10}	10^9	10^8	10^7	10^6	10^5	10^4	10^3	10^2	10^1	10^0
							1	1	8	8	9
						5	4	0	6	7	8
					9	9	8	7	3	4	7
1	1	1	5	0	3	0	0	2	3	8	6

5 Lies die Zahlen in der Stellenwerttafel.

Milliarden			Millionen			Tausend					
10^{11}	10^{10}	10^9	10^8	10^7	10^6	10^5	10^4	10^3	10^2	10^1	10^0
						4	5	6	0	3	0
		7	8	9	0	0	0	0	1	7	
		8	0	9	0	3	0	2	0	5	
3	0	1	7	0	0	4	0	0	0	6	0

6 Zeichne eine Stellenwerttafel in dein Heft und trage die Zahlen ein.
a) 240 Millionen   b) 189 Tausend
c) 66 Milliarden   d) 33 Millionen
e) 909 Milliarden   f) 7 Billionen

6 Zeichne eine Stellenwerttafel in dein Heft und trage die Zahlen ein.
a) 240 Mrd. 512   b) 189 Tausend 11
c) 66 Mio. 80   d) 3 Mrd. 3 Mio.
e) 900 Mrd. 1 Mio. f) 7 Bio. 7 Mrd.

7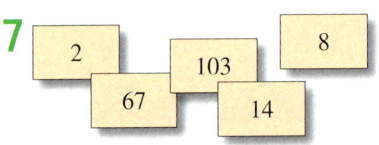

Lege mit den Kärtchen eine Zahl, die …
a) möglichst groß ist.
b) neunstellig und möglichst klein ist.
c) sechsstellig und möglichst klein ist.
d) sechsstellig und kleiner als 200 000 ist.

7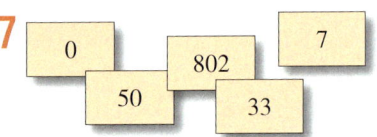

Lege mit den Kärtchen eine Zahl, die …
a) möglichst groß ist.
b) neunstellig und möglichst klein ist.
c) sechsstellig und möglichst klein ist.
d) möglichst groß und kleiner als 500 000 ist.

8 Zerlege die Zahlen nach folgendem Muster:
52 396 425 = 52 Mio. + 396 T + 425
a) 12 123 655 503
b) 684 541 119 546
c) 100 080 999 634
d) 1 100 000 000 006

8 Zerlege die Zahlen wie im Beispiel:
$2\,090\,405 = 2 \cdot 10^6 + 9 \cdot 10^4 + 4 \cdot 10^2 + 5$
a) 99 001 604 700
b) 401 056 008 666
c) 870 009 090 900
d) 1 100 010 001 001

ERINNERE DICH

2^3 ist eine andere Schreibweise für $2 \cdot 2 \cdot 2$

9 Schreibe als Potenz und berechne den Wert.
a) $4 \cdot 4 \cdot 4$ b) $5 \cdot 5 \cdot 5$
c) $2 \cdot 2 \cdot 2 \cdot 2 \cdot 2$ d) $10 \cdot 10 \cdot 10 \cdot 10 \cdot 10$
e) $3 \cdot 3$ f) $1 \cdot 1 \cdot 1 \cdot 1 \cdot 1 \cdot 1 \cdot 1$

9 Schreibe das Produkt als Potenz. Berechne und schreibe den Wert mit Zehnerpotenzen.
a) $11 \cdot 11$ b) $9 \cdot 9 \cdot 9$
c) $2 \cdot 2 \cdot 2 \cdot 2 \cdot 2 \cdot 2$ d) $100 \cdot 100 \cdot 100$
e) $3 \cdot 3 \cdot 3 \cdot 3$ f) $1000 \cdot 1000 \cdot 1000$

10 Schreibe alle Quadratzahlen bis 200 auf.

10 Schreibe alle Kubikzahlen bis 2000 auf.

11 Vergleiche die Zahlen und setze im Heft das passende Zeichen (>, < oder =) ein.
a) 3^4 ▢ 3^5 b) 7^6 ▢ 7^5
c) 3^4 ▢ 4^4 d) 5^4 ▢ 6^4

11 Vergleiche die Zahlen und setze im Heft das passende Zeichen (>, < oder =) ein.
a) 5^3 ▢ 3^5 b) 4^4 ▢ 16^2
c) 10^6 ▢ 1000^2 d) 21^0 ▢ 4^5

BEISPIEL

für Aufgabe 12:
$4 \cdot 4 \cdot 5 \cdot 5 \cdot 5 =$
$4^2 \cdot 5^3 =$
$16 \cdot 125 = 2000$

12 Schreibe mit Potenzen.
a) $2 \cdot 2 \cdot 2 \cdot 3 \cdot 3$ b) $10 \cdot 10 \cdot 10 \cdot 4 \cdot 4$
c) $4 \cdot 4 \cdot 5 \cdot 5$ d) $5 \cdot 5 \cdot 2 \cdot 2 \cdot 2$
e) $10 \cdot 2 \cdot 10 \cdot 2$ f) $3 \cdot 10 \cdot 3 \cdot 10 \cdot 10$

12 Schreibe mit Potenzen und berechne.
a) $2 \cdot 2 \cdot 3 \cdot 3 \cdot 3$ b) $11 \cdot 11 \cdot 2 \cdot 2 \cdot 2$
c) $4 \cdot 4 \cdot 3 \cdot 3$ d) $6 \cdot 6 \cdot 2 \cdot 2 \cdot 2$
e) $7 \cdot 8 \cdot 8 \cdot 7$ f) $9 \cdot 10 \cdot 9 \cdot 10 \cdot 9$

■ Große Zahlen runden und schätzen

Erforschen und Entdecken

1 Fußball-Länderspiel

Um die Stimmung im Stadion zu beschreiben, dröhnt es aus den Lautsprechern:
1) „Fast 64 000 Zuschauer warten gespannt auf den Anpfiff."
2) „63 714 Zuschauer können sich vor Begeisterung kaum noch auf ihren Plätzen halten."
3) „Über 60 000 Zuschauer jubeln den Fußballspielern zu."
Was meinst du: Welche Ansage ist sinnvoll?

2 Das Foto zeigt die Gardeeinheit der britischen Armee. Sie begleitet oft wichtige Paraden oder die englische Königsfamilie.
a) Beschreibe, wie die Soldaten sich aufgestellt haben.
b) Überlegt gemeinsam, wie man die Anzahl der Soldaten möglichst genau abschätzen kann.
c) Zähle die Soldaten, die auf dem Foto zu sehen sind und vergleiche mit eurem Schätzwert.

3 Schätze die Anzahl der Regenschirme auf dem Foto.
a) Fällt dir hier das Schätzen leichter oder schwerer als im oberen Bild?
b) Woran könnte das liegen?
c) Überlegt gemeinsam, wie man die Anzahl hier abschätzen kann.

Lesen und Verstehen

Mithilfe der verkauften Tickets kann man die genaue Anzahl der Fußballfans in einem Stadion feststellen. In unserem Beispiel sind 63 714 Zuschauer im Stadion.
Aber manchmal ist es nicht wichtig, eine genaue Anzahl anzugeben.
Es reicht, wenn man weiß, dass ungefähr 64 000 Fans da waren.
Das kann man sich auch besser merken.

> Beim **Runden von Zahlen** müssen bestimmte Regeln beachtet werden:
>
> 1. Zuerst muss die Rundungsstelle festgelegt werden, auf die gerundet wird,
>   z. B. auf Tausender oder auf Hunderter gerundet.
> 2. Dann betrachtet man die Stelle rechts von der Rundungsstelle:
>   Ist die Ziffer eine **0; 1; 2; 3 oder 4,** dann wird **abgerundet.**
>   Ist die Ziffer eine **5; 6; 7; 8 oder 9,** dann wird **aufgerundet.**

SCHON GEWUSST?
„≈"bedeutet:
„ist ungefähr"

BEISPIEL 1

1273 gerundet auf Zehner: **1273 ≈ 1270**
Die Ziffer rechts von der Zehnerstelle ist eine 3. Deswegen rundet man ab.
Die Ziffer an der Zehnerstelle bleibt stehen.
Alle Ziffern rechts davon werden zu 0.

1273 gerundet auf Hunderter: **1273 ≈ 1300**
Die Ziffer rechts von der Hunderterstelle ist eine 7. Deswegen rundet man auf.
Die Ziffer an der Hunderterstelle wird um 1 größer.
Alle Ziffern rechts davon werden zu 0. ■

BEACHTE
Anders als beim Runden kennt man die genaue Anzahl beim Schätzen nicht. Deswegen gibt es beim Schätzen auch nicht so strenge Regeln wie beim Runden

Wie viele Zuschauer sind hier ungefähr zu sehen?
Die genaue Anzahl der Zuschauer kennt man nicht. Man hat nur das Foto.
Das Abzählen ist auch schwierig, weil die Menschen ungeordnet zusammen stehen.
Eine Möglichkeit, die Anzahl zu bestimmen, ist das **Schätzen.**

> Beim **Schätzen** versucht man, der genauen Anzahl möglichst nah zu kommen.
> Dabei kann beispielsweise die **Rastermethode** helfen.

BEISPIEL 2

Die Rastermethode

1. Man unterteilt das Bild in gleich große Felder.
2. Man zählt die Zuschauer in einem Feld: 8
3. Man zählt die Anzahl der Felder: 15
4. Man rechnet: 8 · 15 = 120
   Es sind etwa 120 Zuschauer. ■

Basisübungen

1 Runde die Zahlen …
a) auf Zehner: 712; 536; 1089; 8753
b) auf Hunderter: 3456; 9624; 64 384; 9999

2 Runde die Zahlen auf Tausender.
a) 16 255   b) 78 643
c) 550 787   d) 1 245 001

3 Runde im Heft und vergleiche die gerundeten Zahlen.
Was fällt dir auf?

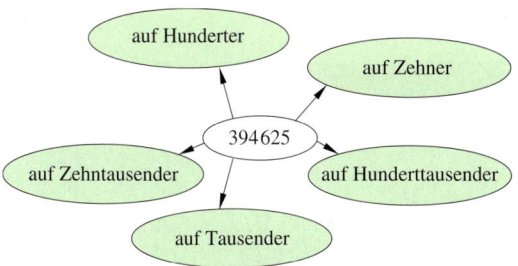

4 Ergänze im Heft mit deinen Angaben.
Verwende genaue oder gerundete Zahlen.
a) Mein Schulweg ist ▢ km lang.
b) Ich wurde am ▢ geboren.
c) Mein Heimatort hat ▢ Einwohner.
d) Meine Postleitzahl lautet ▢.

5 Jede Zahl links wurde auf Zehner gerundet und dann ins rechte Feld geschrieben.
Schreibe passende Paare ins Heft.

6 Runde auf volle Euro.

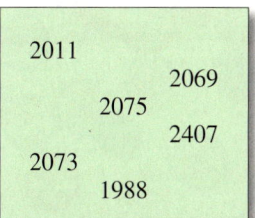

1 Runde jeweils auf Zehner und auf Hunderter.
a) 66 713   b) 177 345   c) 127 272
d) 98 456   e) 11 191   f) 999 999

2 Runde die Zahlen auf Zehntausender und Hunderttausender.
a) 16 255   b) 78 643   c) 999 888 110

3 Runde im Heft und vergleiche die gerundeten Zahlen.
Was fällt dir auf?

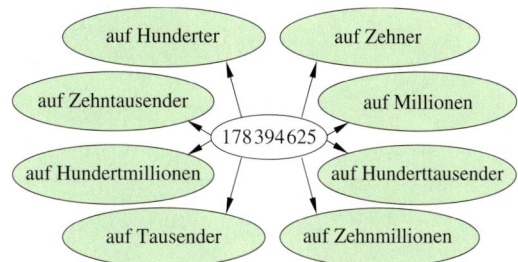

4 Gib drei Beispiele an, bei denen es nicht sinnvoll ist zu runden.
Denke dir drei weitere Beispiele aus, bei denen es sinnvoll oder sogar notwendig ist zu runden. An welcher Stelle rundet man dann am besten?

5 Die Zahlen links sind gerundet worden.
Übertrage und verbinde die Zahlen mit den gerundeten Zahlen rechts im Bild.

2011	2000
2069	2100
2075	
2407	2070
2073	
1988	

6 In einem Geschichtsbuch aus dem Jahr 1900 steht geschrieben: „Die Pyramiden in Ägypten sind rund 5000 Jahre alt." Kannst du sagen, wie alt sie heute sind?

NACHGEDACHT
Wurde hier richtig gerundet?
$1347 \approx 1400$
$1999 \approx 1000$
$2349 \approx 2300$

7 Schätze die Anzahl der Schokolinsen.

7 Wie viele gefärbte Blutkörperchen sind es?

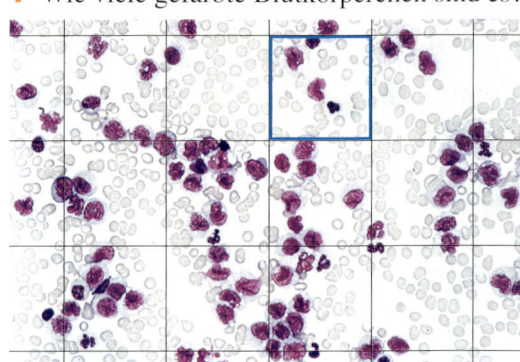

8 Wie viele Erdbeeren sind zu sehen?

8 Wie viele Bienen haben sich hier versammelt?

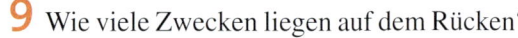

TIPP
Zeichne auf eine Folie ein Raster und lege es über das Bild.

HINWEIS
www 036-1
Unter dem Webcode 036-1 gibt es ein Arbeitsblatt zum Schätzen großer Zahlen.

9 Schätze die Anzahl der Reißzwecken.

9 Wie viele Zwecken liegen auf dem Rücken?

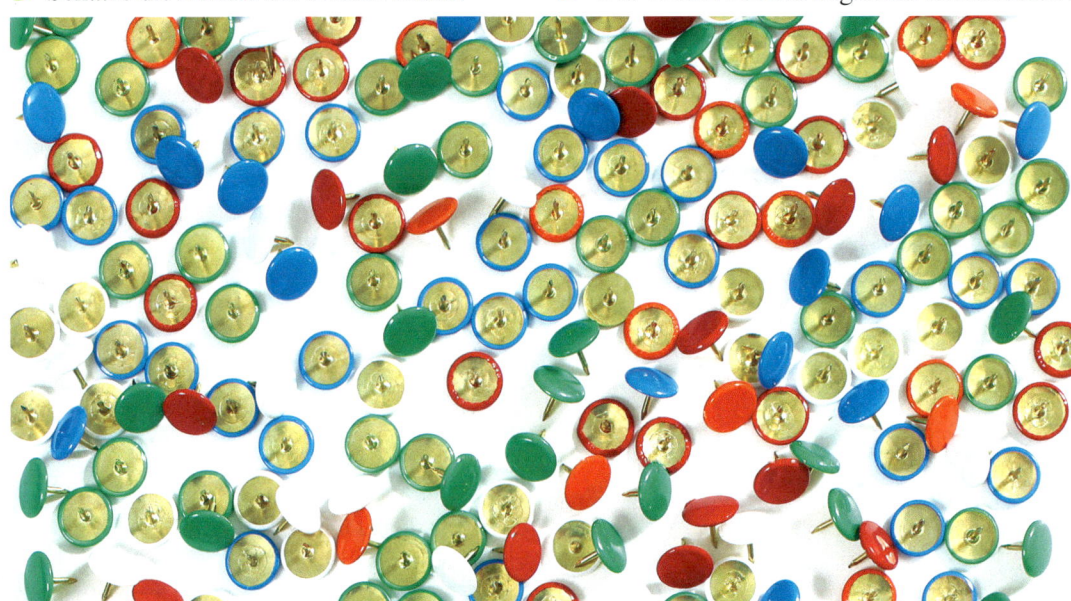

10 Beschreibe, wie man die Anzahl von Blumen auf einem Bild mit vielen Sonnenblumen bestimmen kann.

10 Beschreibe, wie man die Anzahl von Blumen auf einem Sonnenblumenfeld bestimmen kann.

Thema: Römische Zahlzeichen

Das römische Reich umfasste im Altertum viele Länder. Deshalb waren römische Zahlzeichen weit verbreitet. Die römischen Zahlen werden aus folgenden Zeichen gebildet:

	Hauptzeichen				Zwischenzeichen		
römisches Zahlzeichen	I	X	C	M	V	L	D
arabische Zahl	1	10	100	1000	5	50	500

Im römischen Zahlzeichensystem werden die nebeneinander geschriebenen Zahlzeichen nach bestimmten Regeln addiert und subtrahiert.

1. Steht ein kleineres Hauptzeichen vor einem größeren Zeichen, wird der Wert des kleineren subtrahiert. Ansonsten werden die Werte stets addiert.
   BEISPIEL XL für 40, aber LX für 60 ■

2. Jedes Hauptzeichen darf höchstens dreimal hintereinander verwendet werden.
   BEISPIEL III für 3; XXX für 30 ■

3. Jedes Zwischenzeichen darf höchstens einmal vorkommen.
   BEISPIEL XVI für 16; LVIII für 58; MDC für 1600 ■

1 Notiere im Heft die römischen Zahlzeichen für die Zahlen von 1 bis 25.
a) Welche Zahl ist größer, IX oder XI? Erkläre, warum das so ist.
b) Ist das römische Zahlsystem auch ein Stellenwertsystem wie das Dezimalsystem?

2 Der Text auf dem Denkmal heißt übersetzt: „Hingestellt durch die dankbare römische Bürgerschaft im Jahre MDCCXI. Der Sockel wurde wieder aufgebaut im Jahre MDCCCXXXI." Wie lauten die Zahlen auf dem Denkmal im Dezimalsystem?

HINWEIS

www 037-1

Der Webcode 037-1 führt auf eine Linkliste zu Internetseiten mit vielen Informationen und Aufgaben zu römischen Zahlzeichen.

3 Schreibe im Dezimalsystem.
a) XX
b) XXXIII
c) MCC
d) CCXXXII
e) MMCCXXII
f) MCCCXXI
g) MCCX
h) MMMCCCXXXII

4 Schreibe die Zahlen in römischen Zahlzeichen.
a) 51 **b)** 96 **c)** 136 **d)** 249 **e)** 850 **f)** 962 **g)** 1250 **h)** 1280 **i)** 2612

5 Schreibe dein Geburtsdatum und das heutige Datum mit römischen Zahlzeichen.

6 Lege ein Streichholz um und die Aufgabe wird richtig.

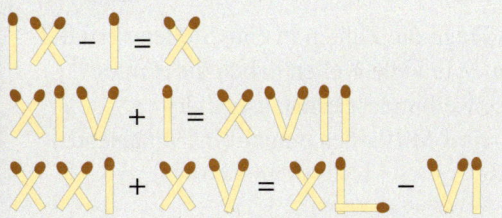

7 Auf Zifferblättern von Uhren mit römischen Zahlzeichen ist fast immer ein Zeichen falsch. Finde das Zahlzeichen und nenne die Regel, die verletzt wird.

SCHON GEWUSST?
Die Zahlen und Zahlzeichen, die wir verwenden, kommen ursprünglich aus Arabien.

Klar soweit?

→ Seite 26

■ Natürliche Zahlen ordnen und vergleichen

1 Zähle in Zweierschritten vorwärts und schreibe die Zahlen ins Heft.
a) von 20 bis 36   b) von 204 bis 226
c) von 2005 bis 2019   d) von 992 bis 1018

1 Zähle in Siebenerschritten vorwärts und schreibe die Zahlen ins Heft.
a) von 20 bis 55   b) von 203 bis 245
c) von 1970 bis 2026   d) von 992 bis 1027

2 Welche Zahlen sind hier markiert?

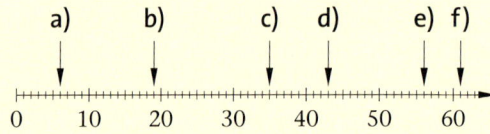

2 Welche Zahlen sind hier markiert?

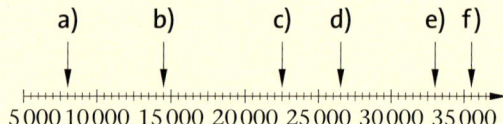

3 Zeichne jeweils einen Zahlenstrahl und markiere die Lage der Zahlen.
a) 23, 4, 18, 13, 35, 29
b) 103, 125, 111, 109, 117
c) 1000, 800, 500, 200, 900

3 Zeichne jeweils einen Zahlenstrahl und markiere die Lage der Zahlen.
a) 1320, 1305, 1355, 1345, 1330
b) 10555, 10557, 10549, 10561
c) 9999, 10003, 9989, 10010, 9979

4 Übertrage ins Heft und setze die richtigen Zeichen ein (=, > oder <).
a) 19 ■ 11   b) 20 ■ 20
c) 850 ■ 805   d) 100000 ■ 110000

4 Übertrage ins Heft und setze die richtigen Zeichen ein (=, > oder <).
a) 89 ■ 98   b) 755 ■ 7500
c) 990 ■ 989   d) 50001 ■ 500100

5 Verwende die Zahlen 345, 543, 453, 454 und 544.
a) Wie heißt die kleinste Zahl?
b) Ordne die Zahlen von der kleinsten bis zur größten.
c) Gib zu jeder Zahl den Vorgänger und den Nachfolger an.

5 Verwende die Zahlen 3420, 3240, 3241, 3402, 3412 und 3421.
a) Ordne die Zahlen von der kleinsten bis zur größten.
b) Gib zu jeder Zahl den Vorgänger, den Nachfolger und den Nachfolger des Nachfolgers an.

→ Seite 30

■ Große natürliche Zahlen und Potenzen

6 Schreibe die Zahlen mit Ziffern.
a) dreißigtausend
b) fünfundfünfzigtausendfünfhundert
c) zehn Millionen
d) einhundertfünftausendfünfhundert

6 Schreibe die Zahlen mit Ziffern.
a) elf Millionen fünfhundertfünfzigtausend-dreihundertfünf
b) zweiundzwanzig Milliarden vierhundert-vier Millionen fünfhundertfünftausend

7 Trage die Zahlen in eine Stellenwerttafel ein. Wie viele Nullen haben die Zahlen?
a) dreihundert   b) eintausend
c) zwanzigtausend   d) fünf Millionen

7 Trage die Zahlen in eine Stellenwerttafel ein. Wie viele Nullen haben die Zahlen?
a) zweihundertsechstausendvier
b) fünf Milliarden einundfünfzigtausend

$$\frac{x + y}{2}$$

8 Schreibe die Zahlen in der Stellenwerttafel wie in dem Beispiel in dein Heft:

BEISPIEL 50 100 380 200 = 50 Mrd. + 100 Mio. + 380 T + 200 E ■

Milliarden			Millionen			Tausend			Einer		
10^{11}	10^{10}	10^9	10^8	10^7	10^6	10^5	10^4	10^3	10^2	10^1	10^0
							1	0	5	8	0
						6	1	6	0	3	3
				7	0	9	6	0	1	0	0
		2	5	0	0	4	5	0	9	9	1

Milliarden			Millionen			Tausend			Einer		
10^{11}	10^{10}	10^9	10^8	10^7	10^6	10^5	10^4	10^3	10^2	10^1	10^0
							7	7	3	2	0
					3	4	3	1	0	0	2
			7	0	1	4	4	0	0	8	0
9	9	9	0	0	0	6	6	6	0	0	9

9 Schreibe die Zahlen mit Zehnerpotenzen, z.B.: $329 = 3 \cdot 10^2 + 2 \cdot 10^1 + 9 \cdot 10^0$

a) 1022 b) 1202 c) 1220
d) 20 345 e) 23 045 f) 203 405

9 Schreibe die Zahlen mit Zehnerpotenzen und ordne sie der Größe nach.

a) 13 384 004 b) 13 004 384
c) 45 002 505 032 d) 45 020 055 032

10 Schreibe als Multiplikationsaufgabe und gib das Ergebnis an.

a) 2^4 b) 3^3 c) 7^2
d) 0^8 e) 10^5 f) 1^{10}

10 Ersetze die Sternchen so, dass die Gleichung stimmt.

a) $2^\star = 8$ b) $3^\star = 27$ c) $6^\star = 27$
d) $\star^1 = 5$ e) $\star^3 = 64$ f) $\star^4 = 16$

■ Große Zahlen runden und schätzen

→ Seite 34

11 Berge im Schwarzwald

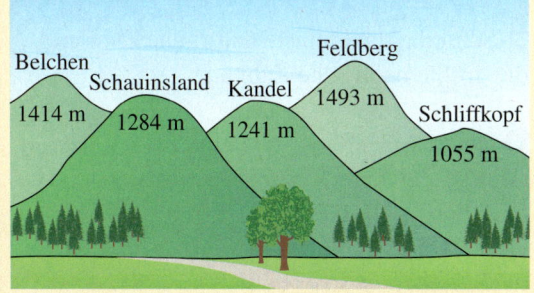

Belchen 1414 m
Schauinsland 1284 m
Kandel 1241 m
Feldberg 1493 m
Schliffkopf 1055 m

a) Runde die Höhen an der Zehnerstelle.
b) Runde an der Hunderterstelle.

11 Flugentfernungen ab Frankfurt/Main:

Moskau	2022 km
Athen	1808 km
Rio	9564 km
Kairo	2919 km
Tel Aviv	2953 km
Las Palmas	3181 km
New York	6188 km
Tokio	13 095 km

a) Runde an der Hunderterstelle.
b) Runde an der Tausenderstelle.

12 Viele bunte Schokolinsen

a) In wie viele Felder ist das Bild eingeteilt?
b) Schätze mithilfe der Rastermethode, wie viele Schokolinsen auf dem Bild zu sehen sind.

Vermischte Übungen

1 Welche Zahlen sind hier markiert?

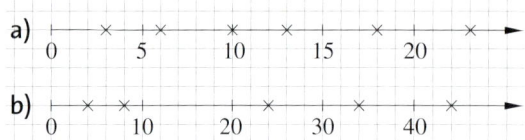

2 Schreibe die Zahlen nur mit Ziffern.
a) dreihundertvierundzwanzig
b) 17 Millionen
c) 20 Billiarden
d) zwanzigtausendundzwanzig
e) acht Milliarden achttausend

3 Ordne die Zahlen der Größe nach.
a) 3500; 3005; 5030; 3050; 5003
b) 45 465; 65 445; 46 554; 45 564

4 Übertrage und ergänze die Tabelle im Heft.

Vorgänger	Zahl	Nachfolger
	18	
	1800	
	1 800 000	

5 Schreibe die kleinste dreistellige natürliche Zahl und die größte sechsstellige Zahl auf.

6 Setze im Heft zwischen die Zahlen das richtige Zeichen (>, <, =).
a) 2134 ☐ 1234   b) 20 008 ☐ 8002
c) 4596 ☐ 4569   d) 99 199 ☐ 91 999
e) 90 099 ☐ 99 099   f) 91 298 ☐ 91 298

7 Wie viele Sonnenblumen sind hier ungefähr abgebildet?

1 Welche Zahlen sind hier markiert?

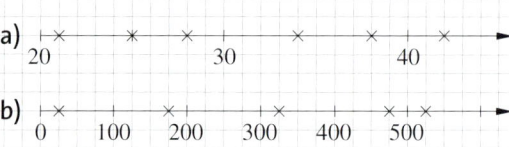

2 Schreibe die Zahlen mit Zehnerpotenzen.
a) 3 Mrd. + 10 Mio. + 781
b) 999 Milliarden
c) eine halbe Million
d) einundzwanzigtausendeinundzwanzig
e) 861 Milliarden 111 Tausend 9

3 Ordne die Zahlen der Größe nach.
a) 77 177; 717 777; 771 777; 1 117 111
b) 785 612; 875 612; 786 512; 786 125

4 Übertrage und ergänze die Tabelle im Heft.

Vorgänger	Zahl	Nachfolger
		601
	0	
999 999 999		

5 Schreibe die kleinste natürliche Zahl und die größte natürliche Zahl auf.

6 Setze im Heft zwischen die Zahlen das richtige Zeichen (>, <, =).
a) 10 010 ☐ 10 100   b) 90 909 ☐ 90 899
c) 8 710 543 ☐ 8 710 443
d) 1 117 876 ☐ 1 127 876

7 Wie viele Schokolinsen sind ungefähr in diesem Glas?

NACHGEDACHT
Stimmt das?
– Jede natürliche Zahl hat einen Vorgänger.
– Es gibt eine kleinste natürliche Zahl.
– Es gibt eine größte natürliche Zahl.

8 Lies den Zeitungsartikel.
Trage die Zahlen in eine Stellenwerttafel ein.

Im Berliner Naturkundemuseum steht das größte montierte Saurierskelett der Welt. Gerade erst wurden die wertvollen Dinosaurierskelette und Räume für rund 18 Millionen Euro restauriert. Mit etwa 30 Millionen Ausstellungsstücken gehört das Haus zu den fünf größten Naturkundemuseen der Welt. Herzstück der neuen Dauerausstellung ist das rund 150 Millionen Jahre alte Brachiosaurus-Skelett.

9 Zwei Zahlen auf den Segeln in der Randspalte wurden auf 3060 gerundet. Welche Zahlen sind gemeint?

10 Schreibe den Satz ab und runde – falls möglich – an einer sinnvollen Stelle.
a) Der Elefant im Zoo wiegt 3149 kg.
b) Ben hat 39 Punkte im Mathematiktest.
c) Lisa hat Schuhgröße 35.
d) Tokyo ist 8924 km von Berlin entfernt.

11 Ordne die Nachbarländer Deutschlands nach der Einwohnerzahl.

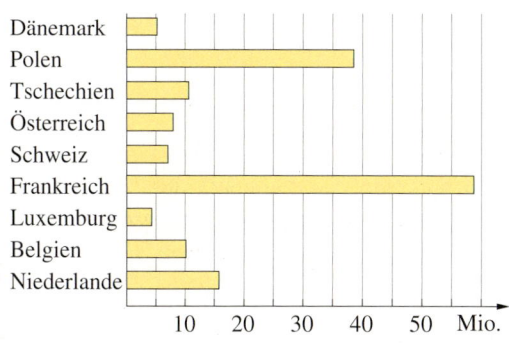

8 Lies den Zeitungsartikel.
Trage die Zahlen in eine Stellenwerttafel ein.

Der Pariser Eiffelturm ist das Wahrzeichen Frankreichs. Er wurde von 1887 bis 1889 anlässlich des hundertjährigen Jubiläums der französischen Revolution erbaut. Der 10 000 Tonnen schwere Turm ist 300 Meter (mit Antenne 324 m) hoch. Vierzig Jahre lang war er das höchste Gebäude der Welt. Dann übernahm das Chrysler Building mit 322 Metern Höhe diesen Rekord. Jedes Jahr besuchen ihn mehr als sechs Millionen Touristen. Im Jahre 2002 feierte man den zweihundertmillionsten Besucher.

9 Wie viele verschiedene Zahlen erhält man, wenn man die Zahlen auf den Segeln auf Zehner rundet?

10 Schreibe den Satz ab und runde – falls möglich – an einer sinnvollen Stelle.
a) Die Kontonummer lautet 114 084 645.
b) Die Lichtgeschwindigkeit beträgt 299 792 Kilometer in der Sekunde.
c) Für die Wüstenexpedition reichen die Wasservorräte für 117 Tage.

11 Gib die kleinste (größte Zahl) an, die auf die gegebenen Zahlen gerundet werden kann.
a) auf Zehner gerundet:
20; 370; 5020
b) auf Hunderter gerundet:
400; 3300; 467 000
c) auf Tausender gerundet:
35 000; 346 000; 2 999 000
d) auf Hunderttausender gerundet
800 000; 15 000 000; 4 Mrd.

$$\frac{x+y}{2}$$

Teste dich!

(6 Punkte)

1 Notiere im Heft die markierten Zahlen.

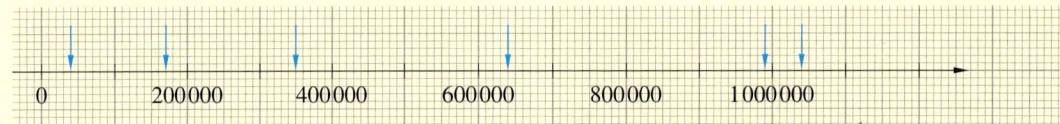

(12 Punkte)

2 Zeichne jeweils einen Zahlenstrahl und markiere dort die angegebenen Zahlen.
a) 5, 7, 12, 13, 16, 19
b) 5, 15, 25, 40, 35, 55
c) 10, 40, 45, 80, 70, 100
d) 33, 5, 110, 91, 98, 16
e) 205, 220, 225, 240, 245, 255
f) 2220, 2430, 1970, 1810, 1835, 2080

(6 Punkte)

3 Schreibe die Zahlen mit Ziffern.
a) neuntausendzweihundert
b) dreihundertzwölf Millionen
c) zweihundertfünfundsiebzigtausendfünfhundertzwei
d) achtundzwanzig Millionen dreihundertzweiundzwanzigtausend
e) zwanzig Milliarden sechshunderttausend
f) fünf Billionen dreihundertzwanzig Millionen

(6 Punkte)

4 Schreibe die Zahlen aus der Stellenwerttafel mit Worten.

Billionen			Milliarden			Millionen			Tausend					
10^{14}	10^{13}	10^{12}	10^{11}	10^{10}	10^{9}	10^{8}	10^{7}	10^{6}	10^{5}	10^{4}	10^{3}	10^{2}	10^{1}	10^{0}
											3	6	0	1
	5	5	1	5	3	0	0	0	0	0	0	0	1	2
					2	0	0	9	0	8	0	0	0	0

(6 Punkte)

5 Trage die Zahlen in eine Stellenwerttafel ein.
a) 13 067
b) 2 Mio. 620 Tausend
c) 1 Mrd. 1 Mio. einhunderttausend
d) 127 000 345
e) 60 Bio. 60 Mrd. 60 Mio. 60
f) 5 Bio. fünfhunderttausendeins

(6 Punkte)

6 Schreibe folgende Zahlen mit Zehnerpotenzen.
a) 83 083
b) 202 202
c) 1 234 567
d) 238 000 238
e) 500 Bio. 500 Mrd. 500 Mio.
f) fünfhunderttausendeinundzwanzig

(6 Punkte)

7 Nenne Vorgänger und Nachfolger der angegebenen Zahl.
a) 666 999
b) 101 010
c) 10 000
d) 5 Bio. 5 Mrd. 999
e) 99 999 000 000
f) 0

(6 Punkte)

8 Welche der beiden Zahlen ist die größere?
a) 101 101 oder 101 010
b) 246 357 789 oder 2 463 577 899
c) 246 357 oder 2 463 577
d) 32 235 467 865 oder 32 235 467 865
e) 123 789 670 000 oder 123 789 760 000
f) 178 157 698 999 oder 178 157 789 999

$$\frac{x+y}{2}$$

9 Schreibe die folgenden Produkte als Potenzen und berechne ihren Wert. *(6 Punkte)*
a) $5 \cdot 5$ **b)** $3 \cdot 3 \cdot 3$ **c)** $1 \cdot 1 \cdot 1 \cdot 1 \cdot 1 \cdot 1 \cdot 1$
d) $10 \cdot 10 \cdot 10 \cdot 10 \cdot 10$ **e)** $2 \cdot 2 \cdot 2 \cdot 2$ **f)** $0 \cdot 0 \cdot 0 \cdot 0 \cdot 0 \cdot 0$

10 Schreibe als Multiplikationsaufgabe und gib das Ergebnis an. *(6 Punkte)*
a) 3^2 **b)** 2^3 **c)** 7^2 **d)** 0^8 **e)** 10^5 **f)** 1^{10}

11 Ordne die Zahlenangaben, beginne mit der kleinsten. *(12 Punkte)*
a) Bevölkerungszahlen

Land	Bevölkerungszahl
Belgien	10 300 000
Deutschland	82 500 000
Dänemark	5 300 000
Frankreich	60 100 000
Griechenland	11 000 000
Großbritannien	59 300 000
Italien	57 400 000
Luxemburg	450 000
Niederlande	16 100 000

b) Entfernung von der Sonne

Planet	Entfernung von der Sonne
Erde	149 500 000 km
Jupiter	777 800 000 km
Mars	227 900 000 km
Merkur	57 900 000 km
Neptun	4 496 500 000 km
Saturn	1 425 600 000 km
Uranus	2 869 700 000 km
Venus	108 200 000 km

12 Runde die folgenden Zahlen auf Zehner, auf Tausender und auf Hunderttausender. *(6 Punkte)*
a) 123 456   **b)** 3 000 999   **c)** 111 999 111

13 Etwa wie viele Blumen sind auf dieser Sommerwiese zu sehen? *(6 Punkte)*

$\dfrac{x+y}{2}$

Zusammenfassung

→ Seite 26

Natürliche Zahlen ordnen und vergleichen

Die Menge der **natürlichen Zahlen** wird mit $\mathbb{N}$ bezeichnet. Die kleinste natürliche Zahl ist die Null, eine größte natürliche Zahl gibt es nicht.

$\mathbb{N} = \{0;\ 1;\ 2;\ 3;\ 4;\ \dots\}$

Am **Zahlenstrahl** kann man Zahlen übersichtlich darstellen.
Am Zahlenstrahl kann man Zahlen gut vergleichen, die kleinere Zahl steht immer links von der größeren Zahl.

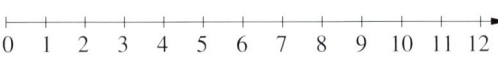

$8 < 10$, denn 8 steht links von 10

Der **Vorgänger** steht direkt links neben der Zahl, der **Nachfolger** direkt rechts daneben.

4 ist der Vorgänger von 5.
6 ist der Nachfolger von 5.

→ Seite 30

Große natürliche Zahlen und Potenzen

Unser Stellenwertsystem heißt **Dezimalsystem** oder Zehnersystem, weil immer beim Zehnfachen einer Stelle eine neue Stelle hinzukommt.

Milliarden			Millionen			Tausender			Einer		
10^{11}	10^{10}	10^9	10^8	10^7	10^6	10^5	10^4	10^3	10^2	10^1	10^0
		2	5	5	4	6	8	0	4	0	0
4	1	2	0	3	0	1	0	0	0	8	0

Der Wert einer Zahl ist abhängig von der Stellung der Ziffern innerhalb der Zahl.

2 Milliarden 554 Millionen 680 Tausend 400
412 Milliarden 30 Millionen 100 Tausend 80

Von Stelle zu Stelle wird im Zehnersystem immer wieder mit 10 multipliziert.

$1\,000 = 10 \cdot 10 \cdot 10$
$1\,000\,000 = 10 \cdot 10 \cdot 10 \cdot 10 \cdot 10 \cdot 10$

Das Produkt aus lauter gleichen Zahlen kann man kürzer als **Potenz** schreiben:

$10 \cdot 10 \cdot 10 \cdot 10 = 10^4$
Sprich: „10 hoch 4"

$\underbrace{10^{4}}_{\text{(Potenz)}}$ ←(Exponent)
←(Basis)

Die einfachsten Potenzen sind die **Quadratzahlen**: $2^2 = 2 \cdot 2 = 4$, $3^2 = 3 \cdot 3 = 9$ usw.
Wenn der Exponent 3 ist, spricht man von **Kubikzahlen**: $2^3 = 2 \cdot 2 \cdot 2 = 8$ usw.
Die Potenzen für das Dezimalsystem heißen **Zehnerpotenzen**, z. B. $10^6 = 1\,000\,000$.

→ Seite 34

Große Zahlen runden und schätzen

Regeln beim **Runden von Zahlen**:
1. Rundungsstelle festlegen
2. Ist die Stelle rechts von der Rundungsstelle eine
   – **0; 1; 2; 3 oder 4**, wird **abgerundet**.
   – **5; 6; 7; 8 oder 9**, wird **aufgerundet**.

1273 auf Zehner gerundet: 1270
1273 auf Hunderter gerundet: 1300

Beim Schätzen versucht man, durch Anhaltspunkte und Überlegungen dem genauen Ergebnis möglichst nahe zu kommen, z. B. mit der Rastermethode.

Sonnenblumen in einem Feld: 14
Anzahl der Felder: 6
Anzahl der Blumen: etwa $14 \cdot 6 = 84$

Grundbegriffe der Geometrie

Brücken verbinden Stadtteile, Länder, Kontinente.
Brückenkonstruktionen weisen eine erstaunliche Vielfalt auf.
Schaut man sich Brücken aber genauer an, dann kann man viele
Gemeinsamkeiten entdecken, z. B. Stahlträger, die zueinander
parallel verlaufen und die senkrecht auf der Fahrbahn stehen.
Kannst du dir vorstellen, warum man diese geometrischen
Grundformen so häufig antrifft?

Noch fit?

Einstieg

1 Ablesen vom Lineal

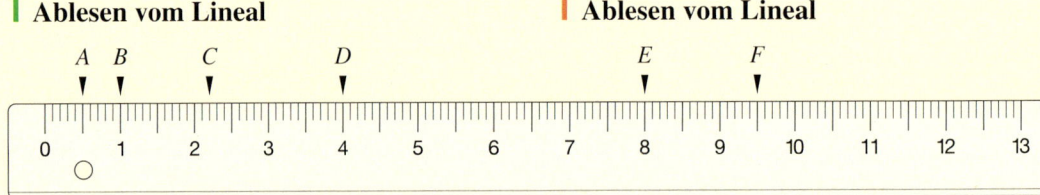

Wie lang ist eine gerade Linie …

a) von 0 bis B? b) von 0 bis D?
c) von 0 bis F? d) von 0 bis C?

2 Mit dem Lineal zeichnen
Zeichne eine gerade Linie, die …

a) 6 cm lang ist. b) 10 cm lang ist.

3 Ähnliche Figuren zuordnen
Immer zwei Bilder gehören zusammen. Welche sind es? Begründe deine Auswahl.

4 Beispiele für Formen
Zeige oder zeichne jeweils ein Beispiel.

a) Dreieck b) Quadrat c) Kreis

Aufstieg

1 Ablesen vom Lineal

Wie lang ist eine gerade Linie …

a) von 0 bis A? b) von B bis C?
c) von 0 bis E? d) von B bis F?

2 Mit dem Lineal zeichnen
Zeichne eine gerade Linie, die …

a) 12,8 cm lang ist. b) 25 mm lang ist.

4 Beispiele für Formen
Zeige oder zeichne jeweils ein Beispiel.

a) Fünfeck b) Rechteck c) Achteck

5 Figuren abzeichnen
Übertrage die Zeichnungen mithilfe eines Lineals ordentlich in dein Heft.

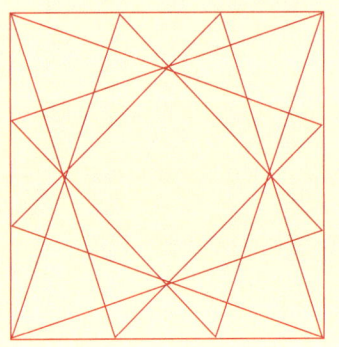

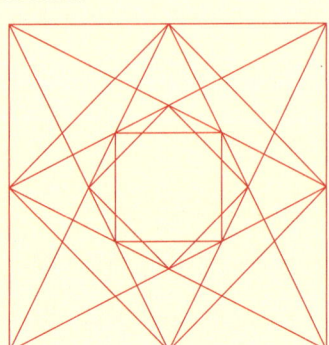

◼ Gerade Linien, parallel und senkrecht

Erforschen und Entdecken

1 Beschreibe, was du auf dem rechts abgebildeten Foto siehst.
Warum spannt der Pflasterer eine Schnur?

2 Versuche nur mit einem Bleistift eine möglichst gerade Linie zu zeichnen.
Ist sie wirklich gerade?
Welche Hilfsmittel fallen dir ein, um eine gerade Linie zu zeichnen?

3 Kannst du aus einem Blatt Papier ein Boot falten? Probiere es aus.
Wenn du das Papier wieder auseinanderfaltest, sind Faltkanten zu sehen.
Wie stehen die Faltkanten zueinander?

4 Solche Ecken findest du sehr häufig im Alltag.
a) Beschreibe die Lage der rot markierten Linien des Geodreiecks zueinander.
b) Nenne weitere Beispiele für die Lage dieser beiden roten Linien.
c) Sucht in eurem Klassenraum Linien, die der Lage im Bild entsprechen. Ihr könnt Geodreiecke zu Hilfe nehmen.
d) Kontrolliere und entscheide, ob das Geodreieck auch in die Ecke auf der linken Seite der Fensterleiste passt.

5 Nimm ein Blatt Papier und falte es zweimal, wie es in der Bildfolge unten dargestellt ist.
a) Beschreibe die Lage der beiden Faltlinien zueinander (Bild 4).

   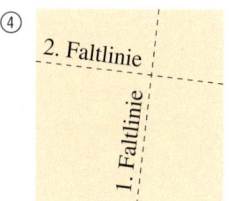

b) Falte das Blatt noch einmal, so wie im folgenden Bild.
Beschreibe die Lage der 2. und 3. Faltlinie zueinander.

 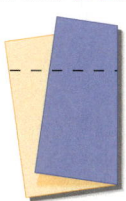  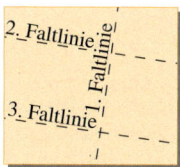

Entziffere die Geheimschrift. Halte dafür das Buch so auf Augenhöhe, dass die Linien auf dich zu laufen. Kippe es dazu ein wenig an und schaue flach über das Blatt.

Lesen und Verstehen

Nadine faltet aus einem
Stück Papier ein Boot.
Dabei entstehen Faltkanten.
Werden sie wieder auf-
geklappt, sind gerade Linien
zu sehen.

Mit einem Lineal oder Geodreieck kann man gerade Linien zeichnen.
Besondere gerade Linien sind die **Strecke**, der **Strahl** und die **Gerade**.

BEACHTE
Geraden und Strahlen werden immer mit kleinen Buchstaben bezeichnet. Punkte bezeichnet man mit großen Buchstaben.

Name	Merkmal		BEISPIEL 1
	Anfang	Ende	
Eine **Gerade** ist unendlich. Man kann immer nur einen Teil einer Gerade zeichnen.	kein Anfang	kein Ende	g h Bezeichnung: g, h
Einer **Strecke** ist die kürzeste Verbindung zweier Punkte A und B.	ein Anfang	ein Ende	a A B Bezeichnung: $\overline{AB}$ oder a
Ein **Strahl** (Halbgerade) ist ein Teil einer Geraden.	ein Anfang	kein Ende	s A Bezeichnung: s

Gerade Linien findet man überall: an Büchern, Möbeln, Häusern, Zäunen, …
Oft haben gerade Linien eine besondere Lage zueinander.

BEISPIEL
Zueinander parallele Schienen

Zueinander senkrechte Fensterstreben

> Linien, deren Abstand immer gleich bleibt, nennt man
> **parallel** zueinander.
> Sind zwei Geraden g und h parallel zueinander, schreibt man
> kurz $g \parallel h$.
>
> Linien, die im rechten Winkel aufeinander stehen, sind
> **senkrecht** zueinander.
> Sind zwei Geraden g und f senkrecht zueinander, schreibt man
> kurz $g \perp f$.
> In Zeichnungen verwendet man das Zeichen ∟, um einen
> rechten Winkel zu kennzeichnen.

BEISPIEL 2

$g \parallel h$; $g \perp f$; $h \perp f$

Der Abstand zwischen zwei parallelen Geraden ist die kürzeste Verbindung zwischen ihnen.
Dieser Abstand bleibt bei parallelen Geraden immer gleich.

Die kürzeste Verbindung eines Punkt P zu einer Geraden g ist die
Strecke $\overline{PQ}$, die senkrecht zur Geraden g verläuft.

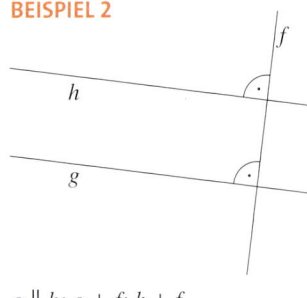

> Der **Abstand eines Punktes zu einer Geraden** kann ermittelt
> werden, indem man die Senkrechte zur Geraden durch den
> Punkt zeichnet und ihre Länge misst.

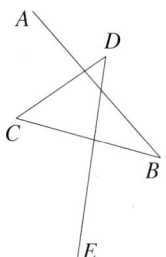

Basisübungen

1 Verschiedene Linien

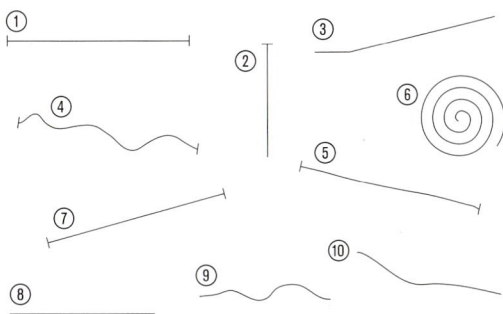

a) Entscheide, welche Linien gerade Linien sind. Prüfe mit dem Geodreieck.
b) Entscheide und begründe, welche Linien Strecken, Geraden oder Strahlen sind.

2 Wie viele Strecken und Geraden sind abgebildet?

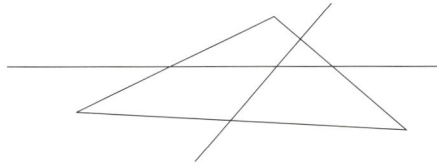

3 Wie viele Zuspielstrecken vom Standpunkt *A* aus gibt es? Übertrage in dein Heft und zeichne die Strecken ein.

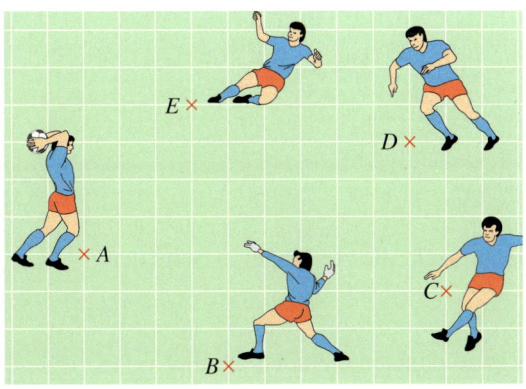

4 Für welche gerade Linie gilt dieser Satz?
a) Sie wird von zwei Punkten begrenzt.
b) Sie hat weder Anfangs- noch Endpunkt.
c) Sie hat einen Anfangs-, aber keinen Endpunkt.
d) Sie ist unendlich lang.
e) Sie ist genau 2 cm lang.

1 Verschiedene Linien

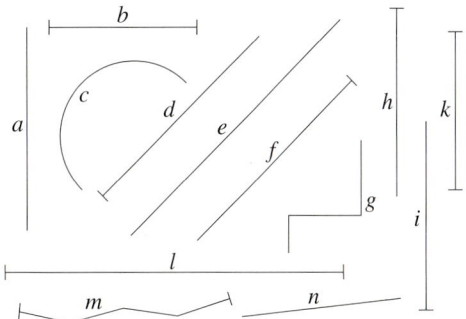

a) Entscheide und begründe, welche Linien gerade Linien sind.
b) Entscheide und begründe, welche Linien Strecken, Geraden oder Strahlen sind.

2 Wie viele Strecken und Geraden sind abgebildet?

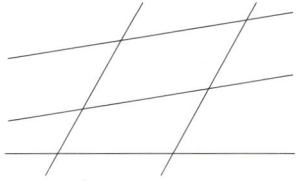

3 Übertrage die Punkte ins Heft und verbinde sie durch Strecken.

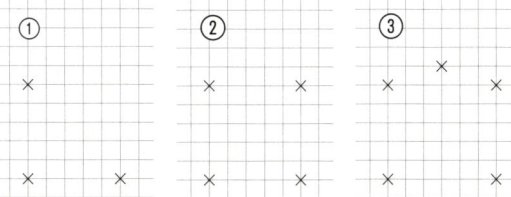

a) Wie viele Strecken sind es jeweils?
b) Wie viele Strecken sind es, wenn du sechs oder sieben Punkte hast?
c) Wie viele Strecken wären es bei zehn (20) Punkten? Löse, ohne zu zeichnen.

4 Für welche gerade Linie gilt dieser Satz?
a) Sie lässt sich durch genau zwei Punkte festlegen.
b) Sie hat keine Endpunkte.
c) Sie ist ein Teil einer Geraden.
d) Sie ist genau 3,5 cm lang.
e) Sie ist die kürzeste Verbindung zwischen zwei Punkten.

SCHON GEWUSST?
Wenn mehrere Strecken miteinander verbunden sind, spricht man von einem Streckenzug.

Methode: **Parallele Linien erkennen und zeichnen**

Durch Anlegen des Geodreiecks kannst du überprüfen, ob zwei Geraden parallel zueinander sind.
Die Geraden *a* und *b* sind parallel zueinander und haben einen Abstand von 3 cm.

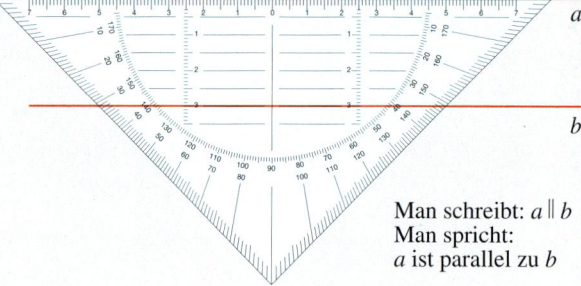

Man schreibt: $a \parallel b$
Man spricht:
a ist parallel zu *b*

Mit deinem Geodreieck kannst du auch selbst Parallelen zeichnen.
Hier wird eine Parallele zur Geraden *g* im Abstand von 1,5 cm gezeichnet.

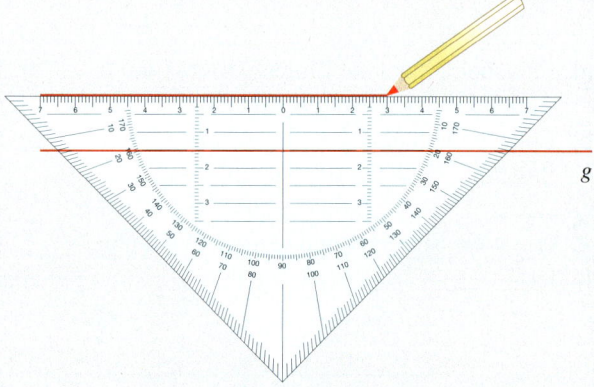

Bei diesem Beispiel wird eine Parallele zur Geraden *f* gezeichnet, die durch den Punkt *P* geht.

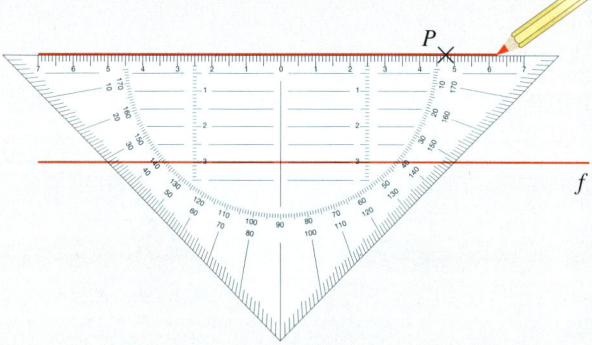

1 Wie viele parallele Linien gibt es auf deinem Geodreieck, die zur längeren Seite der Geodreiecke parallel sind?

2 Entscheide mithilfe des Geodreiecks, ob die rot gezeichneten Geraden parallel zueinander sind.

a)

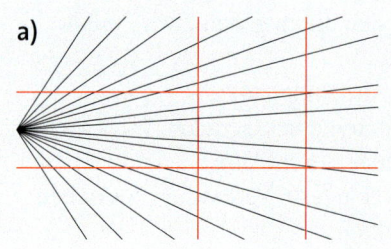

b)

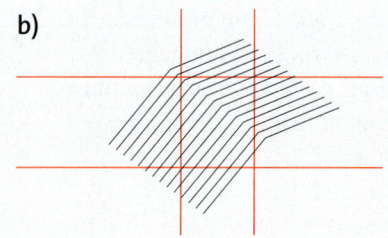

Methode: Senkrechte Linien erkennen und zeichnen

Du kannst durch Anlegen des Geodreiecks ebenfalls überprüfen, ob zwei Geraden **senkrecht zueinander** stehen. Die Geraden a und b stehen hier senkrecht aufeinander.

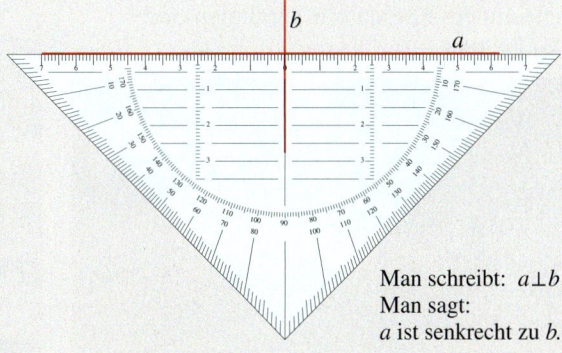

Man schreibt: $a \perp b$
Man sagt:
a ist senkrecht zu b.

Bei diesem Beispiel liegt der Punkt P auf der Geraden g.
Es wird eine Gerade durch P gezeichnet, die senkrecht zu g ist.

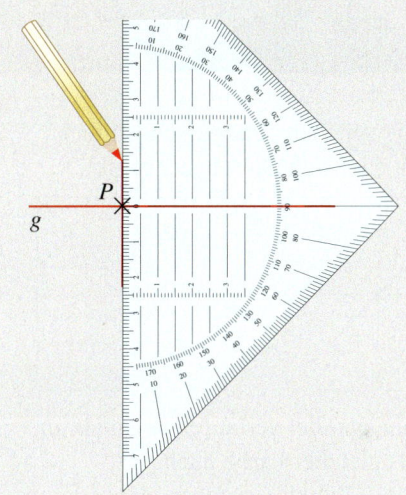

Hier liegt der Punkt P *nicht* auf der Geraden g. Auch hier wird durch P eine Gerade gezeichnet, die senkrecht zu g ist.

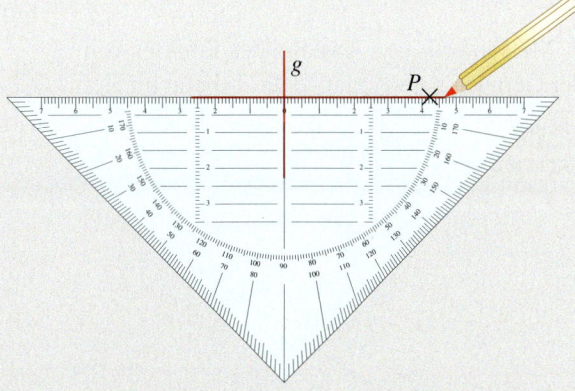

1 Welche der Ecken bestehen aus zueinander senkrechten Linien?
Prüfe mit dem Geodreieck.

a) 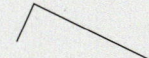　　　b) 　　　c) 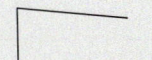　　　d)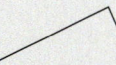

2 Zeichne mit dem Geodreieck eine Treppe mit fünf Stufen von der Seite.

HINWEIS
*Fortsetzung von
Seite 49*

5 Welche Fliesenfugen sind parallel, welche sind senkrecht zueinander?
Suche andere Fliesen mit parallelen und senkrechten Linien.

6 Falte jeweils ein quadratisches Stück Papier so, dass sich das Muster ergibt.

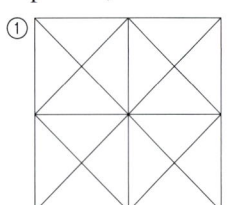 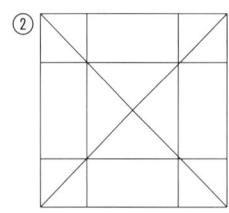

a) Zeichne parallel verlaufende Linien in jeweils gleicher Farbe nach.
b) Umkreise Punkte, in denen zwei Linien senkrecht aufeinander treffen.

7 Miss jeweils den Abstand des Punktes von der Geraden *g* und ergänze die Tabelle im Heft.

Punkt	A	B	C	D	E
Abstand von *g*					

A×

g

×*B*   ×*E*

×*C*   ×*D*

8 Zeichne eine Gerade *g* und eine Gerade *h*, die den angegebenen Abstand haben.
a) 2 cm   b) 5 cm   c) 1 cm
d) 2,5 cm   e) 3,5 cm   f) 4,1 cm

NACHGEDACHT
*Was ist ein Lot?
Was ist eine
Wasserwaage?
Informiert euch,
wozu und wie
diese Geräte ver-
wendet werden.*

5 Sucht in eurem Klassenraum zueinander senkrechte und zueinander parallele Linien.

6 Zeichne die Muster in dein Heft.

① ②

a) Zeichne parallel verlaufende Linien in jeweils gleicher Farbe nach.
b) Umkreise Punkte, in denen zwei Linien senkrecht aufeinander treffen.

7 Bestimme den Abstand der Parallelen. Beschreibe, wie dir das Geodreieck dabei hilft.

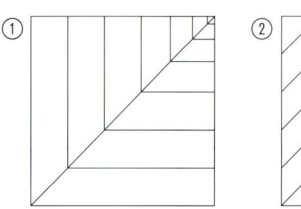

a)   b)

g

g

h

h

c)   *h*   d)

g

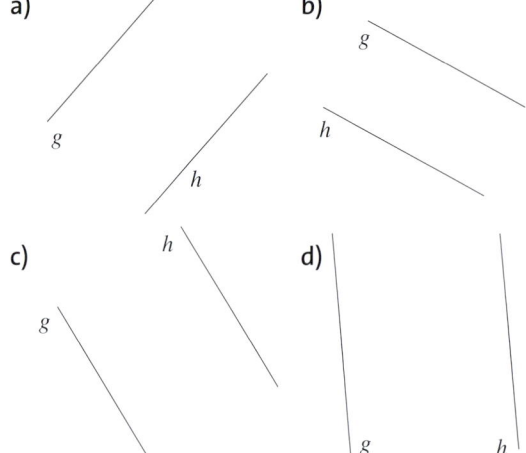

g   *h*

8 Zeichne eine Gerade *g* und im jeweils angegebenen Abstand dazu die Punkte.
a) *A* (3 cm)   b) *B* (4 cm)
c) *C* (2,5 cm)   d) *D* (2,3 cm)

■ Figuren verschieben im Koordinatensystem

Erforschen und Entdecken

1 Das Bild in der Randspalte zeigt ein Hydrantenschild. Erkläre das Bild.
Was bedeuten die Zahlen und wie findet man von diesem Schild aus den Wasseranschluss?
Wenn du das Schild nicht kennst, frage deine Eltern oder Freunde.

2 Die Kinovorstellung ist fast ausverkauft. An der Kasse erhält Familie Sachs nur noch die abgebildeten Karten. Auf dem Sitzplan suchen sie ihre Plätze. Melanie erhält die grüne Eintrittskarte. In welcher Reihe und auf welchem Platz wird sie sitzen?
Auf welchen Plätzen würdest du gern sitzen?

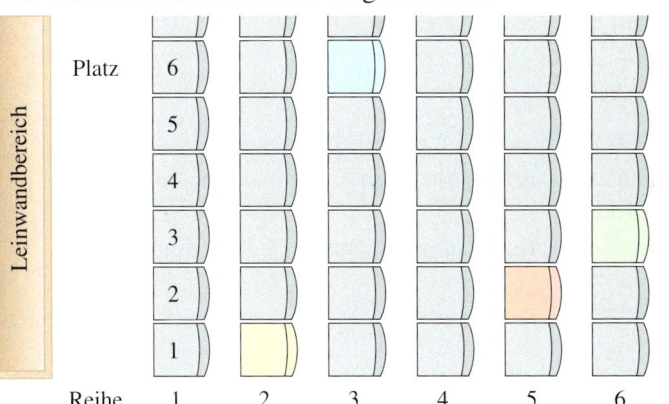

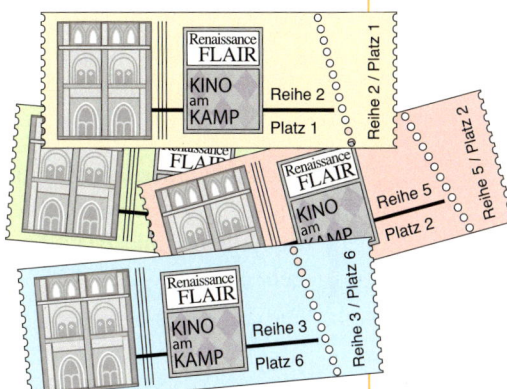

3 Der niederländische Künstler M.C. Escher hat sich intensiv mit Parkettierungen beschäftigt, also mit dem lückenlosen Auslegen einer Fläche. Das nebenstehende Bild ist dabei zum Beispiel entstanden.
a) Beschreibe, wie das Bild aufgebaut ist.
b) Suche dir bei einem der Tiere einen festen Punkt, z.B. die Schwanzspitze, und miss jeweils den Abstand dieses Punktes von einem zum anderen Tier.
Fällt dir etwas auf?

4 An historischen Gebäuden oder auf Teppichen findet man oft Verzierungen in Form von Bandmustern, auch Bandornament genannt.

Beschreibe, wie man aus einem Grundmuster das Bandmuster erhält.
Wähle ein Muster aus und setze es im Heft fort.

3

Lesen und Verstehen

Nikola hat auf Karopapier ein Boot gezeichnet und beschreibt es ihrer Freundin Leonie am Telefon.
Sie nennt ihr die Lage der Punkte.

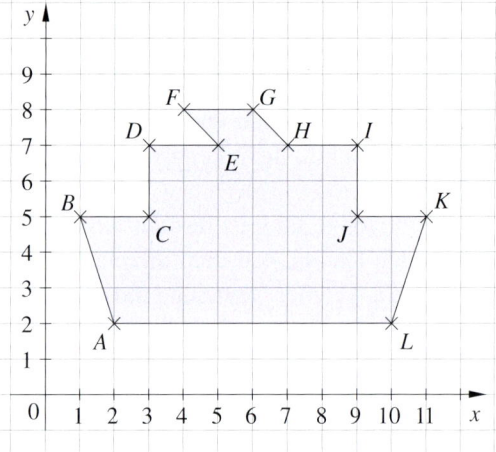

BEACHTE
Die Achsen werden in gleichmäßige Abstände eingeteilt.

> Die Lage eines Punktes kann man in einem **Koordinatensystem** genau angeben.
> Dies erreicht man durch ein Gitternetz aus senkrechten und parallelen Linien.
>
> Ein Koordinatensystem zeichnet man aus zwei zueinander senkrechten Zahlenstrahlen. Sie heißen *x*-**Achse** und *y*-**Achse**.

BEACHTE
Die x-Achse nennt man auch Abszisse.
Die y-Achse nennt man auch Ordinate.

> Die Lage jedes Punktes im Koordinatensystem ist durch ein Zahlenpaar bestimmt.
> Diese beiden Zahlen heißen **Koordinaten**.
> Bei jedem Punkt $P(x|y)$ wird zuerst die x-Koordinate und dann die y-Koordinate angegeben.

BEISPIEL 1

Der Punkt P hat die Koordinaten $(7|5)$.
Das bedeutet: Gehe vom gemeinsamen Anfangspunkt der beiden Achsen
7 Einheiten nach rechts und
5 Einheiten nach oben. ■

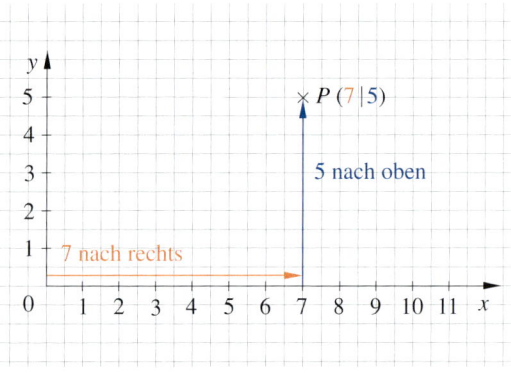

TIPP
So kann man sich gut merken, welche Koordinate zuerst kommt:
Wie im Alphabet kommt x vor y.

BEISPIEL 2

Im oben abgebildeten Boot gibt es beispielsweise folgende Koordinaten:
$A(2|2)$; $B(1|5)$; $C(3|5)$; $D(3|7)$ ■

In einem Koordinatensystem kann man zum Beispiel Verschiebungen gut zeichnen.

> Bei einer **Verschiebung** wird jeder Punkt der Ausgangsfigur gleich weit in die gleiche Richtung bewegt.
>
> Die Verschiebung kann man durch einen Pfeil verdeutlichen.
> Die Spitze des **Verschiebungspfeils** zeigt die Richtung der Verschiebung an, seine Länge die Entfernung zwischen altem und neuem Punkt.

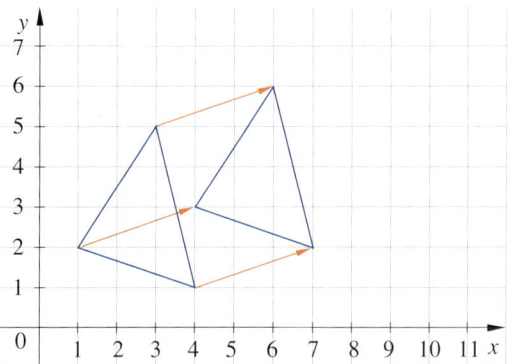

Auch Parkettierungen und Bandornamente entstehen oft aus einer Grundfigur, die immer wieder in die gleiche Richtung verschoben wird.

Basisübungen

1 Welcher Punkt hat diese Koordinaten?
a) $(5|7)$ b) $(2|4)$ c) $(3|1)$
d) $(0|7)$ e) $(11|0)$ f) $(8|3)$

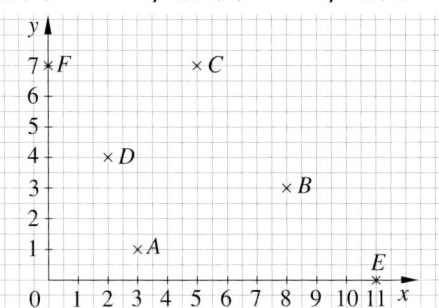

2 Welche Koordinaten haben die Punkte?

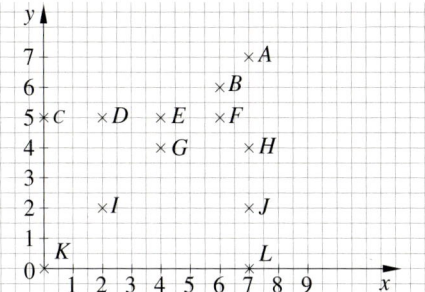

3 Dieses Bild soll einen Stern zeigen.

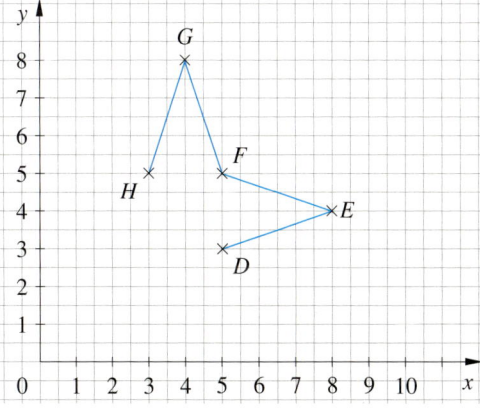

a) Übertrage die Zeichnung in dein Heft.
b) Ergänze die drei fehlenden Punkte A, B und C und gib die Koordinaten an.

4 Zeichne ein Koordinatensystem. Zeichne aus folgenden Punkten ein Segelboot.
Boot: $(6|0)$; $(12|0)$; $(15|2)$; $(3|2)$
Mast: $(7|2)$; $(7|10)$
Segel: $(7|9)$; $(7|2)$; $(13|3)$

1 Gib die Koordinaten der Punkte an.

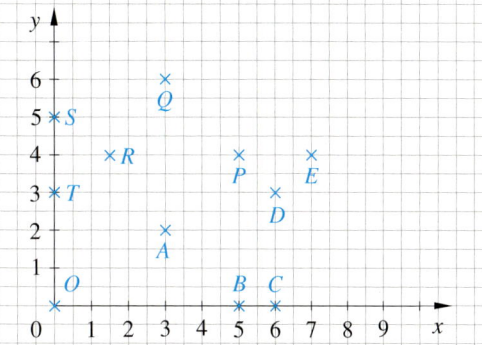

2 Zeichne ein Koordinatensystem.
a) Trage die folgenden Punkte ein.
   $A(2|3)$ $B(5|1)$ $C(8|7)$ $D(2,5|3)$
   $E(1|1)$ $F(6|4)$ $G(0|9)$ $H(7,5|0)$
   $I(1|5)$ $J(4|8)$ $K(2|3,5)$ $L(1,5|6,5)$
b) Trage zusätzlich den Punkt $Z(10|5)$ ein.
   Welche Koordinaten hat der Punkt M, der genau in der Mitte zwischen A und Z liegt?

3 Übertrage das Koordinatensystem mit der Figur in dein Heft.
Gib die Punkte der Figur an, in denen Strecken zueinander senkrecht stehen.
Prüfe mit einem Geodreieck.

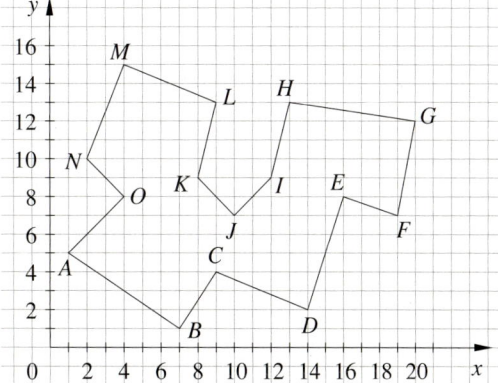

4 Verbinde die Punkte in der angegebenen Reihenfolge. Welches Bild ergibt sich?
a) $A(2|1)$; $B(2|6)$; $C(4|9)$; $D(6|6)$; $E(6|1)$
   Reihenfolge: $ABCDBEADE$
b) $A(3|1)$; $B(5|1)$; $C(1|3)$; $D(7|3)$; $E(1|5)$;
   $F(7|5)$; $G(3|7)$; $H(5|7)$
   Reihenfolge: $AGDCHBEFA$

ANREGUNG
Denkt euch selbst Figuren wie in Aufgabe 4 aus. Tauscht anschließend die Koordinaten aus und versucht herauszufinden, welche Figuren gemeint waren.

55

5 Setze dieses Bandornament in deinem Heft fort.

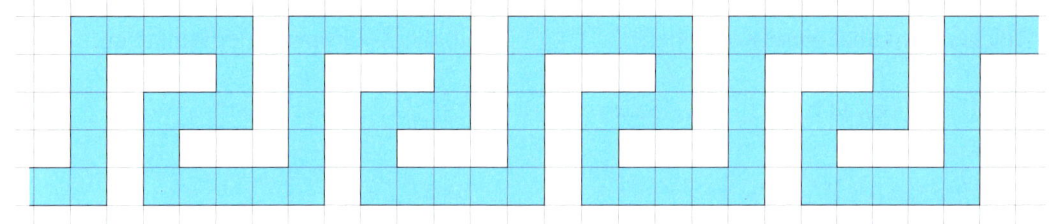

6 Ergänze die folgenden Figuren im Heft zu einem Bandornament.

a)   b)

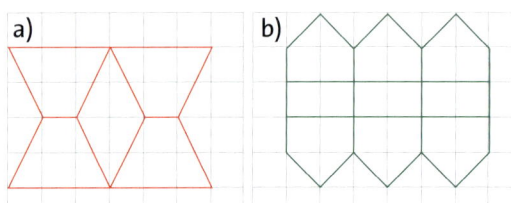

6 Ergänze die folgenden Figuren im Heft zu einem Bandornament.

a)   b)

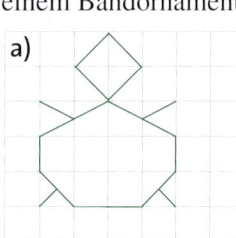
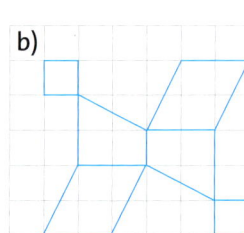

NACHGEDACHT
Warum ist es bei Aufgabe 7 (orange) nicht wichtig, in welcher Reihenfolge man die Figur verschiebt?

7 Verschiebe das Dreieck noch einmal genau so, wie es schon verschoben wurde.
Nenne die Koordinaten der Eckpunkte des neuen Dreiecks.

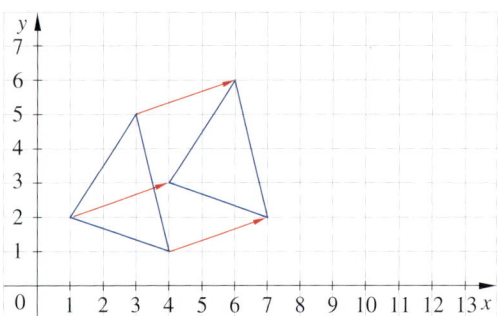

7 Verschiebe die Figur erst in die eine und dann in die andere vorgegebene Richtung. Nenne die Koordinaten der neuen Figur.

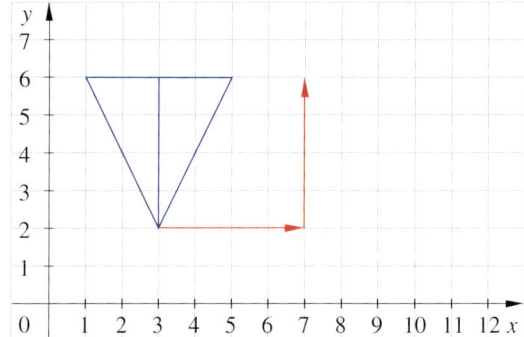

8 Trage folgende Punkte in jeweils ein Koordinatensystem ein und verbinde sie. Verschiebe die Figur jeweils um 2 Einheiten nach rechts und 2 Einheiten nach oben.
a) $A(3|0)$; $B(5|2)$; $C(3|4)$
b) $A(2|0)$; $B(3|1)$; $C(1|4)$

8 Verschiebe die Figuren um 5 Einheiten nach rechts und 3 Einheiten nach oben.
a) $A(1|1)$; $B(3|2)$; $C(5|1)$; $D(3|4)$
b) $A(2|1)$; $B(3|0)$; $C(4|1)$; $D(4|4)$

9 Übertrage die Figuren in ein Koordinatensystem und verschiebe sie in Pfeilrichtung. Gib die Koordinaten vorher und nachher an.

a)   b)

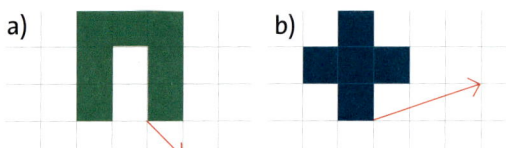

9 Übertrage die Figuren in ein Koordinatensystem und verschiebe sie in Pfeilrichtung. Gib die Koordinaten vorher und nachher an. Hätte man die Koordinaten der neuen Figur auch berechnen können?

a)   b)

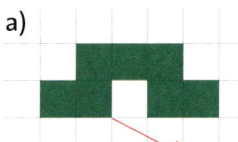
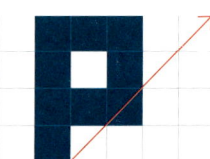

Achsensymmetrie

Erforschen und Entdecken

1 Stelle einen Spiegel auf die vorgegebenen Spiegelgeraden g und h. Was stellst du fest?

①

g

②

g

a) Erläutere den Unterschied zwischen ① und ②.
b) Woran liegt es, dass beim Spiegeln ein Wort lesbar ist und eines nicht?
c) Erfinde weitere Wörter, die durch einen Spiegel auf der Spiegelgeraden lesbar werden.
Schreibe die Buchstaben auf und markiere dabei jeweils die Spiegelgerade g.

2 Beschreibe Auffälligkeiten in den Fotos und den Bildern in der Randspalte.

①

②

3 Fertige nach den folgenden Vorlagen Scherenschnitte an und zeichne mögliche Spiegelgeraden ein.

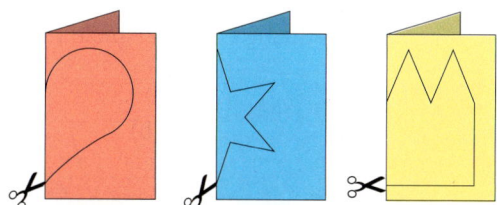

4 Falte ein Blatt Papier in der Mitte und tropfe auf eine Seite oder die Faltlinie Tinte oder Wasserfarbe. Drücke dann beide Seiten fest zusammen. Falte das Blatt wieder auseinander und beschreibe dein Ergebnis.
Versuche mit diesem Verfahren, bestimmte Bilder herzustellen, die du der Klasse präsentierst. Welche Probleme treten hierbei auf?

Faltlinie

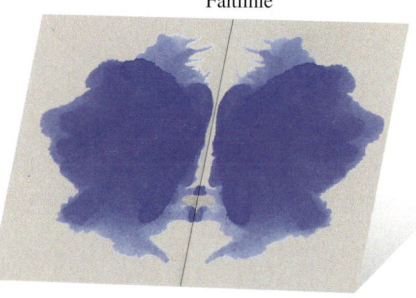

5 Erstelle die Vorlage eines Sterns wie in Aufgabe 3. Lass das Papier gefaltet und steche nun an allen Ecken des halben Sterns mit einer Nadel in das Papier.
Falte das Papier auseinander und verbinde zusammengehörende Nadellöcher mit einer Linie. Beschreibe deine Beobachtung.

NACHGEDACHT

Kannst du dir die Beschriftung des Rettungswagens erklären?

③

1. Honigbiene

2. Hummel

3. Maikäfer

4. Stubenfliege

5. Tagpfauenauge

Lesen und Verstehen

Achsensymmetrien lassen sich überall in der Natur und im Alltag finden.
In der Natur gibt es allerdings oft kleinere Abweichungen zwischen den beiden Seiten.

> Bei **achsensymmetrischen Figuren** gibt es eine Gerade (die **Symmetrieachse**), die die
> Figur in zwei Teile zerlegt, die man deckungsgleich übereinanderklappen kann.

Weil die eine Seite der Figur wie ein Spiegelbild der anderen Seite
ist, spricht man auch von einer **Geradenspiegelung**.
Die Symmetrieachse wird auch **Spiegelgerade** genannt.

Symmetrie-
achse

A A'

> Bei einer Geradenspiegelung gibt es zu jedem **Originalpunkt A**
> auf der einen Seite einen **Bildpunkt A'** auf der anderen Seite,
> der den gleichen Abstand von der Spiegelgeraden hat.
> Die Verbindungsstrecke $\overline{AA'}$ steht senkrecht zur Spiegelgeraden.

Achsensymmetrische Figuren lassen sich auch zeichnen.
Man sagt: Eine Originalfigur wird gespiegelt zur Bildfigur.
Original- und Bildfigur ergeben zusammen die achsensymmetrische Figur.

Die folgende Abbildung zeigt Beispiele für Spiegelungen von Figuren auf Kästchenpapier.

BEISPIEL 1

a) Spiegelgerade

C' C

A' A

B' g B

Bildfigur   Originalfigur

b)

C' C

A A'

B' g B

c)

D' $E' = E$ D

C' C

B' g $A' = A$ B

Sind keine Kästchen vorhanden oder verläuft die Spiegegerade nicht parallel zu den Kästchen-
linien, so kann man Spiegelbilder von Figuren **mit dem Geodreieck** erzeugen.

BEISPIEL 2

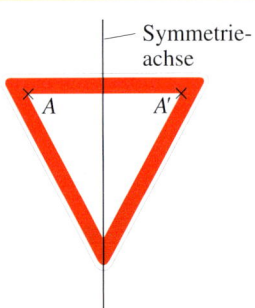

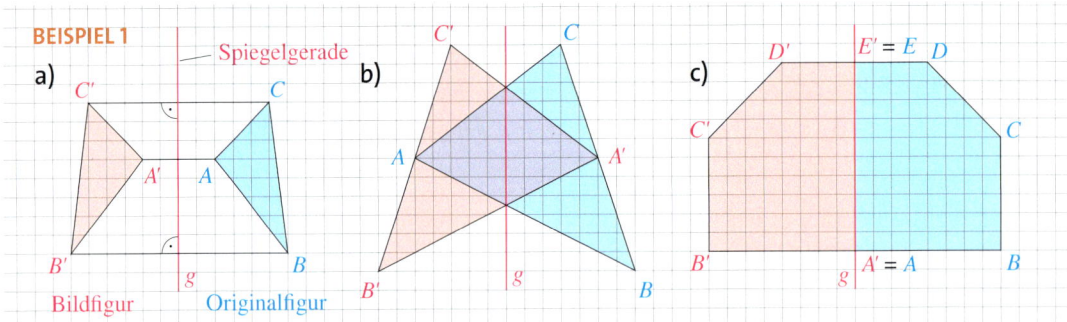

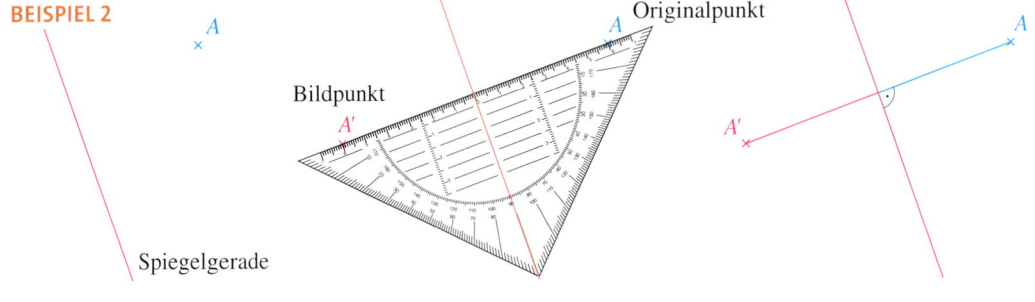

A

Bildpunkt

A'

Originalpunkt

A

A'

Spiegelgerade

Basisübungen

1 Übertrage alle achsensymmetrischen Figuren ins Heft.
Zeichne alle Symmetrieachsen ein.

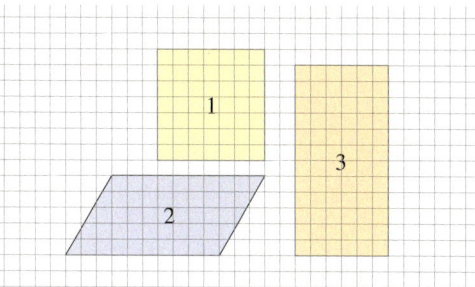

1 Übertrage alle achsensymmetrischen Figuren ins Heft.
Zeichne alle Symmetrieachsen ein.

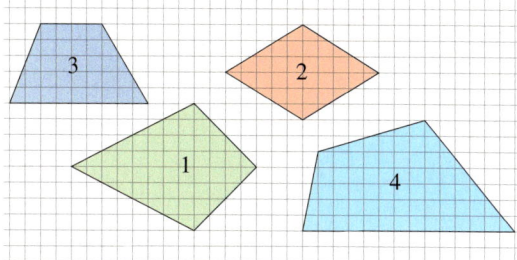

NACHGEDACHT
Welche Buchstaben aus unserem Alphabet sind achsensymmetrisch? Haben manche Buchstaben sogar mehrere Symmetrieachsen?

2 Welche Verkehrsschilder sind achsensymmetrisch?
Bestimme alle Symmetrieachsen.

a)  b)  c)  d)  e)

3 Ist die Figur achsensymmetrisch?
Zeichne die Figur ab und schneide sie aus.
Überprüfe dann durch Falten, wo die Symmetrieachsen sind.

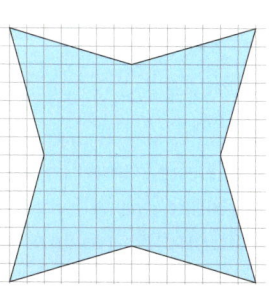

3 Übertrage die Figuren in dein Heft und zeichne alle Symmetrieachsen ein.

a)   b)

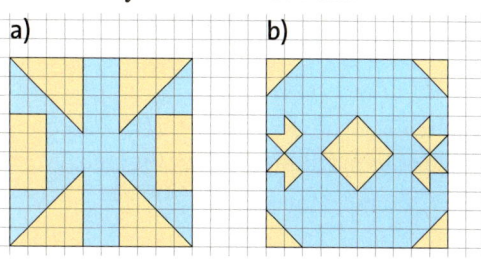

NACHGEDACHT
*Eine Tür ist fast symmetrisch. Nur Schloss und Klinke passen nicht.
Eine Tasse ist symmetrisch, bis auf ...
Gib weitere Gegenstände an, die fast symmetrisch sind.
Überlege für Tür, Tasse und deine Gegenstände, warum es sinnvoll ist, dass sie nicht völlig symmetrisch sind.*

4 Auf dem Bild siehst du ein Mandala.
Zeichne eine solche Figur ins Heft.
Bestimme alle Symmetrieachsen.

4 Ein Betrieb stellt Schrauben mit achteckigen Köpfen her. Für den Schraubenzieher müssen Schlitze eingefräst werden. Diese sollen so angebracht werden, dass der Schraubenkopf mit Schlitz achsensymmetrisch ist. Wie viele unterschiedliche Möglichkeiten gibt es für die Lage des Schlitzes?

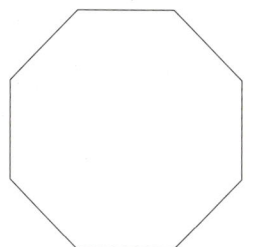

5 Übertrage die Figuren in dein Heft und spiegele sie an der Spiegelgeraden *g*.

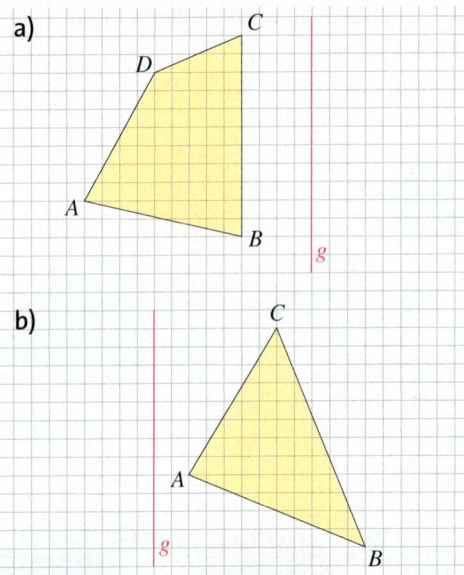

5 Übertrage die Figuren in dein Heft und spiegele sie an der Spiegelgeraden *g*.

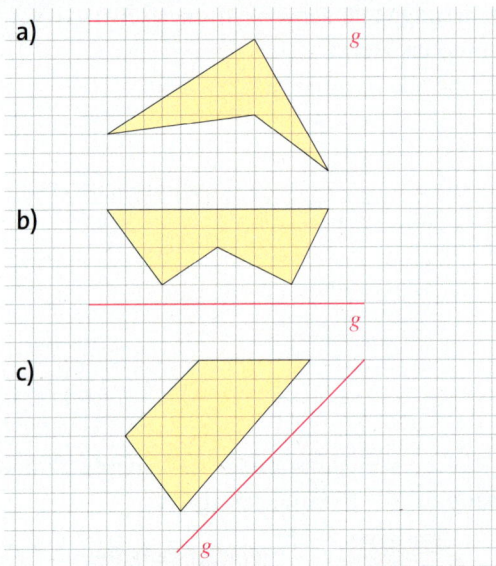

6 Spiegele im Heft an der Spiegelgeraden *g*.

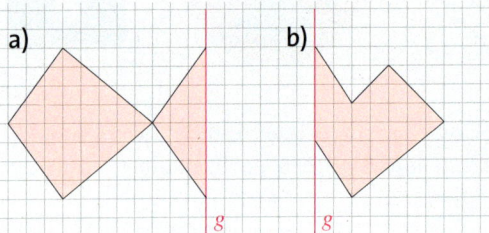

6 Spiegele im Heft an der Spiegelgeraden *g*.

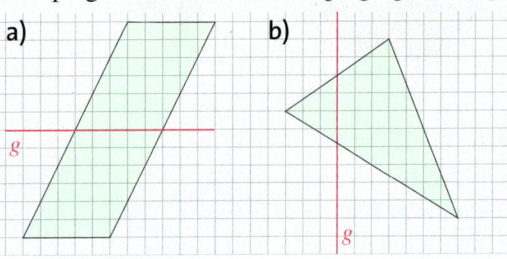

7 Übertrage die Figuren ins Heft und ergänze sie zu achsensymmetrischen Figuren.

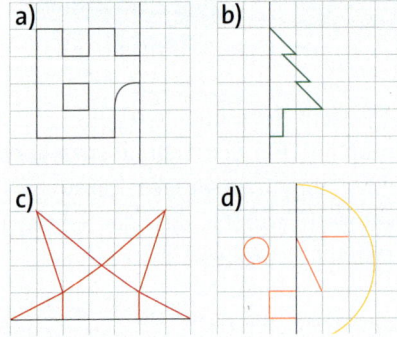

7 Zeichne eine Gerade *g* durch *P* und *Q*. Verbinde die anderen Punkte in alphabetischer Reihenfolge. Ergänze zu einer symmetrischen Figur, in der *g* Symmetrieachse ist.

	a)	b)	c)
P	(6|0)	(2|0)	(8|0)
Q	(4|8)	(6|8)	(0|8)
A	(3|12)	(5|6)	(1|7)
B	(0|7)	(6|3)	(7|7)
C	(5|4)	(4|2)	(7|5)
D		(3|2)	(6|4)
E			(6|2)

8 Übertrage ins Heft und spiegele an *g*.

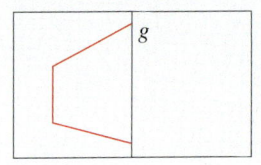 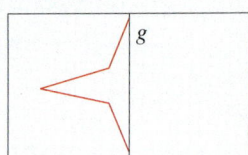

8 Übertrage ins Heft und spiegele an *g*.

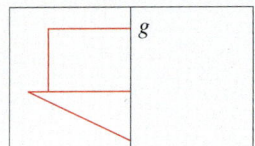 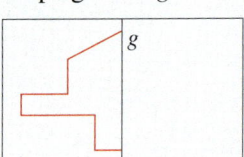

Thema: Formen in der Natur

Bienen bauen ihre Behausung aus Wachs.
Erstaunlich ist die Regelmäßigkeit des
Bienenbaus.
Die Grundfigur, aus der der Bau der Bienen
besteht, nennt man Wabe.
In den Waben ziehen die Basen ihren Nach-
wuchs auf und speichern ihre Vorräte.
Jede Wabe hat die Form eines regelmäßigen
Sechsecks mit sechs Symmetrieachsen.

HINWEIS
*Eine Bienen-
königin ist etwas
ganz Besonderes.
Deshalb kenn-
zeichnen Bienen-
züchter ihre
Königinnen oft
mit einen Punkt
(wie hier im Foto).*

1 Auch Schneekristalle haben eine regelmäßige Form. Man könnte meinen, jemand hat sich
die Formen ausgedacht, aber die Natur hat sie entworfen.

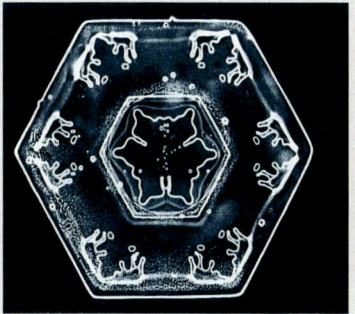

Entwirf einen eigenen Schneekristall und zeichne ihn ins Heft.
Wie viele Symmetrieachsen hat dein Schneekristall?

2 Auch Schmetterlinge, Käfer und sogar Menschen sind nahezu symmetrisch.
a) Untersuche, ob die Käfer genau achsensymmetrisch sind.

b) Die folgenden Fotos sind aus einem einzigen Foto entstanden.
Kannst du erklären, was der Fotograf hier gemacht hat?

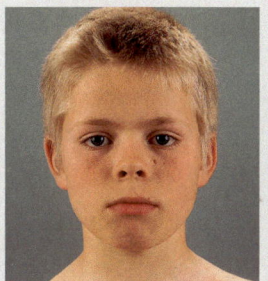
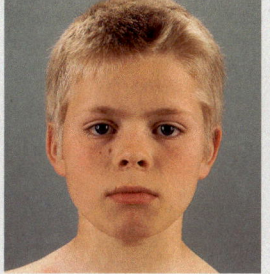
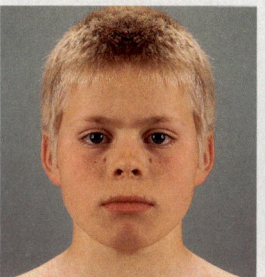
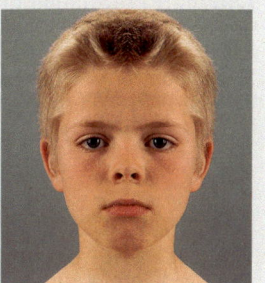

Klar soweit?

→ Seite 48

■ Gerade Linien, parallel und senkrecht

1 Übertrage die Punkte auf kariertes Papier.

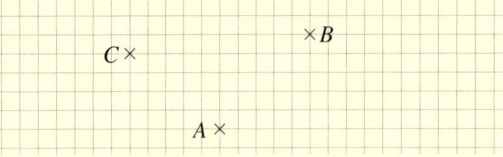

a) Zeichne Geraden durch die Punkte A und B sowie durch B und C.
b) Nenne alle Strecken in deiner Zeichnung.
c) Zeichne einen Strahl, ausgehend von A, durch den Punkt C.

2 Für welche gerade Linie gilt der Satz?
a) Sie ist unendlich lang.
b) Sie hat einen Anfangspunkt, aber keinen Endpunkt.
c) Sie wird von zwei Punkten begrenzt.

3 Zeichne die Muster vergrößert ins Heft.

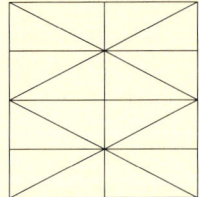 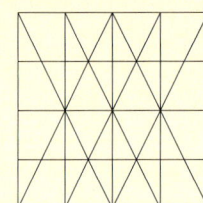

a) Zeichne zueinander parallel verlaufende Linien in jeweils gleicher Farbe nach.
b) Umkreise Punkte, wo zwei Linien senkrecht aufeinander treffen.
c) Gib in jedem Bild zwei parallelen Geraden einen Namen und bestimme ihren Abstand.

1 Übertrage die Punkte auf kariertes Papier.

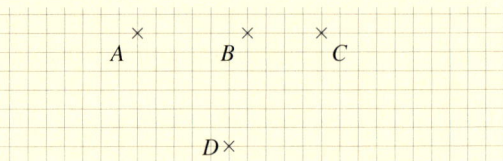

a) Verbinde jeweils zwei Punkte so miteinander, dass sie auf einer Geraden liegen. Wie viele Geraden erhält man?
b) Wie viele Strahlen kannst du von A aus durch die anderen Punkte zeichnen?

2 Für welche gerade Linie gilt der Satz?
a) Sie hat keinen Endpunkt.
b) Sie hat einen Anfangspunkt.
c) Sie ist die kürzeste Verbindung zwischen zwei Punkten.

3 Zeichne die Muster vergrößert ins Heft.

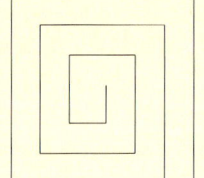 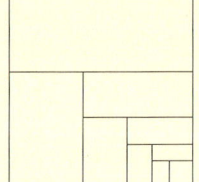

a) Zeichne zueinander parallel verlaufende Linien in jeweils gleicher Farbe nach.
b) Umkreise Punkte, wo zwei Linien senkrecht aufeinander treffen.
c) Bestimme in jedem Bild zu zwei Paaren paralleler Geraden den Abstand.

→ Seite 54

■ Figuren verschieben im Koordinatensystem

4 Benenne die Eckpunkte mit A bis E. Gib die Koordinaten der Punkte an.

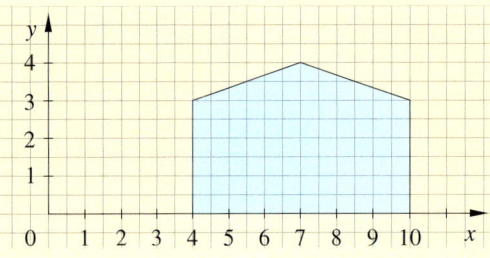

4 Gib die Koordinaten der Punkte an.

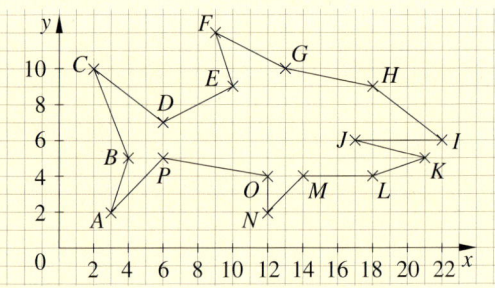

5 Zeichne ein Koordinatensystem mit x- und y-Werten von 0 bis 6.

a) Beschreibe, wie man den Punkt $P(1|1)$ ins Koordinatensystem einträgt.

b) Trage die Punkte $Q(2|2)$; $R(3|3)$; $S(4|4)$ und $T(5|5)$ ein.
Was fällt dir auf?

6 Trage folgende Punkte in jeweils ein Koordinatensystem ein und verbinde sie. Verschiebe jede Figur um 2 Einheiten nach rechts und 2 Einheiten nach unten.

a) $A(6|1)$; $B(6|3)$; $C(2|1)$

b) $A(2|2)$; $B(3|3)$; $C(1|4)$

c) $A(1|6)$; $B(3|2)$; $C(5|6)$; $D(3|4)$

5 Zeichne ein Koordinatensystem mit x- und y-Werten von 0 bis 10.
Trage die Punkte ein und verbinde sie in der angegebenen Reihenfolge.
$A(2|0)$, $B(4|0)$, $C(0|2)$, $D(2|2)$, $E(4|2)$, $F(6|2)$, $G(3|7)$
Reihenfolge: *ADCGFEBA*

6 Zeichne ein Sechseck mit den Punkten $A(3|1)$; $B(6|1)$; $C(8|3)$; $D(6|5)$; $E(3|5)$ und $F(1|3)$ in ein Koordinatensystem.
Verschiebe das Sechseck um 5 Einheiten nach rechts und 2 Einheiten nach oben.
Beschreibe mit Worten, wie du vorgehst, um das Sechseck zu verschieben.

■ Achsensymmetrie

→ Seite 58

7 Zeichne die achsensymmetrischen Verkehrszeichen ins Heft und zeichne die Achsen ein.

a)
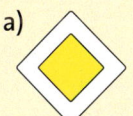
b)

c)

d)

e)
f)

7 Zeichne die achsensymmetrischen Verkehrszeichen ins Heft und zeichne die Achsen ein.

a)

b)
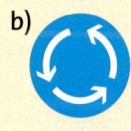
c)

d)

e)
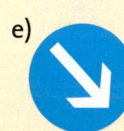
f)

8 Übertrage die Figuren ins Heft und ergänze sie zu achsensymmetrischen Figuren.

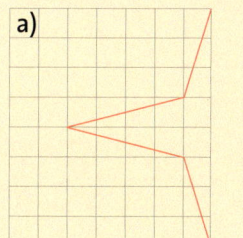
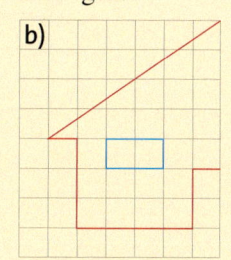

8 Übertrage die Figuren ins Heft und ergänze sie zu achsensymmetrischen Figuren.

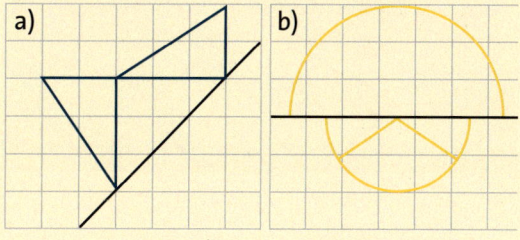

9 Zeichne ein Koordinatensystem und durch den Punkt $A(5|0)$ eine zur y-Achse parallele Gerade.
Spiegle folgende Punkte an der Geraden.

a) $B(1|4)$; $C(1|1)$; $D(8|7)$

b) $E(2|3)$; $F(0|3)$; $G(3|3)$

9 Zeichne eine Gerade durch die Punkte $P(4|4)$ und $Q(0|0)$.
Zeichne folgende Dreiecke und spiegle sie an der Geraden durch P und Q.

a) $A(5|1)$; $B(7|4)$ und $C(4|4)$

b) $R(0|3)$; $S(1|5)$ und $T(6|0)$

Vermischte Übungen

1 Welche der abgebildeten Flaggen sind achsensymmetrisch?
Zeichne alle Flaggen ab und ergänze die Symmetrieachsen.

Guatemala

Jamaika

Panama

Vietnam

2 Schreibe alle Strecken auf, die du in der Figur siehst z. B. $\overline{AB}$; $\overline{AC}$; ... .

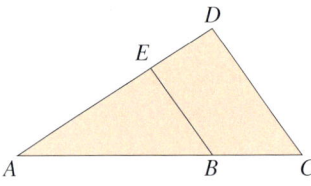

3 Prüfe, ob die auf dem Foto dargestellten Knickstellen des Maschendrahtes annähernd senkrecht zueinander sind.

4 Zeichenübung
a) Zeichne eine Gerade g.
b) Zeichne eine zu g parallele Gerade h in einem Abstand von 3 cm.
c) Zeichne eine zu h senkrechte Gerade s.
d) Ist s dann auch senkrecht zu g?
e) Zeichne einen Punkt P im Abstand von 2 cm von der Geraden s.

1 Welche der abgebildeten Flaggen sind achsensymmetrisch?
Zeichne alle Flaggen ab und ergänze die Symmetrieachsen.

Dominikan. Republik

Israel

Trinidad und Tobago

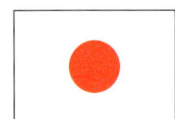
Japan

2 Welche der folgenden Aussagen sind richtig? Begründe.
a) Ein Strahl hat keine Länge.
b) Die Gerade h ist 7 cm lang.
c) Die Gerade durch die Punkte C und D enthält die Strecke $\overline{CD}$.
d) Eine Halbgerade ist halb gerade und halb gebogen, deshalb heißt sie so.

3 Überprüfe mit dem Geodreieck, welche Geraden in der Abbildung senkrecht zueinander sind und notiere deine Ergebnisse in dieser Form: $g_4 \perp h_4$.

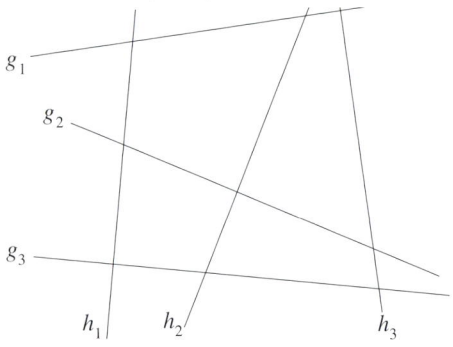

4 Zeichenübung
a) Zeichne eine Gerade g und einen Punkt P im Abstand von 4 cm von g.
b) Zeichne zwei zu g senkrechte Geraden s und t, eine davon durch den Punkt P.
c) Ist dann t parallel zu s?
d) Zeichne eine zu g parallele Gerade h durch den Punkt P.

NACHGEDACHT
In New York verläuft die 59th Street parallel zur 42nd Street. Die 42nd Street verläuft senkrecht zur Fifth Avenue.
a) Wie verläuft die 59th Street zur Fifth Avenue?
b) Die Third Avenue verläuft parallel zur Fifth Avenue. Wie verläuft die 59th Street zur Third Avenue?

5 Zeichne ein Koordinatensystem ins Heft und trage folgende Punkte ein:
$A(1|5)$, $B(6|4)$, $C(8|6)$, $D(3|7)$
Das Spiegelbild von C ist $C'(9|7)$.
a) Verbinde die Punkte A, B, C und D zum Viereck $ABCD$.
b) Zeichne die Spiegelgerade g ein.
c) Gib die Koordinaten zweier Punkte E und F an, durch die die Spiegelgerade verläuft.
d) Spiegele $ABCD$ an g und gib die Koordinaten der Bildpunkte A', B' und D' an.

5 Folgende Koordinaten eines Vierecks sind bekannt:
$A(1|3)$, $B(5|1)$, $C(7|4)$ und $D(5|6)$.
a) Zeichne $ABCD$ als Originalfigur in ein Koordinatensystem.
   Ist $ABCD$ eine achsensymmetrische Figur?
b) Die Spiegelgerade g verläuft durch die Punkte $E(4|11)$ und $F(10|2)$.
   Spiegele $ABCD$ an g.
c) Wähle selbst eine zweite Spiegelgerade und spiegle daran die Figur.

6 Übertrage jede Figur ins Heft. Spiegele die Figur jeweils an allen roten Spiegelgeraden.

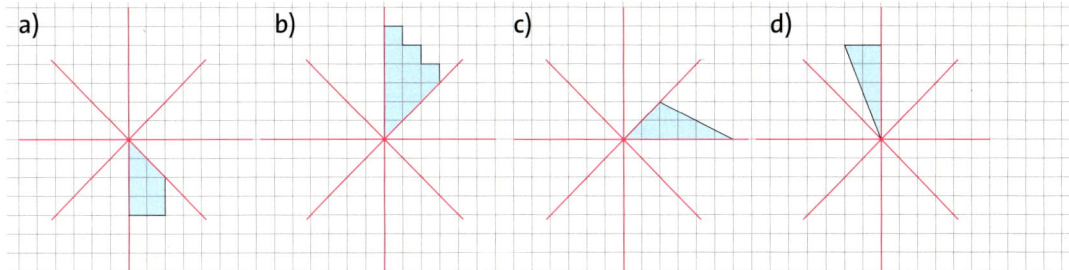

a)   b)   c)   d)

7 Zeichne ein Koordinatensystem und übertrage den Stern in dein Heft.

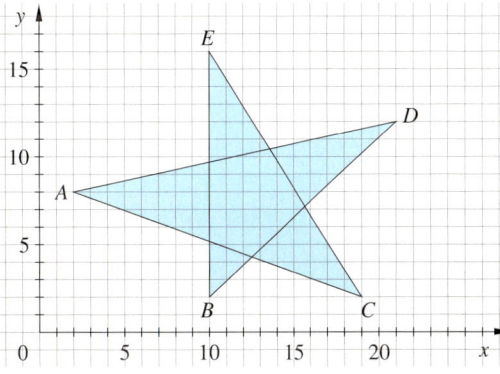

a) Gib die Koordinaten der Punkte A bis E an.
b) Wie groß ist der Abstand jedes Punktes von der x-Achse?

7 Übertrage die Figuren in dein Heft.

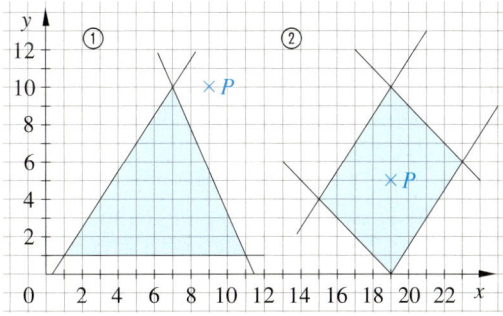

a) Bezeichne alle Geraden mit a, b, c …
b) Zeichne durch den Punkt P Parallelen zu den Geraden.
c) Bestimme den Abstand von P zu den Geraden.

NACHGEDACHT
Welche Kanten der Körper sind in der Zeichnung, welche in der Wirklichkeit zueinander parallel?

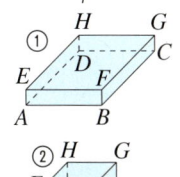

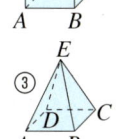

8 Übertrage die Figur ins Heft und verschiebe sie um 10 Kästchenbreiten nach rechts.

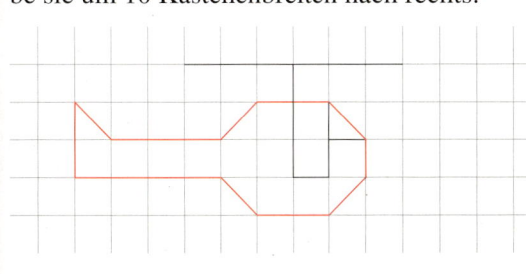

8 Verschiebe den Bagger um 10 Kästchenbreiten nach links und 3 nach unten.

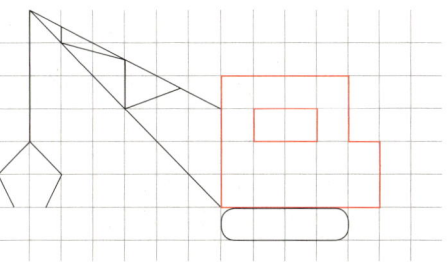

3

Teste dich!

(6 Punkte)

1 Wie viele Strecken, Strahlen und Geraden erkennst du jeweils in dem Bild?

a)

b)

(4 Punkte)

2 Zeichne drei Punkte A, B, C ins Heft.
a) Zeichne die Strecke $\overline{AB}$ in rot.
b) Zeichne von A aus einen blauen Strahl durch C.
c) Zeichne eine grüne Gerade durch B und C.
d) Zeichne eine schwarze Gerade parallel zur grünen Geraden im Abstand von 2 cm.

(4 Punkte)

3 Parallele und senkrechte Geraden

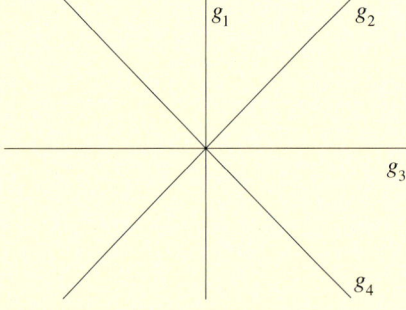

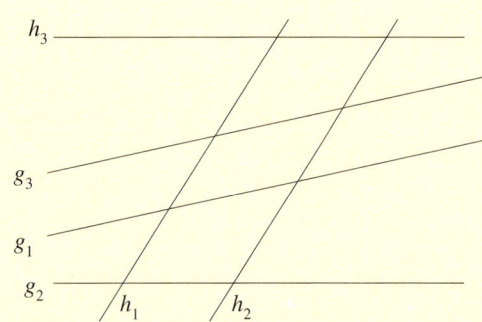

a) Finde im linken Bild alle Geraden, die zueinander senkrecht sind.
   Schreibe z. B. $h \perp f$.
b) Finde im rechten Bild alle Geraden, die zueinander parallel sind.
   Schreibe z. B. $g \parallel h$.

(6 Punkte)

4 Gib die Koordinaten der Punkte an.

a)

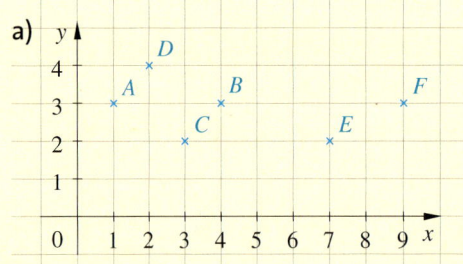

b)

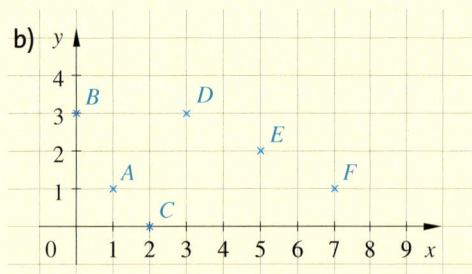

(6 Punkte)

5 Trage die Punkte in ein Koordinatensystem ein und verbinde sie in der angegebenen Reihenfolge. Ergibt sich ein Muster?
Verwende für jede Teilaufgabe ein neues Koordinatensystem.
a) $A(4|1)$; $B(7|5)$; $C(6|7)$; $D(4|5)$; $E(2|7)$; $F(1|5)$.
   Verbinde F mit A.
b) $A(1|2)$; $B(1|6)$; $C(3|4)$; $D(6|1)$; $E(9|4)$; $F(6|7)$.
   Verbinde F mit A.
c) $A(1|0)$; $B(5|3)$; $C(9|0)$; $D(7|5)$; $E(9|10)$; $F(5|7)$; $G(1|10)$; $H(3|5)$.
   Verbinde H mit A.

6 Übertrage die Figuren auf Kästchenpapier und verschiebe sie wie angegeben. *(4 Punkte)*

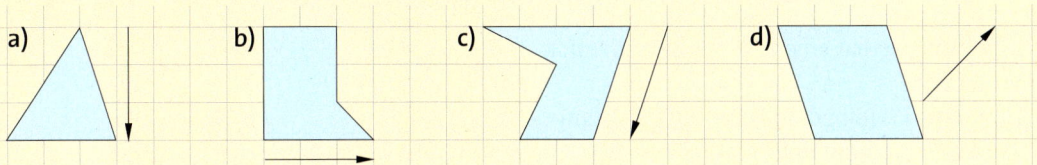

a)   b)   c)   d)

7 Zeichne ein Koordinatensystem mit x- und y-Werten von 0 bis 10. *(5 Punkte)*
a) Trage folgende Punkte ein: $A(5|5)$; $B(5|1)$; $C(1|1)$; $D(1|5)$; $E(3|8)$.
   Verbinde die Punkte in dieser Reihenfolge durch Strecken. Verbinde zuletzt E mit A.
b) Verschiebe die Figur um 3 Einheiten nach rechts und 1 Einheit nach unten.

8 Wie viele Symmetrieachsen besitzen die folgenden Autologos? *(4 Punkte)*
a)   b)   c)   d)

9 Zeichne die Flaggen ins Heft und trage jeweils die Symmetrieachsen ein. *(4 Punkte)*

10 Übertrage die Figuren ins Heft und spiegle sie an der Spiegelgeraden g. *(6 Punkte)*

a)   b)

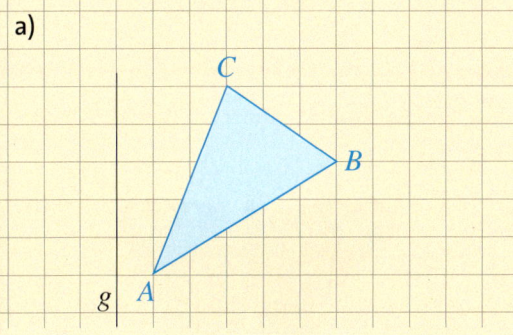
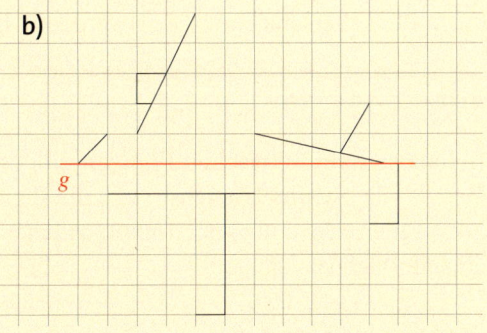

11 Trage folgende Punkte in ein Koordinatensystem ein und verbinde sie der Reihenfolge *(6 Punkte)*
nach: $A(2|2)$, $B(6|2)$, $C(8|4)$, $D(6|6)$, $E(2|6)$, $F(0|4)$. Verbinde auch F mit A.
a) Zeichne eine Spiegelgerade g durch die Punkte $P(0|7)$ und $Q(7|7)$.
b) Bestimme die Koordinaten der Bildpunkte des gespiegelten Sechsecks $A'B'C'D'E'F'$.

Zusammenfassung

→ Seite 48

Gerade Linien, parallel und senkrecht

Eine **Strecke** hat einen Anfangs- und einen Endpunkt.
Ein **Strahl** (Halbgerade) hat einen Anfangs-, aber keinen Endpunkt.
Eine **Gerade** hat keinen Anfangs- und keinen Endpunkt, sie ist unbegrenzt.

Geraden können **parallel** zueinander verlaufen (wie im Bild rechts die Geraden s und t).
Geraden können auch **senkrecht** zueinander stehen (wie im Bild rechts die Geraden g und h).
Man schreibt dann kurz: $s \parallel t$ bzw. $g \perp h$.

Der **Abstand** eines Punktes zu einer Geraden kann ermittelt werden, indem man die Senkrechte zur Geraden durch den Punkt zeichnet und die Länge der Strecke misst.

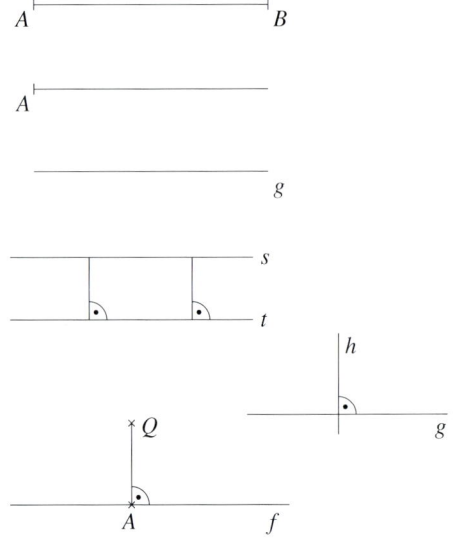

→ Seite 54

Figuren verschieben im Koordinatensystem

Das **Koordinatensystem** dient der Festlegung der Lage von Punkten.
Jeder Punkt wird durch zwei Koordinaten bestimmt, der x-Koordinate und der y-Koordinate.

Bei einer **Verschiebung** wird jeder Punkt der Ausgangsfigur gleich weit in die gleiche Richtung bewegt. Die Verschiebung kann man durch einen Pfeil (Verschiebungspfeil) verdeutlichen.

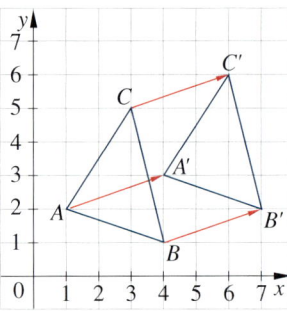

→ Seite 58

Achsensymmetrie

Bei **achsensymmetrischen Figuren** gibt es eine Gerade (die **Symmetrieachse**), die die Figur in zwei Teile zerlegt, die man deckungsgleich übereinanderklappen kann.

Weil die eine Seite der Figur wie ein Spiegelbild der anderen Seite ist, spricht man auch von einer **Geradenspiegelung**. Die Symmetrieachse wird auch **Spiegelgerade** genannt.

Original- und Bildpunkt haben den gleichen Abstand zur Spiegelgeraden. Ihre Verbindungsstrecke steht senkrecht dazu.

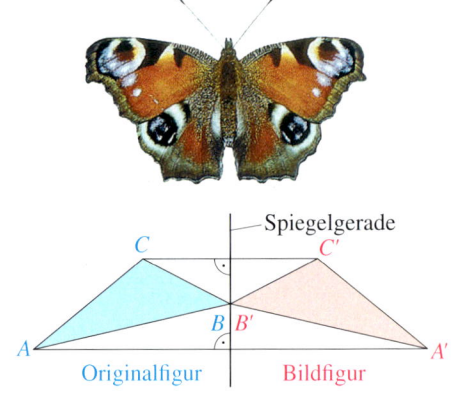

Natürliche Zahlen addieren und subtrahieren

Ein ICE fährt von Berlin über Stendal nach Hannover.
Bei der Abfahrt in Berlin befinden sich 457 Personen im Zug.
In Stendal steigen 87 Reisende zu und 23 aus.
Wie viele Personen befinden sich jetzt im Zug?

$$\frac{x + y}{2}$$

Noch fit?

Einstig

1 Grundaufgaben
Rechne im Kopf.
a) $20 + 4$ b) $44 - 3$ c) $100 + 120$
d) $60 - 9$ e) $85 + 4$ f) $250 - 100$

2 Zahlen runden

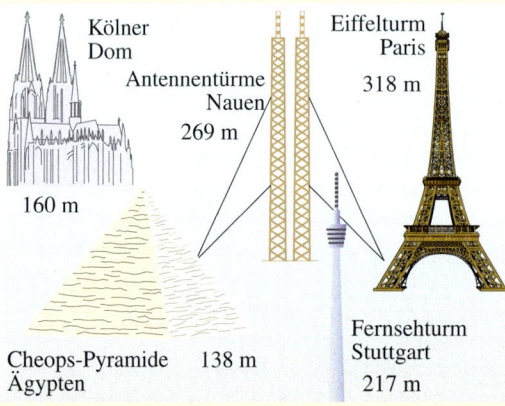

Runde die Höhenangaben sinnvoll und ordne sie der Größe nach.

3 Zahlen verdoppeln und halbieren
a) Verdopple jede Zahl dreimal.
   1500; 10 000; 300 000; 2 Mio.
b) Halbiere jede Zahl dreimal.
   88; 400; 6000; 2 Mio.

4 Stellenwerttafel
Trage die Zahlen in eine Stellenwerttafel ein.
a) 3 469 264   b) 786 513
c) 45 965 811   d) 180 462 786
e) 3 Millionen 400 Tausend
f) 70 Milliarden 111 Millionen

5 Kalendertage
Wie viele Tage sind es …
a) vom 1. Oktober bis zum 21. November?
b) vom 25. März bis zum 15. August?
c) vom 15. Januar bis zum 15. März?
d) von deinem Geburtstag bis Heilig Abend (24.12.)?

6 Kurz und knapp
Ergänze fehlende Angaben.
a) Eine Tafel Schokolade wiegt _____ .
c) Eine Stunde hat _____ Sekunden.

Aufstieg

1 Grundaufgaben
Rechne im Kopf.
a) $525 + 17$ b) $433 - 44$ c) $92 + 18$
d) $175 - 122$ e) $36 + 57$ f) $210 - 120$

2 Zahlen runden

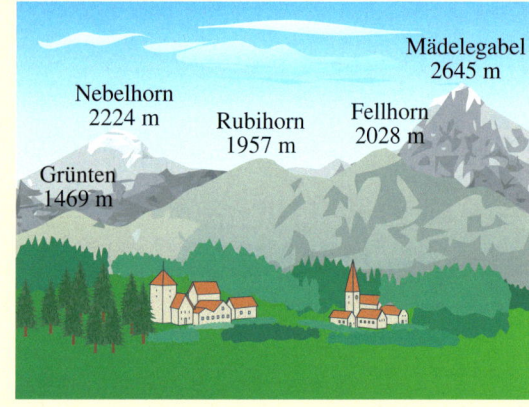

Runde die Höhenangaben sinnvoll und ordne sie der Größe nach.

3 Zahlen verdoppeln und halbieren
a) Verdopple jede Zahl so lange, bis sie größer als eine Million ist.
   300; 1050; 5600; 7900
b) Halbiere jede Zahl so lange, bis sie ungerade ist.
   88 888; 50 010; 90 000; 1 Mio.

4 Stellenwerttafel
Trage die Zahlen in eine Stellenwerttafel ein.
a) 70 308 011   b) 22 890 066 170
c) 613 Milliarden 690 Millionen 933

b) Eine Runde im Stadion ist _____ lang.
d) In Deutschland bezahlt man mit _____ .

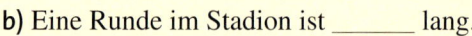

■ Im Kopf addieren und subtrahieren

Erforschen und Entdecken

1 Zahlenmauern
a) Vervollständige die Additionsmauern im Heft und vergleiche sie.
b) Beschreibe, was dir auffällt.
c) Vergleicht untereinander eure Ergebnisse.

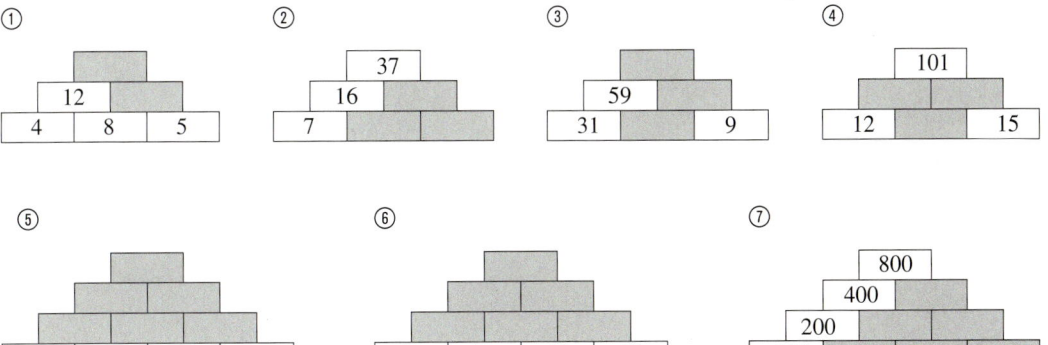

①
12
4	8	5

②
| 37 |
| 16 |
| 7 |

③
| 59 |
| 31 | 9 |

④
| 101 |
| 12 | 15 |

⑤
| 10 | 10 | 10 | 10 |

⑥
| 50 | 50 | 50 | 50 |

⑦
| 800 |
| 400 |
| 200 |
| 100 |

2 Emma hat von ihrer Mutter fünf Euro bekommen, um Süßigkeiten für einen Spiele-Nachmittag einzukaufen.
Im Bild siehst du, was Emma bereits im Einkaufswagen hat.
a) Überschlage, ob das Geld von Emma reicht.
b) Beschreibe, wie du beim Überschlag vorgegangen bist.
c) Was ist der Sinn von Überschlagsrechnungen? Erkläre.
d) In welchen Situationen wendet man Überschlagsrechnungen noch an?
e) Kann Emma sich vielleicht sogar noch Schokolinsen für 49 Cent leisten?

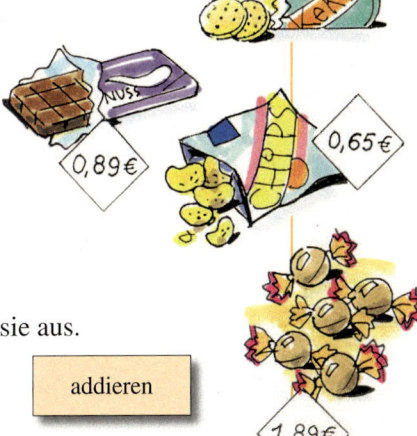

1,19 €

0,89 €

0,65 €

1,89 €

3 Übertrage die abgebildeten Kästen auf ein Blatt Papier und schneide sie aus.

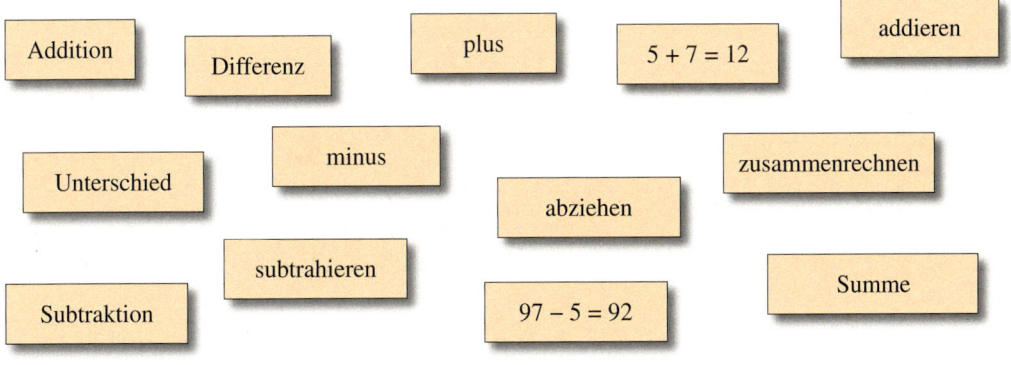

Addition

Differenz

plus

5 + 7 = 12

addieren

Unterschied

minus

zusammenrechnen

abziehen

subtrahieren

Summe

Subtraktion

97 − 5 = 92

a) Sortiere die Kästen. Gibt es mehrere Möglichkeiten?
   Versuche jeweils alle Kästen unterzubringen.
b) Welche Kästen waren für dich schwierig einzuordnen? Warum?
c) Beschreibe, nach welchen Regeln du sortiert hast.
d) Tragt alle gefundenen Möglichkeiten in eurer Klasse zusammen.

BEACHTE

 071-1

Unter dem Webcode 071-1 findest du die Kästen zum Ausdrucken.

Lesen und Verstehen

Leonie nimmt an den Bundesjugendspielen teil. Sie ist schon 2,97 m weit gesprungen und hat dafür 302 Punkte bekommen.
Beim 50-m-Lauf war sie 9,6 s schnell und erhielt 217 Punkte.

Um die Gesamtzahl der Punkte zu ermitteln, müssen die beiden Zahlen addiert werden.

HINWEIS
Addieren bedeutet dazuzählen, zusammenzählen usw.

Fachbegriffe bei der Addition

$$302 \quad + \quad 217 \quad = \quad 519$$

1. Summand + 2. Summand = Wert der Summe

Summe

BEISPIEL 1

Wie viele Punkte hat Leonie bisher bekommen?
Leonie bildet die **Summe** aus 302 und 217.
Der **Wert der Summe** ist 519.
Leonie hat nach zwei Disziplinen 519 Punkte erreicht. ■

HINWEIS
Beim Überschlag sollte man sich überlegen, wie genau man das Ergebnis abschätzen möchte. Davon hängt ab, auf welche Stelle gerundet wird.

Überschlag

Um schnell abzuschätzen, in welchem Bereich ein Ergebnis liegt, ist es sinnvoll, zunächst einen Überschlag zu machen.
Dafür rechnet man im Kopf mit gerundeten Werten.

BEISPIEL 2

Leonie überschlägt ihre Punktzahl nach dem Weitsprung und dem 50-m-Lauf:
Sie müsste rechnen: 302 + 217;
sie rundet: $302 \approx 300$ und $217 \approx 220$;
sie überschlägt: 300 + 220 = 520. ■

Leonie möchte bei den Bundesjugendspielen eine Ehrenurkunde erreichen und braucht dafür mindestens 825 Punkte. Sie hat schon beim Springen und Laufen insgesamt 519 Punkte erreicht.

Punktetabelle **Bundesjugendspiele**

Wurf 80 g	15,0	15,5	16,0	16,5	17,0	17,5	18,0	18,5
	211	218	226	233	240	247	253	260
	19,0	19,5	20,0	20,5	21,0	21,5	22,0	22,5
	267	273	280	286	292	299	305	311

Wie weit muss Leonie für eine Ehrenurkunde werfen?

Um die fehlenden Punkte zu ermitteln, müssen die beiden Zahlen subtrahiert werden.

HINWEIS
Subtrahieren bedeutet abziehen, wegnehmen usw.

Fachbegriffe bei der Subtraktion

$$825 \quad - \quad 519 \quad = \quad 306$$

Minuend − Subtrahend = Wert der Differenz

Differenz

BEISPIEL 3

Wie viele Punkte fehlen Leonie noch bis zur Ehrenurkunde?
Leonie bildet die **Differenz** aus 825 und 519.
Der **Wert der Differenz** ist 306.
Es fehlen noch 306 Punkte.
Sie muss mindestens 22,5 m weit werfen. ■

BEISPIEL 4

Leonie überschlägt, wie viele Punkte sie noch für die Ehrenurkunde benötigt:
Sie müsste rechnen: 825 − 519; sie rundet: $825 \approx 830$ und $519 \approx 520$;
sie überschlägt: 830 − 520 = 310.
Leonie muss also mindestens 22,5 m weit werfen für eine Ehrenurkunde. ■

$$\frac{x + y}{2}$$

Basisübungen

1 Schreibe als Rechenaufgaben.
Löse die Aufgabe.
a) Zähle die Zahlen 39 und 49 zusammen.
b) Berechne die Summe von 18 und 77.
c) Addiere die Zahlen 51 und 169.
d) Vermehre 8 um 22.
e) Füge zu 28 noch 35 hinzu.
f) Berechne die Summe von 32, 81 und 45.
g) Addiere 128, 32 und 62.
h) Bilde die Summe der Zahlen von 1 bis 10.

2 Schreibe die Aufgaben ins Heft.
Rechne im Kopf wie im Beispiel.
BEISPIEL
$38 + 14 = 38 + 10 + 4 = 48 + 4 = 52$ ■

a) $27 + 16$	b) $77 + 34$
c) $55 + 45$	d) $31 + 80$
e) $65 + 72$	f) $87 + 79$
g) $48 + 19$	h) $93 + 84$
i) $57 + 57$	j) $127 + 95$

3 Zeichne die Tabellen ab.
Berechne die fehlenden Werte.

+8 →	
44	
52	
60	
85	
98	
117	
349	

+14 →	
20	
44	
89	
314	
511	
635	
248	

4 Überschlage die Summen.
Berechne dann die genauen Ergebnisse.
a) Runde beim Überschlag auf *Hunderter*.

$739 + 288$	$645 + 893$
$377 + 527$	$1534 + 279$
$1199 + 418$	$815 + 2231$

b) Runde beim Überschlag auf *Zehner*.

$67 + 42$	$88 + 107$
$156 + 71$	$131 + 27$
$237 + 145$	$734 + 321$

5 Welchen Wert hat die Summe aus der größten und kleinsten dreistelligen Zahl, die du aus den Ziffern 2, 3 und 6 bilden kannst?

1 Übersetze in eine Additionsaufgabe mit Zahlen und Rechenzeichen und berechne.
a) Der Wert der Summe aus zwei gleich großen Summanden ist 120.
   Wie groß sind die Summanden?
b) Der 1. Summand ist 35 und der Wert der Summe 700.
c) Der 2. Summand ist um 10 größer als der erste. Der Wert der Summe ist 80.

2 Erkläre den Rechenweg und schreibe die Aufgaben mit Lösung ins Heft.
BEISPIEL
$76 + 39 = 76 + 30 + 9 = 106 + 9 = 115$ ■

a) $18 + 57$	b) $126 + 56$
c) $36 + 76$	d) $234 + 67$
e) $159 + 530$	f) $359 + 169$
g) $277 + 209$	h) $316 + 298$
i) $183 + 148$	j) $224 + 877$

3 Übertrage diese Additionstabelle in dein Heft und fülle sie aus.

+	11	23	29	37	69	77	103	212
7								
9								
5								
17			54					
34								
42								

4 Eine Siegerurkunde bekommt man ab 625 Punkten, eine Ehrenurkunde ab 825 Punkten.
Überschlage, wer welche Urkunde bekommt.

Name	Wurf 80 g	Lauf 50 m	Weit-sprung
Tanja	299	209	220
Suse	311	294	297
Anne	305	194	274
Jana	218	187	291
Moni	292	294	285

5 Von zwei Summanden ist der erste größer als 20 und der zweite größer als 40. Gib den kleinsten möglichen Summenwert an.

BEACHTE
Manchmal ist es besser, eine Zahl aufzurunden und die andere Zahl abzurunden, damit das Ergebnis beim Überschlag nicht zu ungenau wird. Z.B.:
$64 + 83 \approx$
$70 + 80 = 150$
Das genaue Ergebnis lautet 147.

73

6 Erläutere die folgenden Beispiele zur Berechnung von Summen und Differenzen in Teilschritten.

a)
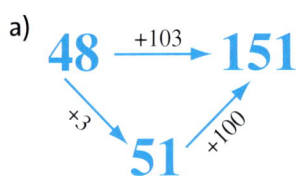

b)
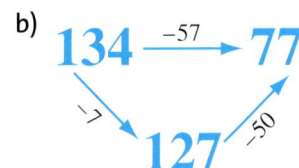

c)
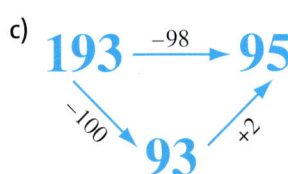

7 Rechne in Teilschritten wie in Aufgabe 6.
a) 15 + 21   b) 33 + 38
c) 42 – 11   d) 97 – 75
e) 23 – 17   f) 84 – 66

7 Rechne in Teilschritten wie in Aufgabe 6.
a) 126 + 47   b) 817 – 25
c) 532 – 96   d) 767 – 299
e) 684 – 595   f) 913 – 427

8 Berechne im Kopf. Überschlage zuerst.
a) 69 – 20   b) 85 – 50
c) 47 – 37   d) 57 – 47
e) 56 – 54   f) 92 – 81
g) 76 – 67   h) 95 – 78

8 Berechne im Kopf. Überschlage zuerst.
a) 6700 – 2500   b) 8100 – 5600
c) 4900 – 3200   d) 5700 – 3900
e) 7200 – 5100   f) 5200 – 2900
g) 8600 – 4200   h) 9500 – 7800

BEISPIEL
Zur Kontrolle einer Subtrak-tions- durch eine Additions-aufgabe:
Aufgabe:
225 – 75 = 150;
Kontrolle:
150 + 75 = 225

9 Du kannst jede Subtraktion durch eine Addition kontrollieren (siehe Rand).
a) 76 – 56   b) 83 – 62
c) 74 – 9   d) 67 – 28
e) 104 – 7   f) 123 – 43

9 Kontrolliere jede Subtraktion durch eine Addition.
a) 173 – 35   b) 191 – 18
c) 264 – 47   d) 463 – 44
e) 237 – 39   f) 413 – 108

10 Fülle die Tabelle im Heft aus.
BEISPIEL 583 – 144 = 439 ■

–	144	214	319	288	382	257
583	439					
382						
883						
832						
823						
803						

10 Fülle die Tabelle im Heft aus.
Hinweis: Suche erst die Subtrahenden.

–						
726	327					
581		233				
634			516			
897				723		
772					191	
612						265

HINWEIS
Bei Additions-mauern ergibt die Summe benachbarter Steine den Stein darüber.
Bei Subtraktions-mauern ergibt die Differenz be-nachbarter Steine den Stein darunter.

11 Fülle die Rechenmauern im Heft aus.
a)
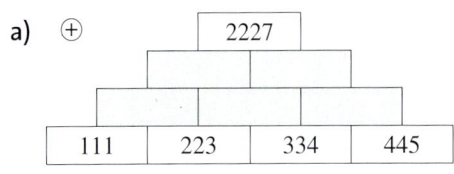

b)
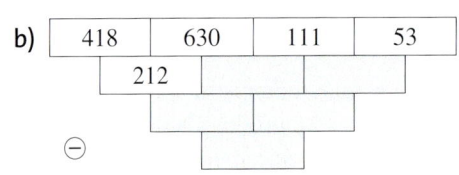

11 Fülle die Rechenmauern im Heft aus.
a)
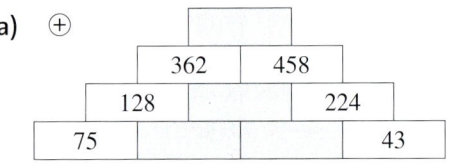

b)
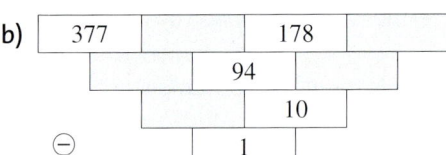

■ Rechenvorteile und Rechengesetze

Erforschen und Entdecken

1 Schreibe die einzelnen Zahlen auf ein Blatt Papier und schneide sie aus.

365	6734	2635	3266	1109
891	242	630	128	

a) Sortiere die Zahlen so, dass du die Summe aller Zahlen gut im Kopf berechnen kannst.
b) Vergleicht eure Sortierung untereinander. Habt ihr alle gleich sortiert?
c) Warum kommt man zum gleichen Ergebnis, obwohl die Reihenfolge beim Rechnen unterschiedlich ist?

HINWEIS
Informiere dich auf Seite 72 noch einmal über die Begriffe der Addition und Subtraktion, falls du dir nicht ganz sicher bist.

2 Finde zu den gegebenen Zahlen jeweils drei verschiedene Zahlen, die sich besonders gut addieren lassen.
Tauscht euch untereinander über eure Ergebnisse aus. Seid ihr gleich vorgegangen?
a) 199   b) 225   c) 342   d) 7483

3 Rechne möglichst vorteilhaft. Schreibe auf, wie du gerechnet hast.
a) 12 + 8 + 29   b) 39 + 24 + 56   c) 658 + 133 + 77
d) 77 + 88 + 12   e) 111 + 99 + 101   f) 33 + 66 + 99

4 Der berühmte Mathematiker Carl Friedrich Gauß konnte schwierige Rechnungen im Kopf ausführen.
Im Alter von neun Jahren wollte sein Mathematiklehrer ihn länger beschäftigen und stellte ihm folgende Aufgabe:
„Summiere alle Zahlen von 1 bis 100."
Doch Gauß löste die Aufgabe nach kürzester Zeit, indem er die Zahlen geschickt zusammenfasste.
a) Versuche selbst die Aufgabe, die Gauß gestellt bekam, geschickt zu lösen.
b) Tauscht euch über eure Ideen aus. Wie sieht euer Lösungsweg aus?
c) Informiert euch im Lexikon oder Internet über den Lösungsweg von Gauß.

HINWEIS
www 075-1
Unter dem Webcode 075-1 erfährst du mehr über Gauß.

5 Berechne die folgenden Aufgaben.
Im Kasten rechts stehen zur Kontrolle die Ergebnisse.

① 560 − (120 + 70)   ④ 740 − 140 − 20
② 560 − 120 + 70   ⑤ 740 − (140 − 20)
③ 560 − 120 − 70   ⑥ 740 − 140 + 20

	580	
370		510
	620	

a) Vergleiche jeweils die untereinanderstehenden Aufgaben.
b) Tauscht euch über eure Rechenwege und eure Ergebnisse aus.
c) Erkläre, warum man bei den Aufgaben zu unterschiedlichen Ergebnissen kommt.

ANREGUNG
Formuliert gemeinsam eine Regel, wie man bei der Subtraktion mit Klammern umgehen muss.

$$\dfrac{x+y}{2}$$

Lesen und Verstehen

Anna und Eva wollen überprüfen, ob die Summe in allen Zeilen in dem nebenstehenden Quadrat gleich groß ist.

Für die erste Zeile rechnen sie folgendermaßen:

Anna: $13 + 31 + 27 = 44 + 27 = 71$

Eva: $13 + 31 + 27 = 31 + 13 + 27 = 31 + 40 = 71$

Beide haben das Ergebnis richtig berechnet, aber Evas Rechnung ist geschickter, weil man mit 40 gut weiterrechnen kann.

13	31	27
37	23	11
21	17	33

Normalerweise rechnet man von links nach rechts. Um vorteilhaft zu rechnen, ist es manchmal günstig, die Reihenfolge der einzelnen Summanden zu verändern.

Kommutativgesetz (Vertauschungsgesetz):
In einer Summe dürfen die Summanden vertauscht werden.
Für die Zahlen a und b gilt: $a + b = b + a$

BEISPIEL 1

$$\underset{101}{\underbrace{2 + 99}} = \underset{101}{\underbrace{99 + 2}}$$

$101 = 101$ ▪

Achtung: Man darf die Zahlen nur bei der Addition vertauschen.
Bei der Subtraktion darf man das nicht, weil z. B. $99 - 2 \neq 2 - 99$.

HINWEIS
Carl Friedrich Gauß sollte in der Schule die Zahlen von 1 bis 100 zusammenzählen

Der 9-jährige Gauß hatte schon erkannt, dass die Reihenfolge der Summanden beim Addieren nicht wichtig ist und hat die Zahlen von 1 bis 100 umsortiert.
Gauß berechnete die Summe der Zahlen von 1 bis 100, indem er 50 Paare mit dem Wert der Summe 101 bildete: $(1 + 100) + (2 + 99) + (3 + 98) + \ldots + (50 + 51)$
und so schnell das Ergebnis 5050 erhielt.

Beim Addieren kann es vorteilhaft sein, wie Gauß zu rechnen.
Durch das Vertauschen von Summanden und das Zusammenfassen von geeigneten Summanden durch Klammern kann man oftmals die Rechnung vereinfachen.

Assoziativgesetz (Verbindungsgesetz):
In einer Summe dürfen Summanden beliebig mit Klammern zusammengefasst werden.
Für die Zahlen a, b und c gilt:
$a + b + c = (a + b) + c = a + (b + c)$

BEISPIEL 2

$9 + 92 + 10 =$

$$\underset{101}{\underbrace{(9 + 92)}} + 10 = 9 + \underset{102}{\underbrace{(92 + 10)}}$$

$$\underset{111}{\underbrace{101 + 10}} = 9 + \underset{111}{\underbrace{102}}$$

$111 = 111$ ▪

Achtung: Auch das Assoziativgesetz gilt nicht für die Subtraktion,
weil z. B. $202 - (1 + 100) \neq (202 - 1) + 100$.

Durch Vertauschen und Verbinden kann man sich also das Rechnen manchmal vereinfachen.
Bei allen Vereinfachungen muss man aber zuerst auf die Klammern achten:
Was in Klammern steht, gehört nämlich eng zusammen.

Vorrangregel:
Treten in einer Rechnung Klammern auf, so muss zuerst der Wert innerhalb der Klammern berechnet werden.

BEISPIEL 3

$$202 - \underset{100}{\underbrace{(1 + 99)}} =$$

$202 - 100 = 102$ ▪

Basisübungen

1 Vertausche jeweils zwei Zahlen und rechne vorteilhaft.
a) 17 + 8 + 33
b) 32 + 17 + 8
c) 16 + 33 + 14
d) 47 + 12 + 43
e) 52 + 44 + 38
f) 53 + 21 + 27
g) 11 + 29 + 81
h) 58 + 37 + 42

2 Rechne vorteilhaft.
a) 18 + 116 + 222
b) 235 + 76 + 65
c) 13 + 222 + 37
d) 31 + 134 + 56
e) 67 + 37 + 523
f) 81 + 72 + 19
g) 38 + 263 + 77
h) 137 + 98 + 163

3 Nick und Pia wollen alle Zahlen auf den Kärtchen möglichst schnell addieren.
Wie würdest du rechnen?
Begründe und gib das Ergebnis an.

4 Der Vertreter einer Schuhfirma fährt mit dem Auto von Wernigerode nach Halle (118 km), von dort aus nach Dessau (45 km). Von Dessau fährt er nach Magdeburg (62 km) und von dort nach Stendal (55 km).
Wie weit ist er gefahren?
Rechne vorteilhaft.

5 Rainer hat ein neues Sparschwein.
Er wirft nacheinander in sein Sparschwein: 60 Cent, 50 Cent, 75 Cent, 90 Cent, 30 Cent.
Wie viel Geld hat er gespart?
Ändert sich der gesparte Betrag, wenn er das Geld in anderer Reihenfolge in das Sparschwein wirft?

1 Vertausche die Zahlen so, dass du günstig rechnen kannst.
a) 123 + 210 + 377
b) 518 + 182 + 235
c) 243 + 551 + 149
d) 246 + 33 + 154
e) 666 + 333 + 334
f) 718 + 1003 + 22
g) 720 + 130 + 580
h) 199 + 198 + 1001

2 Berechne, indem du geschickt vertauschst und zusammenfasst.
a) 5 + 19 + 55 + 81
b) 34 + 13 + 77 + 6
c) 23 + 44 + 17 + 66
d) 92 + 13 + 18 + 107
e) 12 + 14 + 28 + 66
f) 135 + 34 + 35 + 16

3 Berechne die Zahlenmauer.
Vertausche dann die untersten Steine und berechne neu.

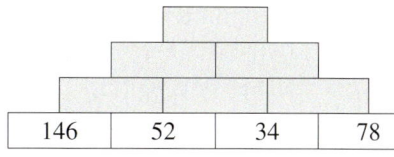

Was fällt dir auf?

4 Übertrage die Aufgaben ins Heft und berechne die Summen möglichst vorteilhaft.
a) 1 + 2 + 3 + 4 und
   1 + 2 + … + 99 + 100
b) 1 + 3 + 5 + 7 und
   1 + 3 + … + 97 + 99
c) 2 + 4 + 6 + 8 und
   2 + 4 + … + 98 + 100

5 Am Rand stehen die Einwohnerzahlen einiger Städte in Sachsen-Anhalt.
Für welche Städte gilt jeweils die folgende Aussage?
a) Die Städte haben zusammen 60 000 Einwohner.
b) Die Stadt hat 10 000 mehr Einwohner als zwei andere Städte zusammen.
c) Zwei Städte haben zusammen genauso viele Einwohner wie zwei andere zusammen.
d) Einige dieser Städte haben zusammen 140 000 Einwohner.
e) Drei Städte haben zusammen rund 100 000 Einwohner.

HINWEIS
Du kannst die Aufgabe 1 auch mithilfe eines Rechenbaums lösen.
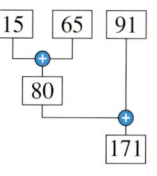

NACHGEDACHT
Begründe, warum beim Vertauschen der unteren Steine bei Aufgabe 3 (orange) trotz des Kommutativgesetzes verschiedene Ergebnisse herauskommen.

INFORMATION
Einwohnerzahlen einiger Städte in Sachsen-Anhalt:

Dessau
89 000

Bitterfeld
45 000

Merseburg
34 000

Stendal
35 000

Wernigerode
33 000

Wittenberg
46 000

Aschersleben
27 000

6 Setze im Heft die Zahlen in Klammern, die du zuerst addieren möchtest.

a) 8 + 32 + 27
b) 18 + 33 + 27
c) 16 + 34 + 16
d) 58 + 32 + 47
e) 47 + 12 + 8
f) 44 + 28 + 22
g) 7 + 53 + 13
h) 39 + 21 + 11

7 Vertauschen und Zusammenfassen

a) Erkläre jeden Lösungsschritt.
33 + 15 + 82 + 127 + 45 =
33 + 127 + 15 + 45 + 82 =
(33 + 127) + (15 + 45) + 82 =
160   +   60   + 82 =
220   + 82 = 302

b) Löse die folgende Aufgabe wie bei a):
128 + 228 + 112 + 95 + 22

8 Schau dir die Rechenbäume an.
Schreibe die Rechnungen mit Klammern.
Löse die Aufgaben.

a) 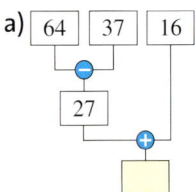   b)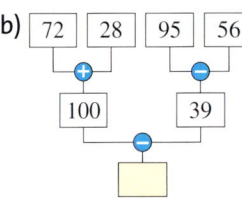

9 Im Jahr 2006 besuchten insgesamt 1435 Schülerinnen und Schüler die Schiller-Schule.
2007 wurden 126 Mädchen und Jungen aufgenommen und 117 entlassen.
2008 wurden 119 aufgenommen und 108 entlassen.
2009 gab es 92 Aufnahmen und 77 Abgänge.

a) Berechne für den gegebenen Zeitraum die gesamte Aufnahme von Schülerinnen und Schülern in dieser Schule.

b) Wie viele Schülerinnen und Schüler wurden in dieser Zeit insgesamt entlassen?

c) Wie viele Schülerinnen und Schüler hatte die Schule nach der Entlassung 2009?

6 Rechne möglichst vorteilhaft.

a) 149 + 551 + 43
b) 135 + 182 + 518
c) 210 + 327 + 173
d) 54 + 16 + 12 + 38
e) 153 + 87 + 86
f) 100 + 87 + 13
g) 126 + 224 + 376
h) 977 + 23 + 55 + 55
i) 113 + 37 + 116 + 44 + 350

7 Berechne die folgenden Summen wie bei Aufgabe 7.

a) 395 + 647 + 495 + 153 + 65
b) 291 + 482 + 19 + 18 + 100
c) 528 + 117 + 132 + 253 + 11
d) 217 + 378 + 123 + 45 + 112
e) 289 + 234 + 56 + 121 + 156
f) 111 + 222 + 119 + 49 + 128
g) 178 + 235 + 40 + 222 + 245
h) 111 + 222 + … + 888 + 999

8 Löse die Aufgaben im Heft, die durch die Rechenbäume dargestellt sind.

a) 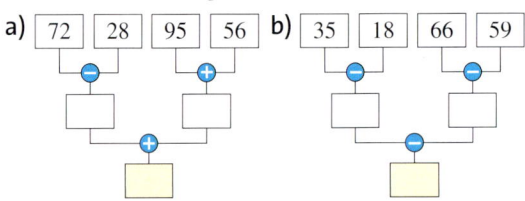 b)

9 Aus einem alten Rechenbuch:
„Von Montag bis Freitag wurden auf einer Weide zusammen 60 Schäfchen geboren. Am Dienstag waren es drei Schäfchen mehr als am Montag, am Mittwoch wieder drei Schäfchen mehr als am Dienstag, am Donnerstag wieder drei Schäfchen mehr als am Mittwoch, am Freitag drei Schäfchen mehr als am Donnerstag.
Kannst du herausfinden, wie viele Schäfchen an den einzelnen Tagen geboren wurden?"

■ Schriftlich addieren und subtrahieren

Erforschen und Entdecken

1 Schneide aus einem Blatt neun gleich große Zettel aus. Schreibe auf jeden Zettel eine der Ziffern von 1 bis 9.

Aus diesen Ziffern sollen Aufgaben gebildet werden. Schreibe die Aufgaben mit Lösung ins Heft.

a) Bilde aus den Ziffern 1 bis 9 drei beliebige dreistellige Zahlen und addiere diese.

b) Wie müssen die Zahlen gebildet werden, damit die größte Summe, die möglich ist, erreicht wird?

c) Wie müssen die Zahlen gebildet werden, damit die kleinste Summe, die möglich ist, erreicht wird?

d) Kannst du eine Summe erreichen, die bei den letzten drei Stellen nur aus gleichen Ziffern besteht?
Falls ja, wie heißt sie?
Falls nein, begründe, warum dies nicht möglich ist.

2 Helena möchte ihr Zimmer neu gestalten. Sie braucht ein neues Bett, einen passenden Kleiderschrank und einen Sessel. Insgesamt hat sie 350 € zur Verfügung.
Im Möbelhaus geht Helena mit ihrer Mutter auf die Suche und findet schnell die passenden Möbelstücke (siehe rechts).
Gerne möchte sie noch zusätzlich einen kleinen Tisch für 39 € kaufen.
Sie ist sich nicht sicher, ob ihr Geld dafür noch ausreicht.
Deshalb rechnen Helena und ihre Mutter nach.

Helena rechnet:
350 − 109 = 241
241 − 75 = 166
166 − 119 = **47**

Helenas Mutter rechnet:
350 − (109 + 75 + 119) =
350 − 303 = **47**

a) Erkläre die beiden Rechenwege.
b) Welcher Weg ist für dich der einfachere? Begründe.
c) Warum berechnet die Mutter in den Klammern eine Summe, obwohl doch nur Geld ausgegeben wird?

3 Schöne Ergebnisse
Berechne die einzelnen Aufgaben und ergänze jeweils eine Aufgabe nach dem gleichen Muster.

① $\begin{array}{r} 567 \\ +2889 \end{array}$ $\begin{array}{r} 678 \\ +3889 \end{array}$ ② $\begin{array}{r} 123 \\ +321 \end{array}$ $\begin{array}{r} 567 \\ +432 \end{array}$ ③ $\begin{array}{r} 987 \\ -789 \end{array}$ $\begin{array}{r} 876 \\ -678 \end{array}$ $\begin{array}{r} 765 \\ -567 \end{array}$

a) Beschreibe, was das Besondere an den Ergebnissen ist.
b) Erfinde selbst Aufgaben, die schöne Ergebnisse haben.

$$\frac{x+y}{2}$$

Lesen und Verstehen

Beim Addieren zweier oder mehrerer Zahlen werden die Einer zusammengezählt und die Zehner und die Hunderter …

BEISPIEL 1 245 + 197 ergibt (2 + 1) Hunderter und (4 + 9) Zehner und (5 + 7) Einer. ■

Deshalb ist es günstig, wenn man beim Addieren die Zahlen so untereinander schreibt, dass immer Einer über Einer, Zehner über Zehner, Hunderter über Hunderter usw. stehen.
Dann zählt man einfach die Zahlen, die untereinander stehen zusammen.

Wenn die Gesamtanzahl in einer Spalte größer als 10 ist, so wird der neue Zehner einfach bei der Spalte davor mitgezählt.

Schriftliche Addition
– Summanden stellengerecht untereinander schreiben
– schrittweise von rechts nach links die zusammengehörigen Stellen addieren
– möglichen Übertrag bei der nächsten Stelle addieren

BEISPIEL 2

Helena kauft einen Schrank (109 €), ein Bett (119 €) und einen Sessel (75 €).

```
  109        5 + 9 + 9 = 23   Übertrag 2
+ 119        2 + 7 + 1 + 0 = 10   Übertrag 1
+  75            1 + 1 + 1 =  3
  ¹ ²
  303        Helena gibt 303 € aus. ■
```

Auch beim Subtrahieren ist es günstig, wenn man die Zahlen stellengerecht untereinander schreibt. So kann man von der oberen Anzahl der Einer z. B. die untere Anzahl abziehen.

Wenn aber die obere Zahl kleiner als die untere Zahl ist, dann „borgt" man sich eine 1 von der nächsten Stelle, aus 2 – 4 wird dann z. B. 12 – 4 und das kann man ausrechnen.

Schriftliche Subtraktion
– Minuend und Subtrahend stellengerecht untereinander schreiben
– von rechts beginnend die Ziffern pro Stelle subtrahieren
– ist die obere Ziffer kleiner als die untere, dann denkt man sich eine 1 davor
– diese gedachte 1 muss bei der nächsten Stelle wieder abgezogen werden

BEISPIEL 3

Helena hatte 350 € und sie hat 303 € schon ausgegeben. Wie viel ist übrig?

```
  350        10 – 3 = 7
– 303         5 – 1 = 4
  ₁           3 – 3 = 0   (Die Null kann man
   47                        weglassen.)
```

Helena hat 47 € übrig. ■

Sollen von einer Zahl mehrere Zahlen abgezogen werden, kann man zuerst die Summe der abzuziehenden Zahlen bilden und dann diese Summe von der Ausgangszahl abziehen.
Man kann aber auch die Rechnung in einem Schritt aufschreiben.

Subtraktion mehrerer Subtrahenden
– stellenweise die Ziffern aller Subtrahenden addieren und von der entsprechenden Stelle des Minuenden abziehen
– möglichen Übertrag bei der nächsten Stelle wieder abziehen

BEISPIEL 4

```
  350        5 + 9 + 9 = 23;   30 – 23 = 7
– 109        3 + 7 + 1 = 11;   15 – 11 = 4
– 119        1 + 1 + 1 = 3;     3 – 3 = 0
–  75        (Die Null kann man weglassen.)
  ₁ ₃
   47 ■
```

Basisübungen

1 Addiere schriftlich.

a) 2364
   +1425

b) 5063
   + 2735

c) 6009
   + 720

d)   482
   +3514

e) 10532
   +25104

f) 58410
   +10280

g)   153
   +2614

h) 3330
   + 614

i) 5112
   + 4201

2 Addiere schriftlich. Überschlage zuerst.

a) 265
   + 317

b) 563
   + 219

c) 627
   + 158

d) 444
   + 327

e) 395
   + 174

f) 261
   + 586

g) 394
   + 543

h) 258
   + 571

i) 608
   + 282

3 Schreibe die Zahlen stellengerecht untereinander und addiere sie.

a) 1354 und 3817   b) 3047 und 7681
c) 6428 und 647   d) 2549 und 3525
e) 5213 und 1957   f) 967 und 1647
g) 3952 und 3409   h) 2947 und 547

4 Ordne die Rechendominosteine.

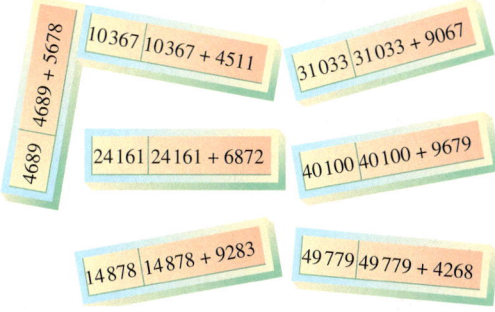

5 Herr Ast möchte ein neues Auto kaufen.
Er bestellt dazu noch ein paar Extras.
Berechne den Gesamtpreis für das Auto.

---

1 Addiere schriftlich.

a) 1685
   +3112
   +4201

b) 3610
   + 4205
   + 171

c) 7623
   + 251
   + 111

d) 4513
   +1022
   +2323
   +1131

e) 2438
   + 3121
   + 1300
   + 2130

f) 2493
   + 5201
   + 102
   + 1203

2 Addiere schriftlich. Überschlage zuerst.

a) 615
   + 143
   + 128

b) 573
   + 118
   + 204

c) 363
   + 27
   + 104

d) 426
   + 132
   + 371
   + 444

e) 395
   + 421
   + 142
   + 333

f) 272
   + 164
   + 351
   + 123

3 Addiere die Zahlen. Überschlage zuerst.
a) 724678 + 453231
b) 33998 + 200045
c) 34521 + 5462 + 3601
d) 56723 + 4215 + 789 + 5631
e) 45364 + 3213 + 687 + 4751

4 Rechne und kontrolliere dein Ergebnis.

a) 306 +   589 +   439 =
    643 + 4926 +   3238 =
   1274 + 1684 +   4370 =
        +   +   = 17469

b)   408 + 1268 + 12628 =
    2732 + 3428 + 14539 =
   31925 + 91346 +   4236 =
         +   +   = 162510

5 Wiebke möchte gerne zwei Kaninchen kaufen. Sie braucht:
einen Käfig für draußen für 70 €,
Käfigstreu für 3 €,
Heu für 2,50 €,
einen Sack Futter für 10 €,
zwei Futternäpfe für zusammen 6 €,
eine Tränke für 4,50 € und schließlich
zwei Kaninchen für zusammen 35 €.
Reicht dafür ihr Gespartes von 130 €?

TIPP

Kontrolliere deine Ergebnisse, indem du die Umkehrrechnung durchführst.
5692 – 2312 = 3380 ist z. B. richtig, da umgekehrt gilt:
2312 + 3380 = 5692.

BEISPIEL

zu Aufgabe 7:

Aufgabe:
73 468 – 5423 – 1237

Rechnung:
```
  73 468
–  5423
–  1237
 66 808
```

Probe:
1)
```
  5423
+1237
 6660
```

2)
```
 73 468
–6660
 66 808
```

6 Subtrahiere schriftlich.

a)
```
  89
– 24
```
b)
```
  85
– 34
```
c)
```
  97
– 42
```

d)
```
 482
–351
```
e)
```
 538
–425
```
f)
```
 584
–283
```

g)
```
 5836
–2614
```
h)
```
 3339
–1213
```
i)
```
 5777
–4252
```

7 Subtrahiere schriftlich.

a)
```
 578
–179
```
b)
```
 786
–398
```
c)
```
 652
–357
```

d)
```
 485
–177
```
e)
```
 819
–439
```
f)
```
 582
–283
```

g)
```
 695
–399
```
h)
```
 846
–268
```
i)
```
 719
–689
```

8 Schreibe stellengerecht untereinander und subtrahiere schriftlich.

a) 6792 – 5628
b) 98 214 – 89 523
c) 1 084 563 – 34 712
d) 56 239 – 23 511
e) 1 234 567 – 654 321
f) 724 678 – 453 231
g) 246 753 – 246 752

9 Setze im Heft die richtigen Ziffern ein.

a)
```
   3 1 6 ▨
–  1 8 ▨ 9
   1 ▨ 3 9
```
b)
```
  1 4 2 ▨ 9
–   4 9 2 8
      ▨ 2 9 ▨
```

10 Berechne die Unterschiede (zwischen den beiden Jacken, den Schlitten, …).

6 Subtrahiere schriftlich.

a)
```
 624
–238
```
b)
```
 835
–136
```
c)
```
 647
–258
```

d)
```
 841
–461
```
e)
```
 663
–391
```
f)
```
 547
–386
```

g)
```
 743
–283
```
h)
```
 452
–371
```
i)
```
 620
–381
```

7 Subtrahiere schriftlich mit mehreren Subtrahenden. Rechne zuerst in einem Schritt. Überprüfe dein Ergebnis, indem du in mehreren Schritten rechnest.
Beachte das Beispiel am Rand.

a) 21 679 – 2312 – 3359
b) 561 219 – 4523 – 128
c) 55 312 – 898 – 3421
d) 999 999 – 23 897 – 3412 – 34 985

8 Überschlage zunächst.
Subtrahiere dann schriftlich und vergleiche mit deinem Überschlag.

a) 56 912 – 5523 – 6874
b) 66 125 – 563 – 12 889
c) 12 984 – 5671 – 452 – 667
d) 447 125 – 3498 – 13 245 – 100 992

9 Setze im Heft die richtigen Ziffern ein.

a)
```
  4 ▨ 1 6 ▨
–     4 6 9
–   9 2 ▨ 4
    ▨ 2 4 8 5
```
b)
```
  3 5 ▨ 8
–     9 4
– 4 3 2 2
  2 7 ▨ 3 2
```

c)
```
  1 ▨ 6 2
–   5 7 8 ▨
–   1 ▨ 3 7
    4 2 9 4
```
d)
```
  ▨ 6 0 9 5
–   ▨ 3 0 1
–   3 2 5
    8 0 ▨ ▨
```

10 Wie weit ist das Auto gefahren?

Thema: Der japanische Abakus

Der Abakus ist ein Rechengerät bei dem Scheiben auf Stäben hin und her geschoben werden können.

Am Abakus lassen sich Zahlen einfach anzeigen. Sie werden am Querstab eingestellt. Dazu verschiebt man die Scheiben zum Querstab.

Die Scheiben in den Vierergruppen zählen einfach, die Scheiben in dem anderen Bereich zählen fünffach. Die Abakusstäbe entsprechen den Stellenwerten unseres Zehnersystems (Einer, Zehner, Hunderter, …).

Einzelne Zahleneinstellungen sind hier abgebildet.

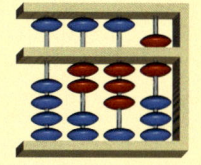

Die Zahl 236 wird eingestellt.

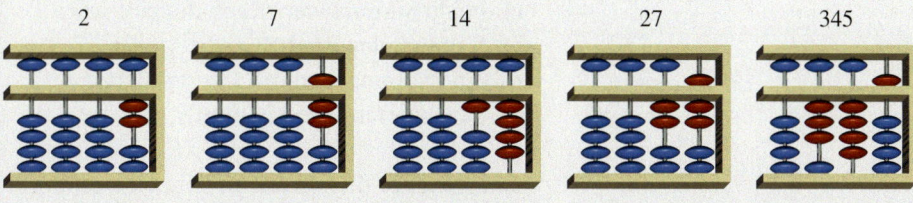

Mit dem Abakus zu rechnen ist für uns zunächst gewöhnungsbedürftig.

Im Beispiel am Rand wird gezeigt, dass das Rechnen mit dem Abakus auch das vorteilhafte Rechnen fördert.

Die rechte Bildfolge zeigt die Rechnung der Aufgabe 236 + 272 mit dem Abakus. Dabei wird stellengerecht von links nach rechts addiert.

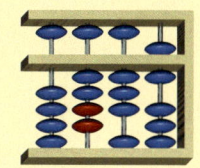

2 Hunderterscheiben werden dazu genommen.

1 Welche Zahlen sind auf dem Abakus dargestellt?

a)   b)   c)

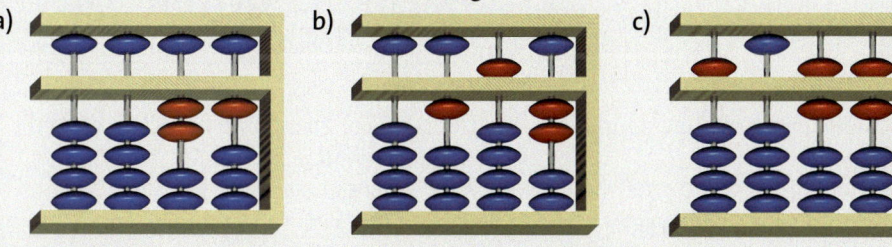

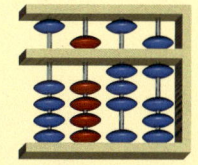

Weil keine Scheiben für die 70 mehr verfügbar sind und auch keine Hunderterscheibe, nimmt man 500 dazu und nimmt 400 weg.

2 Welches ist die größte Zahl, die mit diesem Abakus dargestellt werden kann?

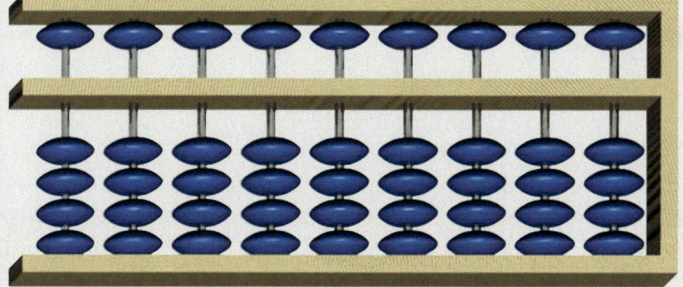

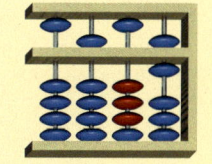

Jetzt nimmt man 30 weg und muss nur noch 2 dazu nehmen.

3 Zeichne einen Abakus, auf dem folgende Zahlen eingestellt sind.

a) 34   b) 456   c) 7878   d) 23 964

4 Es gibt neben dem japanischen Abakus noch andere Formen des Abakus. Informiere dich beispielsweise über den chinesischen Abakus (Suan-pan) oder den russischen Abakus. Wie wird mit diesen Rechenmaschinen gerechnet?

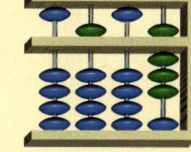

Der Abakus zeigt das Ergebnis 508 an.

$$\frac{x+y}{2}$$

Klar soweit?

→ Seite 72

■ Im Kopf addieren und subtrahieren

1 Übertrage die Tabelle in dein Heft und fülle die fehlenden Felder aus.

1. Summand	2. Summand	Wert der Summe
234	561	
734		1002
3459	223	
	5801	10000
23912		34912

2 Schreibe folgende Textaufgaben als Rechenaufgaben und löse sie.
a) Subtrahiere von der Zahl 84 die Zahl 15.
b) Ziehe 18 von 159 ab.
c) Ziehe von 238 die Zahl 49 ab.
d) Subtrahiere die Zahl 38 von 120.
e) Bilde die Differenz der Zahlen 191 und 69.
f) Vermindere 244 um die Zahl 38.
g) Berechne den Unterschied zwischen 81 und 18.

3 Überschlage zuerst und berechne dann die genauen Ergebnisse.
a) 739 + 242
b) 1534 + 279
c) 645 + 893
d) 1199 + 418
e) 877 − 339
f) 1723 − 573
g) 729 − 541
h) 723 − 237

1 Wie ändert sich der Wert der Summe von zwei Zahlen, wenn man …
a) einen Summanden durch einen um 5 größeren ersetzt?
b) beide Summanden durch jeweils einen um 10 größeren ersetzt?
c) beide Summanden durch doppelt so große Summanden ersetzt?
d) eine Summanden um 1 vergrößert und den anderen 1 verkleinert?

2 Übertrage die Tabelle in dein Heft und fülle die fehlenden Felder aus.

Minuend	Subtrahend	Wert der Differenz
451	324	
789		112
	563	89
6734	1198	
	564	349
5678		999

3 Überschlage zuerst und berechne dann die genauen Ergebnisse.
a) 67 + 42 + 51
b) 88 + 107 + 35
c) 152 + 79 + 21
d) 288 + 206 + 112
e) 156 − 71 − 44
f) 131 − 26 − 54
g) 999 − 111 − 44
h) 1301 − 207 − 53

→ Seite 76

■ Rechenregeln und Rechengesetze

4 Vertausche geeignete Zahlen und fasse in Klammern zusammen, bevor du ausrechnest.
a) 28 + 36 + 22
b) 382 + 125 + 275
c) 225 + 116 + 125
d) 367 + 98 + 23
e) 368 + 79 + 32
f) 134 + 166 + 120
g) 423 + 99 + 27
h) 186 + 41 + 14

5 Stelle die folgenden Aufgaben mithilfe eines Rechenbaumes dar und löse sie.
a) (56 + 27) + (29 − 17)
b) (56 − 34) − (67 − 47)
c) (15 + 28) + (34 + 45)
d) (98 − 54) − (84 − 53)

4 Rechne vorteilhaft.
Zeige durch Klammern, wie du gerechnet hast.
a) 731 + 67 + 69 + 13
b) 451 + 127 + 109 + 203 + 10
c) 111 + 222 + 89 + 188
d) 208 + 215 + 202 + 225

5 Stelle die folgenden Aufgaben mithilfe eines Rechenbaumes dar und löse sie.
a) (55 + 44) + (34 − 24) − (34 + 12)
b) (29 − 15) + (64 − 43) + (16 + 32)
c) (25 + 36) − (65 − 53) − (28 − 10)
d) (49 − 24) + (66 − 34) + (23 − 13)

6 Übertrage die Additionsmauern in dein Heft und berechne sie.

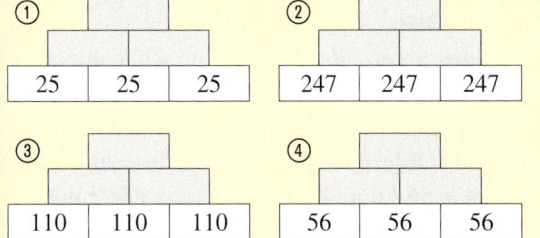

a) Wie oft passt ein Stein der untersten Reihe in den obersten Stein?

b) Begründe, warum das immer so sein muss, wenn alle Steine der untersten Reihe den gleichen Wert haben.

6 Lies die folgenden Aussagen.
– Wenn zwei gerade Zahlen addiert werden, erhält man immer eine gerade Zahl.
– Wenn zwei ungerade Zahlen addiert werden, erhält man immer eine gerade Zahl.
– Wenn eine gerade und eine ungerade Zahl addiert werden, so erhält man immer eine ungerade Zahl.

a) Überprüfe die Aussagen auf ihre Richtigkeit, indem du zu jeder Aussage mehrere Beispiele aufschreibst.

b) Wie muss man die Aussagen verändern, wenn drei Summanden addiert werden?

■ Schriftlich addieren und subtrahieren

→ Seite 80

7 Schreibe die Zahlen stellengerecht untereinander und addiere sie.

a) 354 und 387
b) 5057 und 2691
c) 2427 und 647
d) 1348 und 6525
e) 5203 und 957
f) 767 und 1645
g) 5959 und 3909
h) 1847 und 47

7 Addiere die Zahlen schriftlich.

a) 24 679 + 53 232
b) 133 998 + 20 044
c) 134 621 + 6462 + 3607
d) 66 755 + 7215 + 798 + 5621
e) 450 368 + 4213 + 6987 + 9751

8 Subtrahiere schriftlich.

a) 2 074 663 – 35 711
b) 65 293 – 23 522
c) 2 345 678 – 234 567
d) 1 744 643 – 333 333

8 Subtrahiere schriftlich.

a) 156 912 – 15 523 – 16 874
b) 66 122 – 1563 – 12 888
c) 212 984 – 51 671 – 452 – 1667
d) 47 125 – 3498 – 13 245 – 10 999

9 Herr Esser trägt bei jeder Fahrt den Kilometerstand vor der Abfahrt und nach der Ankunft ein.

Datum	Abfahrt	Ankunft
25.07.	34 562 km	34 589 km
25.07.	34 589 km	34 602 km
26.07.	34 602 km	34 621 km
27.07.	34 621 km	34 657 km
28.07.	34 657 km	34 713 km
28.07.	34 713 km	34 954 km

a) Berechne jeweils die Länge der einzelnen Fahrten.

b) Wie viel Kilometer ist Herr Esser insgesamt gefahren?

9 Erfinde zu den Angaben jeweils eine Aufgabe.
Führe zunächst Überschlagsrechnungen zu deinen Aufgaben durch und berechne dann genau.

a) Beim BVB gibt es insgesamt 80 708 Sitzplätze. 50 549 Plätze sind jedes Spiel durch Dauerkartenbesitzer belegt.

b) Beim FC Schalke 04 gibt es insgesamt 61 482 Sitz- und Stehplätze, die Anzahl der Sitzplätze beträgt 53 951.

c) Am 8. Spieltag der Saison 2007/2008 war das Stadion des FC Schalke 04 nicht ausverkauft. Gegen Hertha BSC Berlin kamen 60 511 Zuschauer ins Stadion.

Vermischte Übungen

1 Übersetze in eine Rechnung.
Setze passende Klammern.
Berechne die Aufgabe.
a) Addiere 16 zur Summe der Zahlen 15 und 17.
b) Addiere zu der Summe der Zahlen 147 und 341 die Summe der Zahlen 407 und 321.
c) Subtrahiere von der Differenz der Zahlen 256 und 87 die Differenz der Zahlen 215 und 145.
d) Addiere zur Differenz der Zahlen 345 und 256 die Differenz der Zahlen 567 und 456.

2 Vervollständige die Additionsmauer.
Zerlege dazu jede Zahl in zwei Summanden.
Halbieren ist nicht erlaubt.

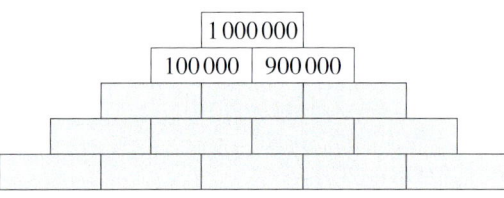
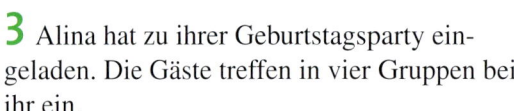

3 Alina hat zu ihrer Geburtstagsparty eingeladen. Die Gäste treffen in vier Gruppen bei ihr ein.
In der ersten Gruppe kommen sechs Gäste, in der zweiten Gruppe zwei weniger als in der ersten, in der dritten Gruppe ein Gast weniger als in der zweiten und in der letzten Gruppe zwei Gäste weniger als in der zweiten Gruppe.
Wie viele Partygäste kommen zu Alinas Geburtstag?

4 Welche Ergebnisse sind gleich?
a) $450 - (28 + 17)$ b) $395 - (36 + 12)$
  $450 - (28 - 17)$ $395 - (36 - 12)$
  $450 - 28 + 17$ $395 - 36 + 12$
  $450 - 28 - 17$ $395 - 36 - 12$

5 Berechne.
a) $(17 + 15) - (18 - 13) + (24 + 34 - 12)$
b) $(23 + 19) - (46 - 21) + (17 + 10 - 13)$
c) $(56 + 65) - (48 - 19) + (8 + 120 - 80)$
d) $(134 + 45) - (70 - 50) + (59 + 40 - 60)$
e) $(155 + 45) - (128 - 64) + (27 + 91 - 4)$

1 Übersetze die Aufgaben und löse sie.
a) Subtrahiere von der Summe der Zahlen 234 und 564 die Summe der Zahlen 456 und 288.
b) Subtrahiere von der Summe der Zahlen 456 und 738 die Differenz der Zahlen 567 und 222.
c) Subtrahiere von der Summe der Zahlen 243; 567 und 43 die Differenz der Zahlen 678 und 123.
d) Subtrahiere von 1 Million die Summe der Zahlen 456 000 und 44 000.

2 Ergänze im Heft durch Subtrahieren.

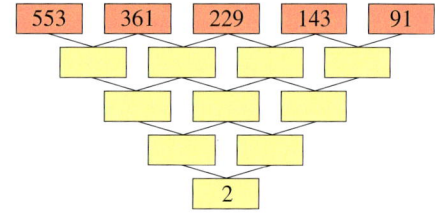

3 Bei einem Rundstreckenrennen für Hobbyradfahrer über 4 Runden fährt eine Fahrerin die erste Runde in 10 min 20 s, die zweite Runde in 11 min 30 s, die dritte Runde in 12 min 10 s und die letzte Runde in 12 min 40 s.
Wie viel Zeit brauchte sie für das gesamte Rennen?

4 Übertrage in dein Heft und setze jeweils das richtige Zeichen ein $(=, <, >)$.
a) $49 - 19 - 16 \ \blacksquare \ 49 - (19 - 16)$
b) $42 - 18 - 5 \ \blacksquare \ 42 - (18 - 5)$
c) $142 - 42 - 29 \ \blacksquare \ 142 - (42 - 29)$
d) $165 - 65 + 40 \ \blacksquare \ 165 - (65 + 40)$
e) $165 - 65 + 40 \ \blacksquare \ (165 - 65) + 40$

5 Finde die gedachte Zahl.
a) Von meiner gedachten Zahl ziehe ich die Summe aus 36 und 45 ab und erhalte 11.
b) Zu der gedachten Zahl addiere ich die Differenz aus 68 und 58 und erhalte 20.
c) Zu der gedachten Zahl addiere ich 56. Von der Summe ziehe ich 24 ab und verdopple das Ganze. Ich erhalte 152.

$$\frac{x+y}{2}$$

6 Gegeben ist folgende Rechnung:
$(45 + 15) - (34 - 12) = 48$.
Wie verändert sich das Ergebnis, wenn …
a) ein Summand in der ersten Klammer um 10 erhöht wird?
b) der Minuend in der zweiten Klammer um 10 erhöht wird?
c) der Subtrahend in der zweiten Klammer um 10 erhöht wird?
d) ein Summand in der ersten Klammer und der Minuend in der zweiten Klammer um 10 erhöht werden?
e) alle Zahlen auf der linken Seite des Gleichheitszeichens um 1 erhöht werden?

6 Bilde aus allen Zahlen und Zeichen eine Aufgabe, die zu den Vorgaben passt.

| 20 | 10 | 5 | + | − | (|) |

a) Notiere die Aufgabe mit dem größten Ergebnis.
b) Notiere die Aufgabe mit dem kleinsten Ergebnis.
c) Wähle drei andere Zahlen und suche wieder das größte und kleinste Ergebnis.
d) Ersetze das Plus durch ein weiteres Minus und suche erneut das größte und das kleinste Ergebnis.

7 Bei Lastkraftwagen sind Fahrtenschreiber eingebaut, die z. B. automatisch aufzeichnen, wie schnell der Wagen gefahren ist. Am Anfang und Ende der Fahrt muss der Fahrer den Stand des Kilometerzählers in der Mitte der Scheibe eintragen. Berechne, wie viel Kilometer mit diesem Lkw gefahren wurden.

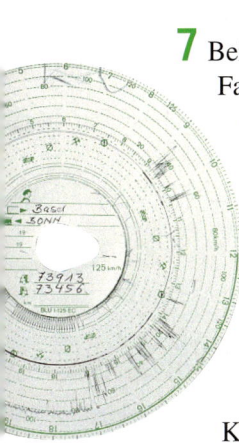

7 Eine Autofirma bietet ein Automodell mit Komfortpaket zum Preis von 13 290 € an. Im Komfortpaket ist Folgendes enthalten:
− Zentralverriegelung 290 €
− getönte Scheiben 230 €
− Schiebedach 490 €
− Außenspiegel, rechts 59 €
Um wie viel Euro ist das Sonderangebot günstiger, wenn der Grundpreis des Autos 12 690 € beträgt?

8 Die Tabelle zeigt die Anzahl der Fluggäste und die Frachtmengen auf großen deutschen Flughäfen in einem Jahr.
a) Berechne die Gesamtzahl der Fluggäste.
b) Wie viel Fracht wurde insgesamt verladen?
c) Wie genau sollte man die Zahlen angeben, um die Flughäfen vergleichen zu können?

Flughafen	Fluggäste	Luftfracht (in Tonnen)
Frankfurt a. M.	52 821 788	2 057 175
München	30 608 976	231 736
Berlin (gesamt)	18 506 506	27 164
Düsseldorf	16 510 893	60 308
Hamburg	11 954 560	77 173
Stuttgart	10 111 346	20 290
Köln/Bonn	9 812 815	685 400

9 Rechne vorteilhaft im Kopf.
a) $27 + 59 + 13$
b) $28 + 94 + 12$
c) $145 + 378 + 155$
d) $186 + 673 + 107$
e) $427 + 473 + 73$
f) $286 + 575 + 205 + 214$
g) $622 + 185 + 378 + 435$

9 Fasse geschickt zusammen und berechne den Wert der Summe.
a) $37 + 71 + 54 + 63 + 29 + 46$
b) $88 + 27 + 29 + 23 + 32 + 41$
c) $54 + 65 + 76 + 22 + 55 + 28 + 27$
d) $89 + 98 + 35 + 111 + 28 + 65 + 112$
e) $45 + 13 + 99 + 75 + 21 + 87$
f) $34 + 12 + 86 + 77 + 18 + 33$

$\dfrac{x+y}{2}$

10 Ergänze die Rechenbäume im Heft.

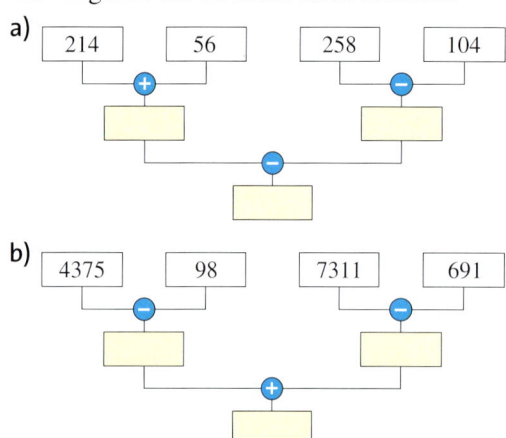

a)

| 214 | 56 | | 258 | 104 |

b)

| 4375 | 98 | | 7311 | 691 |

10 Ergänze die fehlenden Ziffern.

a)
```
   4
+ 2
―――
  5 6
```

b)
```
  1 4
+   5 2
―――――
  6 9 7
```

c)
```
  6 4
+ 3 9
―――――
1 0 0 0
```

d)
```
  5 2 3 4
−     2 7 6
−       2 1
―――――――
      9 5 1
```

e)
```
  1 4 7 3
−       5 0
−     8 5 7
―――――――
    1 0 2
```

f)
```
    1 7  6
−       3 5 1
− 3 0  4 1
―――――――
    1  8 2
```

g)
```
        8 6
− 1 7 3 8
−         7  1
―――――――
  4 3  0 5
```

11 Die Klasse 5a plant eine Klassenfahrt nach Baltrum.
Für Fahrkosten werden 702 €, für Unterkunft und Verpflegung 1651 € berechnet.
Von der Stadt erhält die Klasse einen Zuschuss von 190 €.
Hinzu kommt eine Spende vom Förderverein in Höhe von 120 €.
Welcher Betrag muss für die Klassenfahrt noch eingesammelt werden?

12 Addiere schriftlich.
a) 48 + 97 + 16
b) 244 + 908 + 738
c) 367 + 419 + 24
d) 241 + 5004 + 21 + 367
e) 2468 + 5 + 5678 + 3847

13 Subtrahiere schriftlich.
a) 6856 − 5244
b) 4689 − 569
c) 87 593 − 7006
d) 45 698 − 3569
e) 166 999 − 48 001
f) 670 587 − 258 329
g) 98 521 − 8733

11 Ein Elektromeister hat im November des Jahres 9000 € eingenommen.
Davon muss er drei Angestellte bezahlen. Der erste Angestellte erhält 1400 €, der zweite 1200 € und der dritte 1000 €.
Die Materialkosten der Firma betrugen in diesem Monat 1600 €.
a) Wie viel Euro betrugen diese Ausgaben zusammen?
b) Wie viel Euro blieben nach Abzug der Ausgaben noch übrig?

12 Addiere schriftlich.
a) 1244 + 1708 + 1928 + 1804 + 2004
b) 3067 + 4809 + 5340 + 1324 + 47
c) 8197 + 3241 + 5674 + 2001 + 347
d) 5768 + 5009 + 4758 + 3847 + 3070
e) 1 567 987 + 765 + 2 005 007 + 9876

13 Subtrahiere schriftlich.
a) 40 856 − 5263 − 593
b) 5698 − 562 − 136
c) 78 953 − 7410 − 543
d) 3698 − 369 − 329 − 345
e) 63 980 − 24 001 − 979
f) 2587 − 258 − 329 − 111
g) 89 250 − 8925 − 325 − 14 376

14 Übertrage die Aufgaben ins Heft und fülle die Leerstellen aus.

a)
```
  2 5 4 3
+ 9 4 1 7
―――――――
1 8 7 4 8
```

b)
```
  7 3 4 5
−
―――――――
  3 4 7 7
```

c)
```
  1    7
  4 3 2 1
+
―――――――
  9 9 9 9
```

d)
```
1 7 6 1 3
−
―――――――
  9 0 3 7
```

e)
```
  3  6 5
  8 3  7
+ 5 9 6
―――――――
    3 0 8
```

15 Jan hat an seinem Fahrrad einen Tachometer, der am Sonntag 450 km anzeigt.
An den folgenden Tagen unternimmt er verschiedene kleine Radtouren.
Er fährt am Montag 25 km, am Dienstag 10 km mehr als am Montag und am Mittwoch 15 km mehr als am Dienstag.
a) Wie viel Kilometer ist er an den drei Tagen insgesamt gefahren?
b) Welchen Kilometerstand zeigt der Tachometer am Mittwochabend?

16 Die folgenden Rechnungen sind fehlerhaft. Berichtige sie und beschreibe, welche Fehler gemacht wurden.

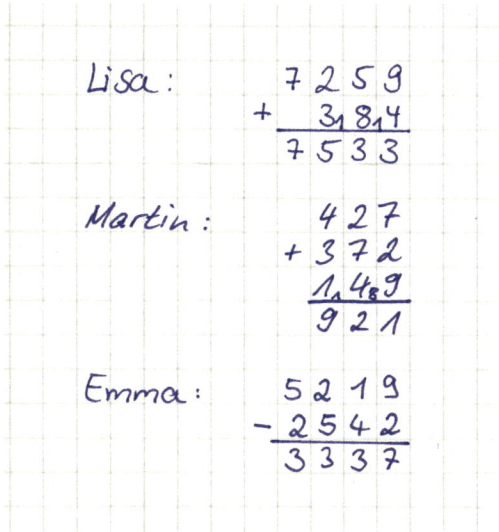

15 Ein Fußballclub hatte in einem Jahr 7 670 000 € zur Verfügung. Er zahlte seinen Spielern insgesamt 2 872 906 €. Die Platzmiete betrug 215 750 €, an Steuern wurden 1 236 772 € gezahlt. Außerdem entstanden Kosten (Fahrten, Verpflegung usw.) in Höhe von 638 029 €.
Welchen Betrag kann der Verein seiner Jugendmannschaft zur Verfügung stellen, wenn noch 384 000 € für die Anschaffung eines vereinseigenen Busses benötigt werden?

16 Eine Tankstelle verkaufte in einem Jahr folgende Kraftstoffmengen.

	Januar – März	April – Juni	Juli – September	Oktober – Dezember
Normal	12 008	10 887	9 876	68 798
Super	89 760	56 742	68 793	75 847
Super plus	56 748	63 440	87 653	73 400
Diesel	78 567	65 438	55 432	45 637

a) In welchem Vierteljahr wurde die größte Menge Kraftstoff verkauft?
b) Berechne den Jahresverkauf jeder der vier Sorten.
c) Welche Sorte wurde im Jahr am meisten verkauft?
d) Berechne den Jahresverkauf insgesamt.

17 Eine Tour de France führte in 20 Etappen über eine Gesamtstrecke von 3391 km.
Nach der 18. Etappe hatten die Fahrer 3170 km zurückgelegt.
a) Wie viel Kilometer mussten in den restlichen Etappen insgesamt noch zurückgelegt werden?
b) Wie groß ist der Höhenunterschied zwischen …
   – Gravère und Col du Mont Cenis?
   – Modana und Col de la Croix de Fer?

Sestrières · Col du Mont Cenis 2083 m · L'Alpe d'Huez · Col de la Croix de Fer 2067 m · Cesana 1360 m · Gravère 772 m · Modana 1116 m · Saint Julian Mont Cenis 672 m · Le Bourg-D'Oisans 743 m

0 8   37,5   67   105   130   155,5   204 220,5

18 Ein Schulgebäude in Dessau wird an den 5 Unterrichtstagen einer Woche jeweils von 7.50 Uhr bis 13.00 Uhr und von 14.00 Uhr bis 15.35 Uhr für den Unterricht genutzt. Es ist zusätzlich jeden Unterrichtstag 30 Minuten vor Unterrichtsbeginn, 1 Stunde über Mittag und 45 Minuten nach Unterrichtsschluss geöffnet.
a) Wie viele Stunden und Minuten ist das Schulgebäude an einem Unterrichtstag geöffnet?
b) Wie viele Stunden und Minuten ist das Schulgebäude in einer Unterrichtswoche geschlossen?
c) Vergleiche die Zeiten pro Woche, in denen das Schulgebäude geöffnet bzw. geschlossen ist.

$\dfrac{x+y}{2}$

Teste dich!

1 Überschlage zuerst das Ergebnis. Rechne dann schriftlich.

a) $\begin{array}{r} 153 \\ +232 \\ \hline \end{array}$
b) $\begin{array}{r} 473 \\ +318 \\ \hline \end{array}$
c) $\begin{array}{r} 1067 \\ +\ 359 \\ \hline \end{array}$
d) $\begin{array}{r} 9708 \\ +4582 \\ \hline \end{array}$
e) $\begin{array}{r} 14829 \\ +85171 \\ \hline \end{array}$
f) $\begin{array}{r} 8427638 \\ +7142869 \\ \hline \end{array}$

g) $\begin{array}{r} 428 \\ -115 \\ \hline \end{array}$
h) $\begin{array}{r} 768 \\ -349 \\ \hline \end{array}$
i) $\begin{array}{r} 4008 \\ -1111 \\ \hline \end{array}$
j) $\begin{array}{r} 652 \\ -287 \\ \hline \end{array}$
k) $\begin{array}{r} 12567 \\ -\ 1099 \\ \hline \end{array}$
l) $\begin{array}{r} 314592 \\ -103701 \\ \hline \end{array}$

2 Übersetze in eine Aufgabe und berechne.

a) Bilde die Differenz aus den Zahlen 89 und 19.

b) Berechne die Summe aus den Zahlen 45 und 136.

c) Der erste Summand ist 2401, der zweite Summand ist 5428.
Gib den Wert der Summe an.

d) Der Wert der Differenz ist 36, der Minuend beträgt 47.
Wie lautet der Subtrahend?

e) Der erste Summand ist 368, der zweite Summand ist um 10 größer als der erste Summand. Berechne die Summe.

f) Der Wert der Differenz beträgt 48, der Subtrahend 60. Berechne den Minuenden.

g) Der Wert der Summe beträgt 128. Beide Summanden sind gleich groß.

h) Der Minuend beträgt 68 und der Subtrahend 28.
Wie groß ist der Wert der Differenz?

3 Bringe die ungeordneten „Rechendominosteine" in die richtige Reihenfolge.

a)

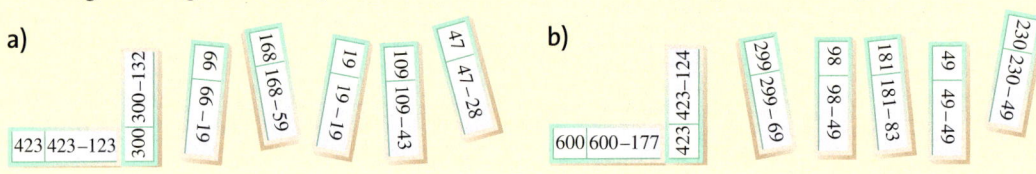

b)

4 Berechne die folgenden Aufgaben schriftlich.

a) $456 + 2758 + 10\,509$

b) $555 + 66\,666 + 777\,777 + 22$

c) $23\,998 - 15\,594$

d) $111\,110 - 56\,666$

e) $12\,300\,567 + 236\,731 + 2234 + 4$

f) $123\,456 + 12\,345 + 1234 + 65\,167$

g) $23\,998 - 15\,594 - 268 - 3449$

h) $50\,429 - 824 - 9 - 505 - 1999$

5 Bei den folgenden Kettenaufgaben ist das Ergebnis der oberen Aufgabe die erste Zahl der folgenden Aufgabe. Prüfe alle Zwischenergebnisse durch die Umkehrrechnung.

a)

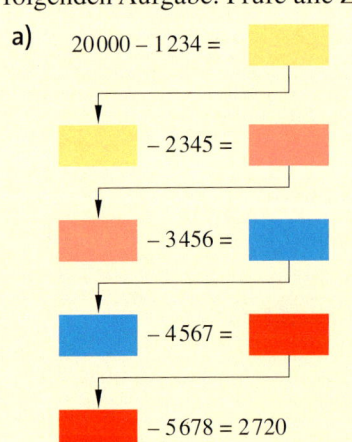

b)

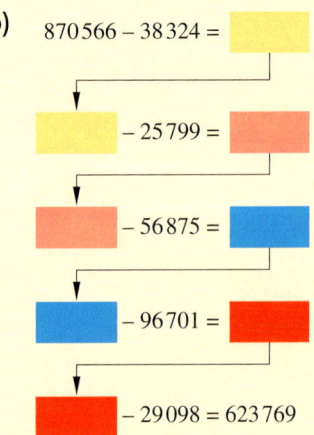

6 Löse folgende Textaufgaben.

(6 Punkte)

a) Ein Bäcker hat noch 57 Brötchen.
   Er verkauft nacheinander fünf Brötchen,
   dann sieben, acht, zwei und dann noch
   sechs Brötchen.
   Wie viele Brötchen hat er jetzt noch?

b) Der Tank einer Tankstelle ist mit
   30 000 Litern Benzin gefüllt.
   Am Mittwoch werden 4270 Liter verkauft,
   am Donnerstag 5660 Liter und am Freitag
   7279 Liter.

7 Schreibe die Rechnungen mit Klammern auf und löse die Aufgaben.

(8 Punkte)

a) Addiere zu der Summe der Zahlen 124 und 138 die Summe der Zahlen 67 und 58.
b) Subtrahiere von der Differenz der Zahlen 182 und 39 die Summe von 28 und 49.
c) Addiere zur Differenz der Zahlen 147 und 29 die Differenz der Zahlen 154 und 39.
d) Subtrahiere von der Summe der Zahlen 224 und 137 die Differenz von 87 und 39.

8 Vervollständige die Zahlenmauern im Heft.

(10 Punkte)

a)
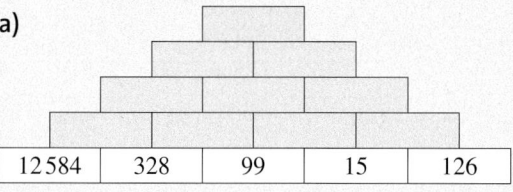

b)
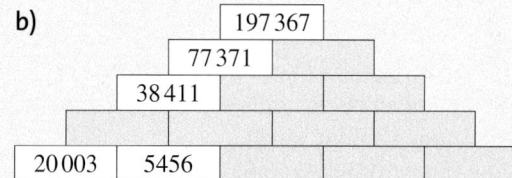

9 Anfang 2007 hatte ein Sportverein 5800 Mitglieder. Im selben Jahr meldeten sich 204
ab und 265 kamen neu dazu. Im Jahr 2008 gab es 86 Abmeldungen und 195 Anmeldungen.
Im Jahr 2009 betrug die Zahl der Abmeldungen 241 und die der Anmeldungen 187.
Wie viele Mitglieder hatte der Verein am Ende von 2009?

(4 Punkte)

10 Die Summe der Zahlen in jeder Zeile, in jeder Spalte und in jeder Diagonale soll immer
gleich sein. Ergänze die fehlenden Zahlen im Heft.

(10 Punkte)

a)

3	13	
	9	
7		15

b)

35			65
52	41	55	
		30	44
20	57		50

11 Berechne, indem du geschickt vertauschst und zusammenfasst.

(8 Punkte)

a) 35 + 61 + 75 + 19
b) 68 + 13 + 2 + 27
c) 74 + 88 + 12 + 26
d) 37 + 12 + 13 + 58 + 19 + 11

e) 345 + 76 + 155 + 424
f) 778 + 11 + 99 + 122
g) 1234 + 667 + 566
h) 789 + 238 + 122 + 45 + 111 + 755

12 Für einen Spiele-Abend wurde eingekauft.
Der Kassenzettel ist rechts abgebildet.
Runde geschickt und überschlage den Gesamtwert.
Reichen 15 € für diesen Einkauf?

(8 Punkte)

Cola	4,78 €
Fanta	2,39 €
Chips	2,98 €
Flips	1,58 €
Brezeln	3,68 €

Gold: 94–98 Punkte, Silber: 80–93 Punkte, Bronze: 60–79 Punkte

$$\frac{x+y}{2}$$

Zusammenfassung

→ Seite 72

Im Kopf addieren und subtrahieren

Fachbegriffe bei der Addition
Summand + Summand = Wert der Summe

$$\underbrace{302 + 217}_{\text{Summe}} = 519$$

Fachbegriffe bei der Subtraktion
Minuend − Subtrahend = Wert der Differenz

$$\underbrace{825 - 519}_{\text{Differenz}} = 306$$

→ Seite 76

Rechenregeln und Rechengesetze

Kommutativgesetz (Vertauschungsgesetz):
Summanden dürfen vertauscht werden.
Für alle natürlichen Zahlen a und b gilt:
$a + b = b + a$

$$\underbrace{45 + 59}_{104} = \underbrace{59 + 45}_{104}$$

Assoziativgesetz (Verbindungsgesetz):
Summanden dürfen beliebig mit Klammern
zusammengefasst werden.
Für alle natürlichen Zahlen a, b und c gilt:
$a + b + c = (a + b) + c = a + (b + c)$

$$(173 + 185) + 115 = 173 + (185 + 115)$$
$$\underbrace{358 \;\; + \;\; 115}_{473} = \underbrace{173 \;\; + \;\; 300}_{473}$$
$$473 \;\; = \;\; 473$$

Vorrangregel:
Der Wert in der Klammer wird zuerst berechnet.

$$202 - (1 + 100) =$$
$$202 - \;\;\; 101 \;\;\; = 101$$

→ Seite 80

Schriftlich addieren und subtrahieren

Beim schriftlichen Rechnen ist zu beachten:
– Zahlen stellengerecht untereinander schreiben
– stellenweise von rechts nach links rechnen

7496	$0 + 5 + 6 = 11$ Übertrag 1
+ 135	$1 + 8 + 3 + 9 = 21$ Übertrag 2
+ 280	$2 + 2 + 1 + 4 = \mathbf{9}$
^{2 1}	$0 + 7 = \mathbf{7}$
7911	

Schriftliche Addition
– zusammengehörige Stellen addieren
– Übertrag bei der nächsten Stelle addieren

Schriftliche Subtraktion
– Ziffern pro Stelle subtrahieren
– Ist die obere Ziffer kleiner als die untere, denkt
man sich eine 1 davor.
– Diese gedachte 1 muss in der nächsten Stelle
wieder abgezogen werden.

5942	$8 + \mathbf{4} = 12$ Übertrag 1
−3218	$1 + 1 + \mathbf{2} = 4$
₁	$2 + 7 = 9$
2724	$3 + 2 = 5$

Schriftliche Subtraktion mehrerer Subtrahenden
– Ziffern aller Subtrahenden addieren und von der
passenden Ziffer des Minuenden abziehen
– möglichen Übertrag bei der nächsten Stelle zu
den Subtrahenden addieren

582	$1 + 5 + \mathbf{6} = 12$ Übertrag 1
− 155	$1 + 6 + 5 + \mathbf{6} = 18$ Übertrag 1
− 261	$1 + 2 + 1 + \mathbf{1} = 5$
^{1 1}	
166	

Flächen und Körper

Der Maler und Grafiker Victor Vasarely verwendete
in seinen Bildern geometrische Formen
wie Quadrate, Rauten, Dreiecke und Kreise.
Vasarely ist auch dafür bekannt, in seinen
Bildern mit unserer Wahrnehmung zu spielen.

Noch fit?

Einstieg

1 Parallele und senkrechte Geraden

Gib jeweils Geraden in der
Zeichnung an, …

a) die parallel zueinander
sind.

b) die senkrecht zueinan-
der sind.

c) die parallel und senk-
recht zueinander sind.

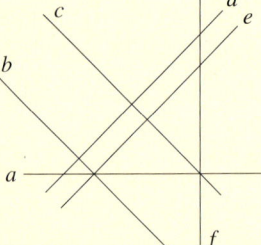

2 Parallele und senkrechte Strecken

Zeichne die Figur ins Heft.

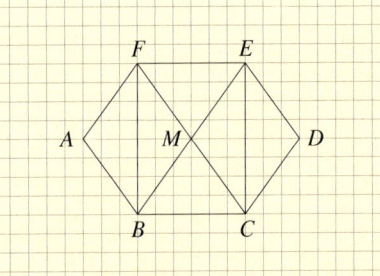

a) Gib alle Strecken an, die parallel zueinander sind.
Schreibe $\overline{AB} \parallel$ …

b) Gib alle Strecken an, die senkrecht zueinander stehen.
Schreibe: $\overline{BC} \perp$ …

c) Gib alle Strecken an, die gleich lang sind.
Schreibe: $\overline{AB} = \ldots = \ldots$

d) Bestimme den Abstand des Punktes B zur
Strecke $\overline{CF}$ und zur Strecke $\overline{EF}$.

3 Optische Täuschungen

Welche der beiden Strecken ist die längere?
Miss nach.

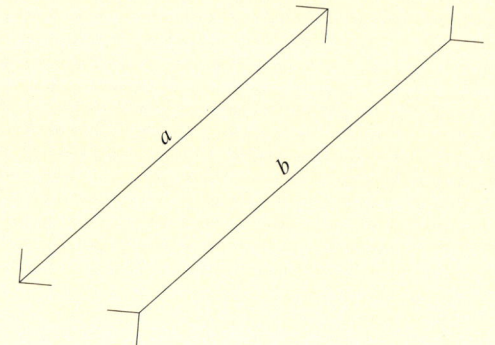

Aufstieg

1 Parallele und senkrechte Geraden

Gib jeweils alle Geraden an, …

a) die nicht parallel zur
Geraden b sind.

b) die nicht senkrecht zur
Geraden e sind.

c) die weder parallel noch
senkrecht zu c sind.

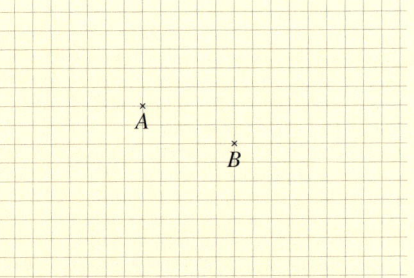

2 Parallele und senkrechte Strecken

Übertrage die Punkte A und B ins Heft.

a) Zeichne die Strecke $\overline{AB}$.

b) Zeichne jeweils eine Senkrechte zu $\overline{AB}$
durch die Punkte A und B.

c) Zeichne eine Parallele p im Abstand von
2 cm zur Strecke $\overline{AB}$.

d) Gib den zwei neuen Schnittpunkten jeweils
einen Namen.

e) Beschreibe die entstandene Figur.

f) Denke dir eine ähnliche Figur aus und
beschreibe, wie sie zu zeichnen ist.

3 Optische Täuschungen

Die beiden Leitern sind nicht gleich lang,
oder?

Flächenformen erkennen und benennen

Erforschen und Entdecken

1 Bei vielen Kunstwerken spielen geometrische Formen eine wichtige Rolle.

Links:
Victor Vasarely,
Homage of
the Hexagon

Rechts:
Paul Klee,
Burg und Sonne

Beschreibe, welche geometrischen Formen die beiden Künstler jeweils benutzt haben.

2 Male selbst ein geometrisches Bild.
Benutze dabei nur geometrische Formen wie z. B. Kreise, Dreiecke, Vierecke, Fünfecke.
Male die einzelnen Flächen farbig aus.
Präsentiert eure Bilder vor der Klasse und erläutert, wie ihr vorgegangen seid.

3 Schneidet aus Transparentpapier vier 15 cm lange
Streifen in unterschiedlichen Farben aus.
Zwei Streifen sollen 4 cm und zwei Streifen 6 cm
breit sein.
Nehmt jeweils zwei Streifen und legt sie wie im Bild
übereinander. Dort, wo sich die Streifen überlappen,
entsteht ein Viereck.
Bewegt die Streifen hin und her.
Probiert auch verschiedene Streifen aus.
Welche Vierecksarten können entstehen?

4 Manche Vierecke sind miteinander verwandt, da sie die gleichen Eigenschaften haben.
Arbeitet in kleinen Gruppen und sortiert die abgebildeten Vierecke nach gemeinsamen Eigenschaften. Achtung, manche Vierecke sind mit mehreren anderen Vierecken verwandt.

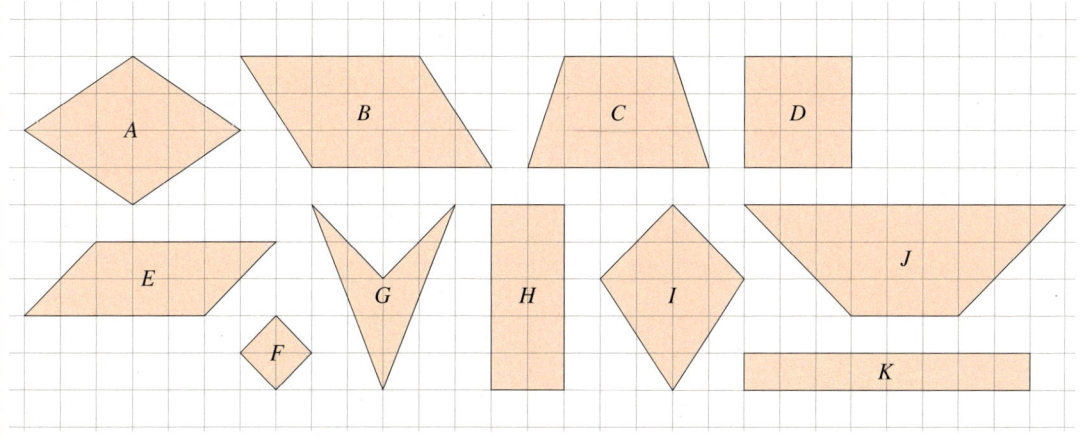

HINWEIS

www 095-1

Unter dem Web-
code 095-1
findest du eine
Linkliste zu
Vasarely und an-
deren Künstlern.

ANREGUNG

Erstellt ein
Plakat, auf dem
ihr die unter-
schiedlichen
Vierecke, die ent-
stehen können,
beschreibt und
skizziert.

HINWEIS

Ihr könnt die
Vierecke auch
auf Karopapier
übertragen,
ausschneiden
und nach
Eigenschaften
sortieren.

Lesen und Verstehen

Bleiglasfenster werden aus unterschiedlich großen und bunten Glasscheiben zusammengesetzt.

Dieses Fenster ist aus geradlinig begrenzten Scheiben hergestellt worden.

Die einzelnen Flächen bezeichnet man als **Vielecke**.

Die Anzahl der Eckpunkte bestimmt den Namen der einzelnen Flächen.

> Jede geometrische Figur, die nur von Strecken begrenzt wird, heißt **Vieleck**.
> Die Anzahl der Eckpunkte bestimmt den Namen der Fläche.
> Die Eckpunkte werden mit großen Buchstaben bezeichnet.
> Die einzelne Strecke, z. B. die Strecke $\overline{AB}$, wird **Seite einer Fläche** genannt.

BEISPIEL
Verschiedene Firmenlogos

BEISPIEL 1

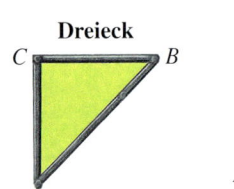
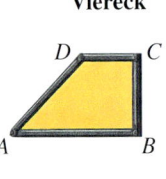
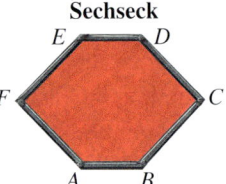

Auch Firmenlogos bestehen oftmals aus verschiedenen Dreiecken und Vierecken.

Das Logo rechts besteht aus verschiedenen Vierecken. Die beiden blauen Vierecke unterscheiden sich von den oberen drei Vierecken dadurch, dass jeweils die benachbarten Seiten senkrecht aufeinander stehen. Es handelt sich bei diesen Vierecken um ein Rechteck und ein Quadrat.

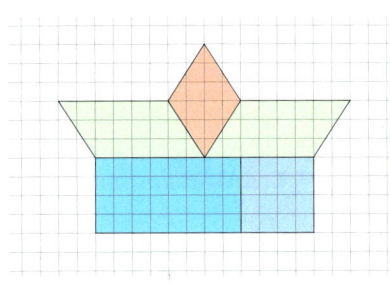

> Ein Viereck, bei dem die benachbarten Seiten stets senkrecht aufeinander stehen, heißt **Rechteck**. Im Rechteck sind gegenüberliegende Seiten parallel zueinander und gleich lang.
> Ein **Quadrat** ist ein besonderes Rechteck mit vier gleich langen Seiten.

Bei den anderen Vierecken im Logo sind die gegenüberliegenden Seiten auch parallel zueinander und gleich lang. Aber benachbarte Seiten stehen nicht senkrecht aufeinander. Die grünen Vierecke sind **Parallelogramme**. Das rote Viereck ist ein **Rhombus**. Ein Rhombus (bzw. eine **Raute**) ist ein Parallelogramm mit vier gleich langen Seiten.

BEISPIEL 2   Rechteck   Quadrat   Parallelogramm   Rhombus

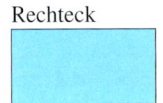

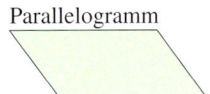

Basisübungen

1 In dem links abgebildeten Fenster kann man viele Flächen mit verschiedenen Formen und Farben finden.
a) Wie heißen die grünen Flächen des Fensters?
b) Die gelben Flächen haben jeweils 4 Eckpunkte. Gibt es auch Vierecke, die nicht gelb sind?
c) Welche Flächen sind gleich groß?
d) Vergleiche die Vierecke.
Was kannst du über die Seitenlängen und die Lage der Seiten bei den verschiedenen Vierecken sagen?

2 Wie heißen die Vielecke bei diesen Verkehrszeichen?

a)

b)
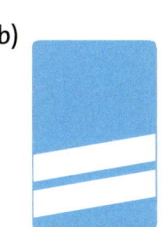

c)

d)

3 Übertrage die Punkte in dein Heft und verbinde sie so, dass Flächen entstehen.
Gib den Namen der Fläche an.

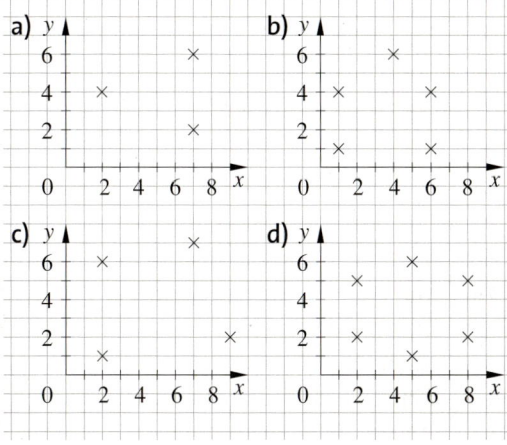

a)
b)
c)
d)

1 Auch bei diesem Teppichmuster gibt es verschiedenfarbige Flächen.
Schreibe ihre Namen auf.
Vergleiche ihre Größe.

2 Übertrage die Figuren in dein Heft.
Gib jeweils den Namen des Vielecks an.

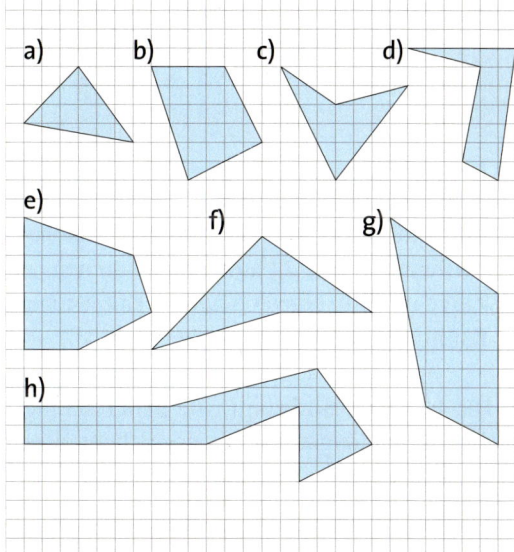

a) b) c) d)
e) f) g)
h)

3 Zeichne ein Koordinatensystem.
a) Trage die Punkte ein und verbinde sie so, dass sie zu Eckpunkten von Flächen werden. Wie heißen die Flächen?
(1) $A(1|3)$, $B(4|1)$, $C(7|6)$, $D(4|8)$, $E(2|8)$
(2) $A(6|2)$, $B(11|1)$, $C(10|7)$
(3) $A(13|2)$, $B(17|1)$, $C(18|6)$, $D(13|8)$
(4) $A(1|10)$, $B(4|13)$, $C(7|7)$, $D(10|8)$, $E(10|14)$, $F(1|14)$
(5) $A(11|9)$, $B(14|10)$, $C(14|14)$, $D(11|14)$
b) Kannst du auch ohne Zeichnen bestimmen, um welche Fläche es sich handelt?

5

4 Welche der folgenden Figuren sind Rechtecke oder sogar Quadrate?
Woran hast du das erkannt?

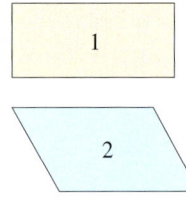

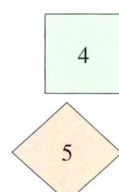

4 Welche Formen erkennst du auf den
folgenden Gegenständen?
Woran hast du das erkannt?

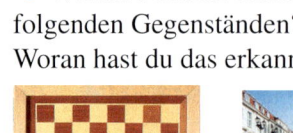

5 Das folgende Bild zeigt, wie man aus einem Blatt Papier ein Rechteck faltet.
Falte ebenso verschiedene Rechtecke. Was haben alle Rechtecke gemeinsam?

6 Nimm ein gefaltetes Rechteck.
a) Zeige mithilfe eines Geodreiecks, welche
Faltlinien senkrecht aufeinander stehen.
b) Zeige mithilfe eines Geodreiecks, welche
Faltlinien parallel zueinander sind.

6 Reiße aus einer Zeitung ein Stück Papier
heraus, das nicht rechteckig ist.
a) Falte daraus ein Rechteck.
b) Falte aus dem nichtrechteckigen Stück
Zeitungspapier ein Quadrat.

7 Das folgende Bild zeigt, wie man mit einem Geodreieck ein Rechteck zeichnet.
Welche Seitenlängen hat das gezeichnete Rechteck?

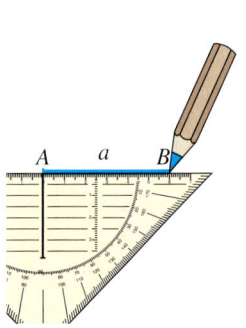
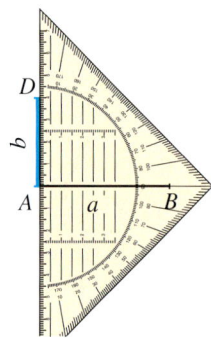
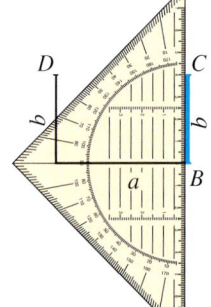
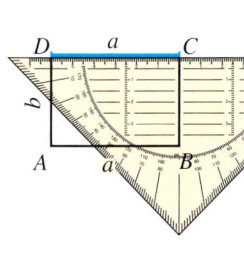

8 Zeichne Rechtecke.
a) Länge 7 cm, Breite 2,5 cm
b) Länge 6 cm, Breite 4 cm
c) Länge 3,5 cm, Breite 8 cm
d) Länge 4,8 cm, Breite 4,8 cm
e) Länge 108 mm, Breite 105 mm

8 Zeichne ein Quadrat mit der Seitenlänge
8 cm. Dann halbiere die Seiten und verbinde
die Punkte auf den Seitenmitten zu einem
neuen Quadrat.
Versuche auf diese Weise, möglichst viele
Quadrate ineinander zu zeichnen.

Methode: Argumentieren und Begründen

Beim Argumentieren und Begründen in der Mathematik musst du mathematische Argumente finden, mit denen du deine Meinung begründen kannst. Wenn du etwas behauptest, musst du auch Gründe nennen können, um deine Behauptung zu rechtfertigen.

Versuche für deine Argumentation Sätze zu bilden, wie
„Das ist so, weil …"
„Das muss so sein, denn …"
„Das kann nicht richtig sein, weil …"

Wenn du zeigen möchtest, dass eine Behauptung nicht stimmt, brauchst du nur ein Beispiel zu finden, das gegen diese Behauptung spricht. Man nennt dies ein **Gegenbeispiel**.

Wenn du aber eine Behauptung begründen willst, die *immer* gelten soll, z. B.
„In **allen** Vierecken ist …" oder
„In **jedem** Rechteck gilt …",
dann darf es kein einziges Gegenbeispiel geben, sonst hat man herausgefunden, dass die Behauptung nicht stimmt. Man sagt dann: „Die Behauptung ist widerlegt."

1 Schau dir die Begründungen für die angegebene Behauptung im Bild an.
a) Sind alle Aussagen zu der Behauptung gut begründet?
b) Durch welche der Aussagen wird die Behauptung ausreichend begründet?
c) Zeige durch ein Gegenbeispiel, dass die Behauptung „Jedes Rechteck ist auch ein Quadrat" falsch ist.

2 Übertrage die Tabelle in dein Heft und fülle sie aus.

	☐	☐	▱	◇
Die gegenüberliegenden Seiten sind gleich lang.				
Die benachbarten Seiten sind gleich lang.				
Die benachbarten Seiten sind senkrecht zueinander.				
Alle Seiten sind gleich lang.				

HINWEIS
Die Diagonalen in einem Viereck verbinden jeweils zwei Ecken, die nicht benachbart sind.

5 Wie könnte Lena die Behauptung von Niko widerlegen?

In jedem Viereck ist die Diagonale länger als die längste Viereckseite.

Das glaube ich nicht!

7 „Ich sehe was, das du nicht siehst", behauptet Sarah. „Ich sehe nämlich 6 Parallelogramme, 3 Rechtecke, 3 Rauten und 2 Quadrate."
Siehst du das auch so?

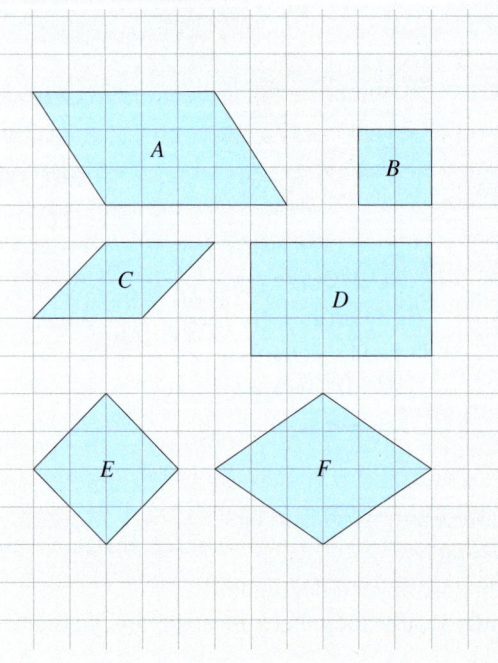

3 Welche der Behauptungen sind wahr, welche sind falsch? Begründe.
a) Jedes Rechteck ist auch ein Parallelogramm.
b) Jedes Parallelogramm ist auch ein Rechteck.
c) Jedes Quadrat ist auch ein Parallelogramm.
d) Jeder Rhombus ist ein Parallelogramm.
e) Jedes Rechteck ist ein Rhombus.

4 Entscheide, ob die Sätze richtig oder falsch sind. Begründe deine Entscheidung.
a) Wenn in einem Viereck die gegenüberliegenden Seiten gleich lang sind, dann ist es ein Rechteck.
b) Wenn in einem Viereck die gegenüberliegenden Seiten parallel zueinander sind, dann ist es ein Rechteck.
c) Wenn in einem Viereck die benachbarten Seiten senkrecht zueinander sind, dann ist es ein Rechteck.

6 Zeichne die Vierecke.

Dringend gesucht

Viereck mit vier gleich langen Seiten, bei dem die Diagonalen gleich lang sind.

Wanted

Parallelogramm, bei dem die Diagonalen gleich lang sind.

8 Zeichne jeweils mehrere mögliche Figuren auf Karopapier, sodass die Eckpunkte auf den Gitterpunkten liegen:
a) ein Viereck, bei dem zwei gegenüberliegende Seiten parallel, aber nicht gleich lang sind
b) ein Viereck, das zwei Paare gleich langer benachbarter Seiten hat
c) ein Viereck, bei dem eine Diagonale außerhalb des Vierecks liegt
d) eine Raute mit zwei gleich langen Diagonalen
e) ein Parallelogramm, bei dem alle vier Seiten 4 cm lang sind

Körperformen erkennen und beschreiben

Erforschen und Entdecken

Vorbereitung:
Bringt von zu Hause möglichst viele verschiedene Verpackungen (z. B. von Lebensmitteln, Süßigkeiten, Spielen usw.) mit.

1 Verpackungen sortieren
Arbeitet in Vierergruppen. Seht euch die mitgebrachten Verpackungen an.

a) Sortiert die Verpackungen.
   Erläutert, nach welchen Kriterien ihr die Verpackungen sortiert habt.
b) Beschreibt die Formen der Verpackungen.
c) Überlegt euch, welche Vor- und Nachteile die Verpackungsformen jeweils haben.
d) Notiert eure Überlegungen auf einem Plakat.

2 Verpackungsformen erraten (Spiel 1)
Spielt das Spiel zu zweit. Tauscht dabei auch die Rollen.
Einer bzw. eine von euch beschreibt die Form einer Verpackung mit zwei Sätzen möglichst genau, z. B.: „Meine Verpackung besteht aus fünf Flächen. Vier der Flächen sind gleich groß."
Der bzw. die andere muss raten, welche Verpackung gemeint ist.

3 Verpackungsformen erfragen (Spiel 2)
Spielt das Spiel in einer 6er-Gruppe.
Eine Person denkt sich eine Verpackungsform aus.
Die anderen dürfen der Reihe nach Fragen stellen, bis sie erraten, welche Verpackung gemeint ist. Wer die geometrische Form erraten hat, darf sich den nächsten Körper überlegen.
Welche Fragen dürfen gestellt werden?
Es dürfen nur Fragen zur Form der Verpackung gestellt werden, die man mit „ja" oder „nein" beantworten kann, z. B.: „Besteht deine Verpackung nur aus Rechtecken?"
Man darf nur so lange fragen, bis die Antwort „nein" lautet.
Dann kommt der oder die nächste an die Reihe.

4 Kantenmodelle von Körpern herstellen
Mit einem geometrischen Baukasten (wie z. B. Geomag) kannst du einige der oben abgebildeten Körper nachbauen.
Tipp: Wenn dir kein Baukasten zur Verfügung steht, kannst du die Modelle auch mit Zahnstochern oder Schaschlikstäben und kleinen Kugeln aus Knete herstellen.

a) Welche der Körper kannst du nachbauen?
b) Welche Bauteile benötigst du für den Bau der Körper?
c) Welche weiteren Körper kannst du mit den Bauteilen herstellen?
   Beschreibe ihre Eigenschaften.
d) Begründe, warum manche Körper nicht mit den Bauteilen hergestellt werden können.
   Welche Bauteile würdest du für deren Herstellung noch benötigen?

HINWEIS
Verwendet in euren Beschreibungen oder Fragen Begriffe wie z. B. Ecke, Kante, Fläche, Rechteck, Quadrat, Kreis, usw.

Lesen und Verstehen

Viele Verpackungen haben annähernd die Form von geometrischen Körpern, die Melone hat z.B. eine Kugelform, Büchsen sind meistens zylinderförmig.

Die folgende Übersicht zeigt verschiedene geometrische Körper, die häufig bei Verpackungen vorkommen.

BEISPIEL 1

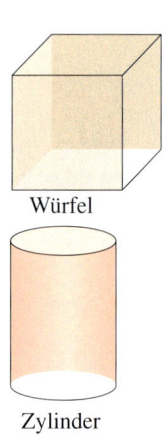

Würfel   Quader   Dreiecksprisma   Sechseckssprisma

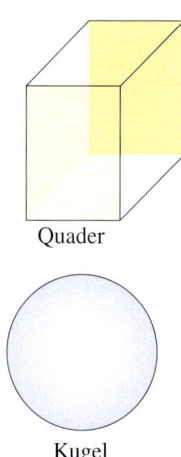

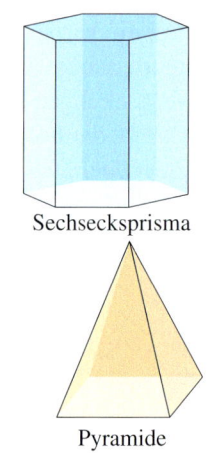

Zylinder   Kugel   Kegel   Pyramide

Die Körper werden von **Flächen** begrenzt. Wir unterscheiden dabei Grundfläche, Deckfläche und Seitenflächen.

Dort, wo zwei Flächen zusammenstoßen, entstehen **Kanten**.
Treffen mindestens drei Kanten aufeinander, entstehen **Ecken**.

BEISPIEL 2

Deckfläche
Kante
Seitenfläche
Ecke
Grundfläche

Quader   Zylinder

Sehr häufig kommen in unserem Alltag die Körperformen Quader und Würfel vor.
Das Besondere an Quadern und Würfeln ist, dass alle Begrenzungsflächen rechteckig sind, beim Würfel sind alle Begrenzungsflächen sogar quadratisch.

Ein **Quader** wird durch sechs rechteckige Flächen begrenzt.

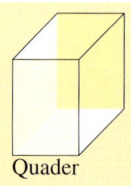

Quader

Ein **Würfel** ist ein besonderer Quader. Er wird durch sechs quadratische Flächen begrenzt.

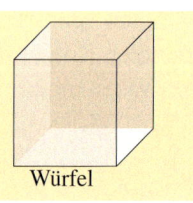

Würfel

Die wirklich im Alltag oder in der Natur vorkommenden Körper sind allerdings meistens nicht ganz genau so wie die oben abgebildeten geometrischen Körper.
Viele Körper sind aus mehreren Teilkörpern zusammengesetzt.

Basisübungen

1 Häufig stellen die Gegenstände unserer Umgebung nur annähernd einfache Körper dar.

Ordne den Gegenständen Namen von geometrischen Körpern zu.

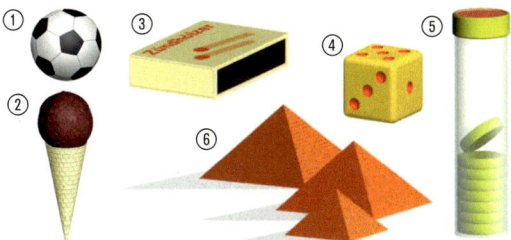

1 Welche geometrischen Körperformen erkennst du im Einkaufswagen?

2 Ergänze zu den gegebenen Körperformen weitere Beispiele aus deinem Umfeld.

Quader	Zylinder	Kegel	Pyramide	Kugel
Ziegelstein	Konservendose	Trichter	Turmdach	Melone
…	…	…	…	…

3 Julia hat einen Wasserturm und ein Männchen gebaut.

Welche geometrischen Körper erkennst du? Schreibe Sätze wie: „Die Spitze des Wasserturms besteht aus einem …"

3 Welche geometrischen Körper erkennst du in dem Foto?

4 Bei Wohnhäusern findet man oft geometrische Grundformen.

Welche Körperformen findest du bei diesem Haus?

4 Auch bei Burgen und Kirchen findet man oft geometrische Grundformen. Welche Körperformen treten hier auf?

5 Welche Kanten des Würfels sind

a) gleich lang,

b) parallel zueinander,

c) im Punkt C senkrecht zueinander?

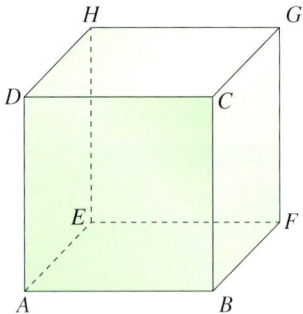

6 Übertrage die Tabelle ins Heft und fülle sie aus. Vergleiche die Eigenschaften von Würfel und Quader.

Eigenschaft	Würfel	Quader
Der Körper besteht aus 6 rechteckigen Seitenflächen.		
Der Körper besteht aus 6 quadratischen Seitenflächen.	✓	
Alle Seitenflächen sind gleich groß.		
Gegenüberliegende Seitenflächen sind gleich groß.		
Der Körper besitzt 12 Kanten.		
Alle Kanten sind gleich lang.		
Gegenüberliegende Kanten sind gleich lang.		
Gegenüberliegende Kanten sind parallel zueinander.		
Benachbarte Kanten sind senkrecht zueinander.		
Der Körper besitzt 8 Ecken.		

7 Aus Trinkhalmen und Knetmasse kann man Kanten-modelle herstellen.

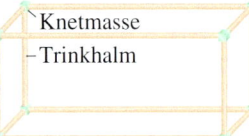

Knetmasse
–Trinkhalm

Stelle folgende Kantenmodelle her:

a) Würfel mit der Kantenlänge 8 cm,

b) Quader mit 8 cm Länge, 10 cm Breite und 5 cm Höhe.

5 Betrachte die Kanten des Quaders.

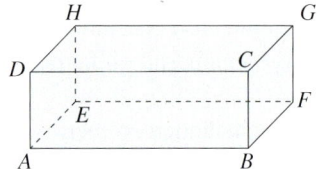

a) Welche Kanten sind gleich lang? Schreibe so: $\overline{AB} = $ ▨ $ = $ ▨ $ = $ ▨

b) Schreibe alle Kanten auf, die zu der Kante $\overline{GF}$ parallel sind, z. B. $\overline{AB} \parallel \overline{CF}$.

6 Tim hat einige Eigenschaften von Quader und Würfel genannt. Stimmt alles? Begründe, warum etwas nicht stimmt.

a) Ein Quader hat acht Ecken und in jeder Ecke stoßen drei Kanten zusammen. Also hat der Quader $8 \cdot 3 = 24$ Kanten.

b) Ein Würfel hat sechs Flächen. Jede Fläche hat vier Ecken. Also hat der Würfel $6 \cdot 4 = 24$ Ecken.

c) Hat ein Quader zwölf Kanten, die gleich lang sind, dann ist es ein Würfel.

d) Ein Quader hat zwölf Kanten. An jeder Kante stoßen zwei Flächen zusammen. Also hat der Quader $12 \cdot 2 = 24$ Flächen.

e) Hat ein Quader eine quadratische Grund-fläche, dann sind acht Kanten dieses Quaders gleich lang.

f) Hat ein Quader acht Kanten, die gleich lang sind, dann sind Grund- und Deck-fläche immer Quadrate.

7 Karl will aus Aluminiumstäbchen Quader herstellen. Er hat folgende Stäbchen zur Verfügung:

Länge der Stäbchen	7 cm	6 cm	3 cm	4 cm
Anzahl	8	10	3	16

Wie viele verschiedene Quader kann er mit den 37 Stäbchen bauen? Gib ihre Kantenlängen an.

8 Es gibt Baukästen mit verschiedenen Vielecken, mit denen man Körper zusammenbauen kann. Welche und wie viele von den abgebildeten Platten benötigst du, um einen Quader und einen Würfel zu bauen? Gibt es mehrere Möglichkeiten?

■ Quader und Würfel zeichnen

Erforschen und Entdecken

1 Einige Trinkpäckchen wurden an verschiedenen Kanten aufgeschnitten und auseinander-
gefaltet. Man sagt: Die Päckchen wurden abgewickelt.
Je nachdem, wie die Trinkpäckchen aufgeschnitten wurden, entstehen verschiedene Abwicklungen. Diese Abwicklungen nennt man auch Netze.

 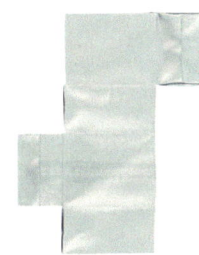  

a) Welche der drei Abbildungen ist kein Netz des Trinkpäckchens?
b) Zeichne die richtigen Netze des Trinkpäckchens ab. Schätze dazu die tatsächlichen
  Kantenlängen des Trinkpäckchens und zeichne sie für das Netz etwa halb so groß.
c) Man hätte das Trinkpäckchen auch anders aufschneiden können.
  Zeichne ein anderes Körpernetz dieser Verpackung.

2 Bevor ein Haus gebaut wird, fertigen die Architekten verschiedene
Zeichnungen der Außenansicht an.

Vorderansicht

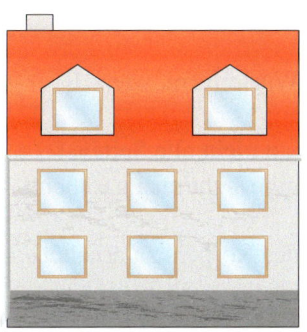

Seitenansicht

Schrägbild

a) Beschreibe, was auf den drei verschiedenen Bildern zu sehen ist.
b) Warum fertigt der Architekt verschiedene Ansichten an?
c) Bei welcher Abbildung kannst du dir das Haus am besten vorstellen? Warum?
d) Von welchen Seiten des Hauses weißt du noch nicht, wie sie aussehen?

3 Mit dem Overheadprojektor kannst du Schattenbilder erzeugen.
Nimm ein Kantenmodell eines Quaders und eines Würfels und halte sie
jeweils so vor das Licht des Overheadprojektors, dass der Schatten auf
der Projektionsleinwand zu sehen ist.
a) Beschreibe das Schattenbild.
b) Wie verlaufen die einzelnen Kanten bei dem Schattenbild?
c) Wie muss der Quader gehalten werden, damit das Schattenbild gut
  als Würfel oder als Quader zu erkennen ist?

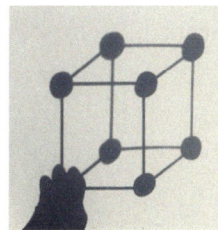

Lesen und Verstehen

Um einen Würfel zu basteln, kann man alle Begrenzungsflächen zusammenhängend auf Pappe oder Papier zeichnen und dieses Körpernetz dann ausschneiden.
Durch Falten entsteht aus dem Körpernetz der Würfel.

  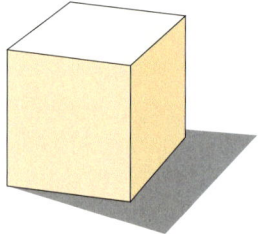

> Zeichnet man alle Begrenzungsflächen eines Körpers zusammenhängend, so ergibt sich ein **Körpernetz**.

HINWEIS
Es gibt verschiedene Netze für einen Quader und einen Würfel. Probiere doch einmal, wie viele verschiedene Netze du finden kannst.

BEISPIEL 1

Das Netz eines Quaders besteht aus sechs rechteckigen Begrenzungsflächen. ∎

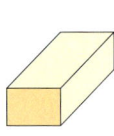 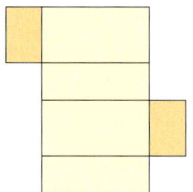

BEISPIEL 2

Das Netz eines Würfels besteht aus sechs quadratischen Begrenzungsflächen. ∎

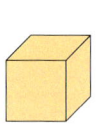 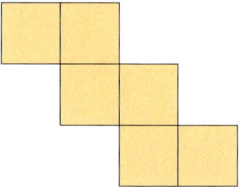

Viele Gegenstände haben Quader- oder Würfelform, wie z. B. Würfelzucker und seine Verpackung.
Wenn man diese Körper ansieht, kann man nicht alle Seitenflächen und Kanten gleich gut sehen. Einige sieht man gar nicht und einige sieht man etwas verzerrt.
Um eine bessere räumliche Vorstellung des Körpers zu erhalten, kann man ein **Schrägbild** zeichnen.

BEACHTE
Zu nach hinten verlaufenden Körperkanten sagt man auch Tiefenlinien.

> **Schrägbild eines Körpers zeichnen**
> 1. Man zeichnet die Vorderfläche mit den richtigen Maßen.
> 2. Die Strecken, die nach „hinten" verlaufen, werden um die Hälfte verkürzt gezeichnet. Diese Strecken zeichnet man entlang der Kästchendiagonale.
> 3. Nicht sichtbare Kanten zeichnet man gestrichelt.

BEISPIEL 3

Schrägbild eines Quaders mit den Kantenlängen $a = 2\,cm$, $b = 2\,cm$ und $c = 1,5\,cm$:

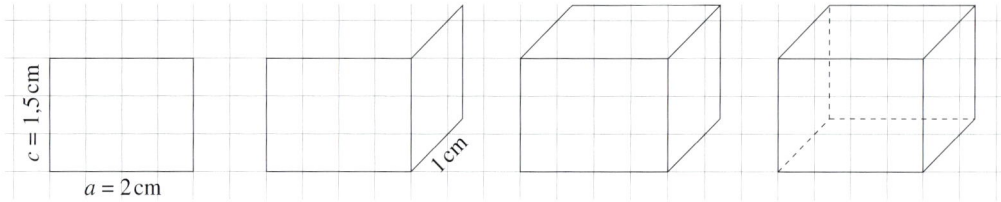

Basisübungen

1 Zeichne die beiden Würfelnetze ins Heft.
– Schneide die Netze aus.
– Falte jedes Netz zu einem Würfel.
– Färbe gegenüberliegende Flächen in gleicher Farbe.
– Klebe die Netze ins Heft.

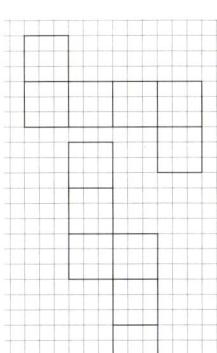

2 Welche der abgebildeten Netze sind keine Würfelnetze? Begründe.

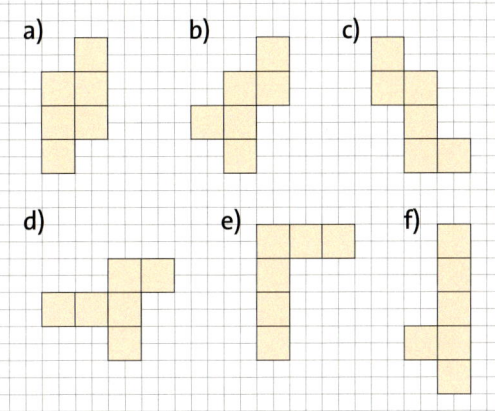

a) b) c)
d) e) f)

3 Aus dem Netz wird ein Würfel gebaut. Welche Flächen liegen sich jeweils gegenüber?

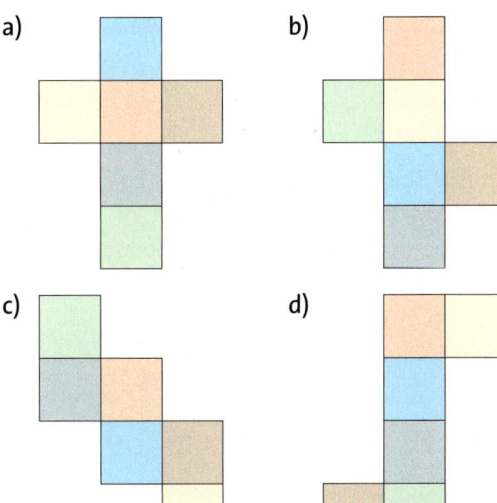

a) b)
c) d)

1 Die Abbildung am Rand zeigt das Netz eines Quaders.

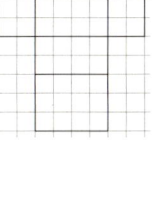

a) Zeichne das Netz des Quaders auf kariertes Papier. Schneide das Netz aus und falte es zu einem Quader. Färbe gegenüberliegende Flächen mit der gleichen Farbe.
b) Zeichne ein anderes Netz dieses Quaders und schneide es ebenfalls aus. Prüfe durch Falten, ob du tatsächlich den gleichen Quader erhältst.
c) Klebe die beiden Netze in dein Heft. Befestige sie nur an einer Seitenfläche.

2 Welche der Figuren sind Netze von Quadern?
Bist du dir nicht sicher, dann zeichne sie ab, schneide sie aus und falte die Quader.

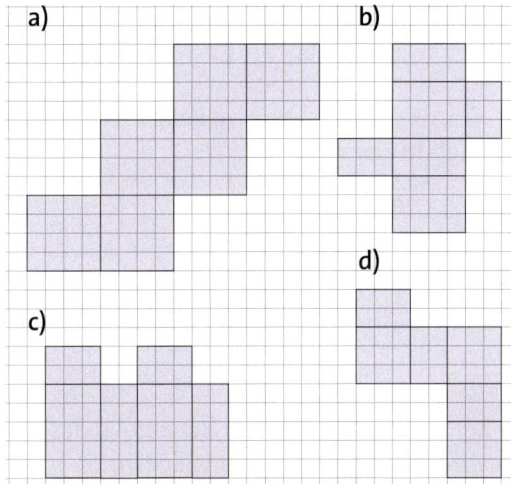

a) b)
d)
c)

3 Übertrage die Zeichnung in dein Heft. Ergänze in den Netzen jeweils die fehlenden Flächen, damit ein Quadernetz entsteht. Gibt es mehrere Möglichkeiten?

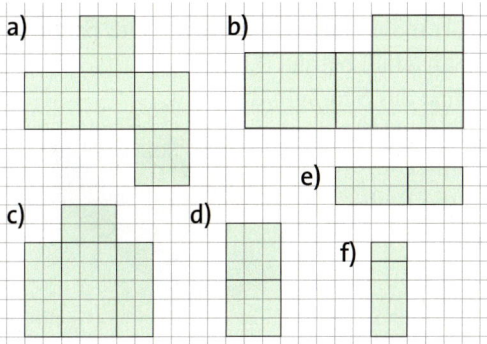

a) b)
e)
c) d)
f)

4 Überprüfe, ob das Schrägbild des Würfels mit der Kantenlänge $a = 2\,cm$ richtig dargestellt wurde.

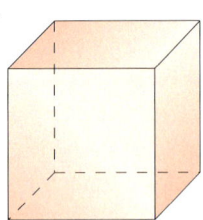

5 Zeichne das Schrägbild ab.
Nenne Länge, Breite und Höhe der Körper.
Um was für Körper handelt es sich?

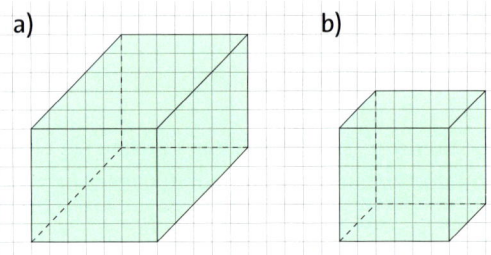

a)   b)

6 Zeichne ab und vervollständige zum Schrägbild eines Würfels.

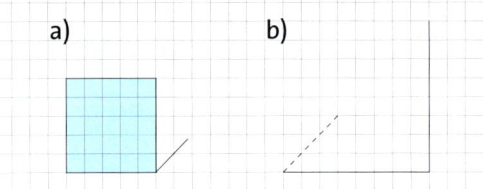

a)   b)

7 Zeichne in dein Heft ein Schrägbild des Quaders mit folgenden Seitenlängen:
a) 6 cm Breite, 4 cm Höhe, 3 cm Länge
b) 5 cm Breite, 3 cm Höhe, 2 cm Länge
c) 4 cm Breite, 2 cm Höhe, 5 cm Länge
d) 5 cm Breite, 8 cm Höhe, 4 cm Länge

8 Die Reibfläche einer Streichholzschachtel ist 5,4 cm lang und 1,4 cm hoch. Die Breite der Schachtel beträgt 3,8 cm.
Zeichne das Schrägbild der Streichholzschachtel so, dass die Reibfläche der Schachtel
a) von vorne,
b) von oben zu sehen ist.

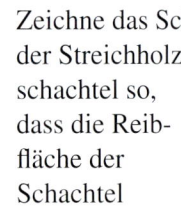

4 Bestimme aus dem Schrägbild des Quaders seine Kantenlängen.

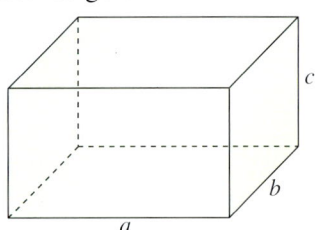

5 Zeichne in dein Heft ein Schrägbild des Quaders mit folgenden Seitenlängen:
a) 6 cm; 4 cm; 3 cm
b) 4,5 cm; 3 cm; 2 cm
c) 4 cm; 2 cm; 1,5 cm
d) 5 cm; 3,8 cm; 2,4 cm
Vergleicht eure Zeichnungen untereinander. Sehen die einzelnen Quader gleich aus? Begründet Abweichungen.

6 Übertrage ins Heft und vervollständige zum Schrägbild eines Quaders.
Gibt es mehrere Möglichkeiten?

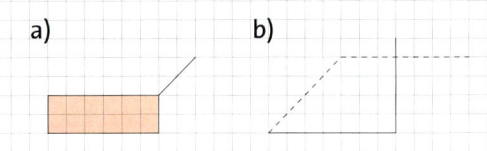

a)   b)

7 Welche Darstellung ist das Schrägbild eines Quaders? Begründe.

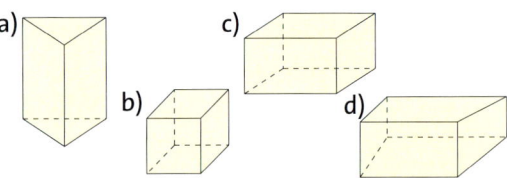

a)   c)   b)   d)

8 Ein Teil fehlt, damit aus dem Körper ein Quader wird.
Zeichne das Schrägbild des fehlenden Teils (Maße in mm). Die Zeichnungen hier sind nicht maßstabsgetreu.

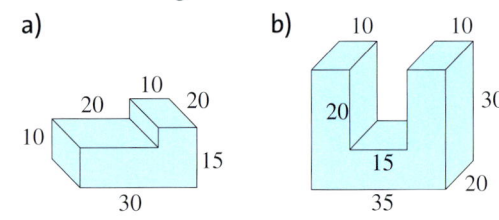

a)   b)

BEACHTE
Wenn eine Zeichnung maßstabsgetreu ist, so wurden alle Kanten um den gleichen Wert vergrößert oder verkleinert. (siehe auch Seite 161)

Thema: Mit dem Tangram Figuren legen

Das Tangram ist ein altes Legespiel aus China. Es besteht aus sieben Teilen, die durch Zerlegen eines Quadrats entstanden sind. Aus diesen Teilen lassen sich geometrische Figuren oder andere Bilder legen. Die Chinesen nennen das Tangram auch „Sieben-Schlau-Brett" oder „Weisheitsbrett", denn wenn man das Spiel nach den chinesischen Regeln spielen will, muss man beim Legen jeder Figur alle sieben Tans (Teile) des Tangrams benutzen und das ist nicht immer leicht. Wenn du die Lösung nicht findest, hilft vielleicht Teamarbeit.

3 Lege die geometrischen Figuren mit den sieben Teilen des Tangrams nach.

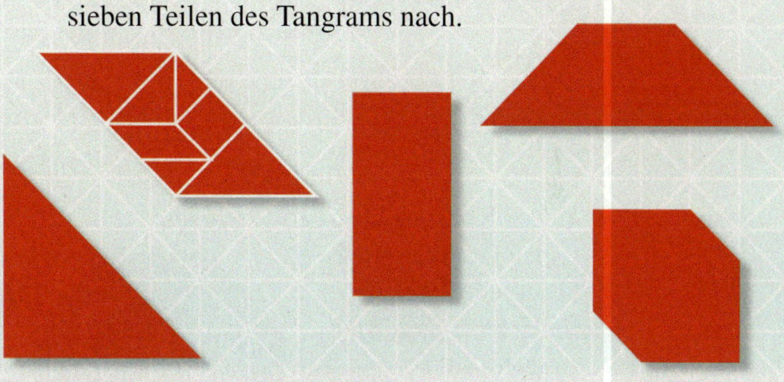

1 Stelle nach der Anleitung ein Tangram selber her.

① Übertrage die Figur auf ein kariertes Blatt.

② Färbe die Flächen wie in der Zeichnung ein.

③ Klebe das Quadrat auf Pappe und schneide die Pappe passend zu.

④ Schneide die Teilflächen aus.

4 Lege die Häuser und Schiffe nach.

2 Aus welchen Flächen besteht ein Tangram?

Klar soweit?

→ Seite 96

■ Flächenformen erkennen und benennen

1 Welche der Figuren sind Rechtecke? Begründe.

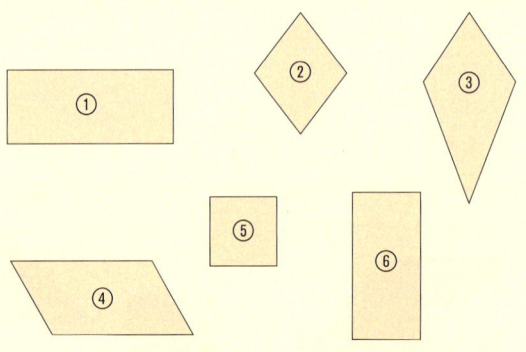

1 Diese Figuren sind keine Rechtecke. Welche Eigenschaft ist nicht erfüllt?

a)

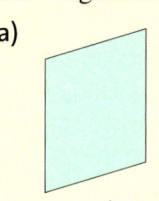

b)

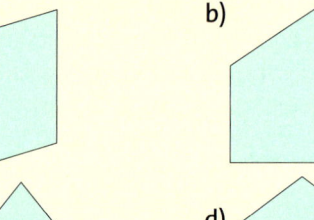

c)

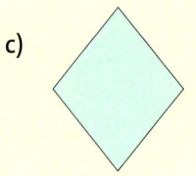

d)

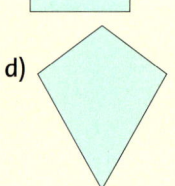

2 Der Künstler Max Bill verwendete in seinen Grafiken Vielecke. Beschreibe, welche Vielecke in dem Bild zu sehen sind. Kannst du auch erklären, wie das Bild nach und nach entsteht?

2 Zu welchen Staaten gehören die Flaggen? Welche Vielecke kannst du darin entdecken?

3 Zeichne folgende Rechtecke.
a) Länge $a = 4\,\text{cm}$; Breite $b = 3\,\text{cm}$
b) Länge $a = 5\,\text{cm}$; Breite $b = 5\,\text{cm}$
c) Länge $a = 5{,}2\,\text{cm}$; Breite $b = 7\,\text{cm}$
d) Länge $a = 3{,}2\,\text{cm}$; Breite $b = 3{,}2\,\text{cm}$

3 Zeichne schräg liegende Rechtecke.
a) $a = 6\,\text{cm}$, $b = 4\,\text{cm}$
b) $a = 4\,\text{cm}$, $b = 2\,\text{cm}$
c) $a = 5{,}5\,\text{cm}$, $b = 3{,}5\,\text{cm}$
d) $a = 42\,\text{mm}$, $b = 61\,\text{mm}$

→ Seite 102

■ Körperformen erkennen und benennen

4 Wie heißen die Körper, die hier abgebildet sind?

a) b) c)

d) e) f) g)

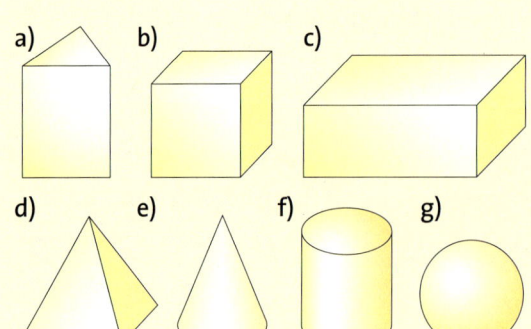

4 Welche Körperformen erkennst du?

5 Körperformen im Alltag
a) Welche Körperformen haben folgende Gegenstände?
Schuhkarton, Apfelsine, Eistüte, Ziegelstein, CD, Telefonbuch, Stück Würfelzucker, Geldstück, Seifenblase, Schultüte
b) Nenne zu jeder Körperform ein weiteres Beispiel.

5 Ecken, Kanten, Flächen
a) Ermittle für einen Quader, einen Kegel, ein Dreiecksprisma und eine Kugel die Anzahl der Ecken, Kanten und Flächen.
b) Welcher Körper hat besonders viele und welcher besonders wenige Ecken bzw. Kanten und Flächen?
c) Welcher Körper hat drei Flächen, zwei Kanten und keine Ecke?

■ Quader und Würfel zeichnen

→ Seite 106

6 Zeichne ein Netz und ein Schrägbild von einem Würfel mit 3 cm Kantenlänge.

7 Zeichne das Netz der abgebildeten Verpackung.

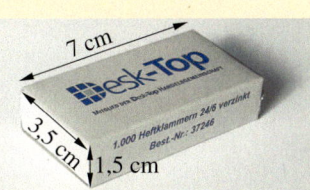

8 Welches Netz lässt sich zu einem Quader falten?

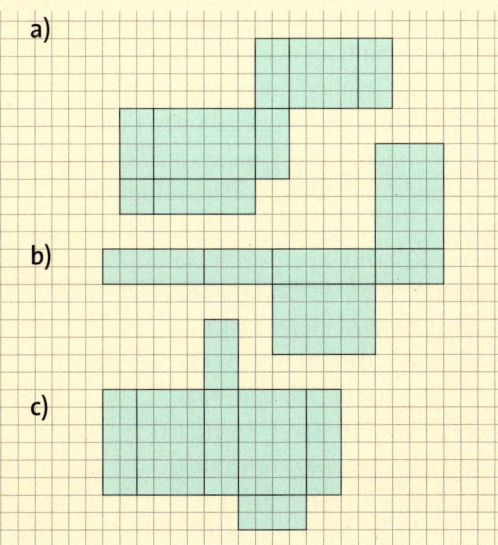

a)

b)

c)

6 Zeichne ein Netz und ein Schrägbild von einem Quader, der 2 cm breit, 4 cm hoch und 3 cm tief ist.

7 Bei einem Würfel haben jeweils zwei gegenüberliegende Seiten zusammen die Augensumme 7.
Skizziere zwei verschiedene Netze des Würfels und zeichne die Augenzahlen ein.

8 Ein Käfer krabbelt über einen Quader. Sein Weg ist eingezeichnet.
Übertrage das Netz ins Heft.
Zeichne den Weg des Käfers ein.
Wie lang ist sein Weg etwa?

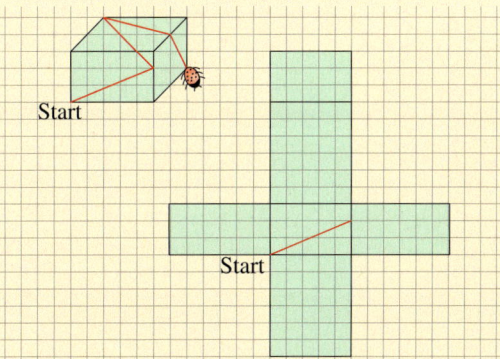

Start

Start

9 Stammen die abgebildeten Schrägbilder alle vom gleichen Quader? Begründe.

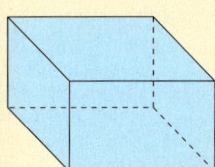

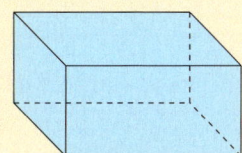

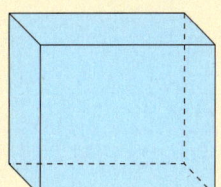

Vermischte Übungen

1 Übertrage die Vierecke in dein Heft.
Was für Vierecke sind es? Begründe.

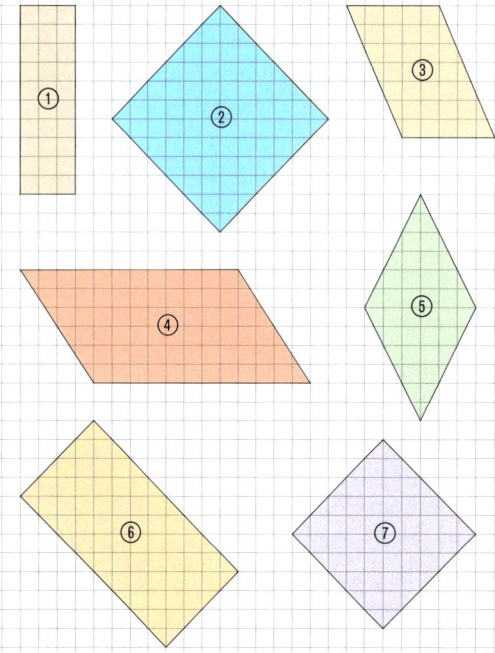

1 Übertrage jedes Dreieck ins Heft.
Kannst du es zu einem Rechteck ergänzen?
Falls ja, zeichne das Rechteck.
Falls nein, begründe, warum nicht.

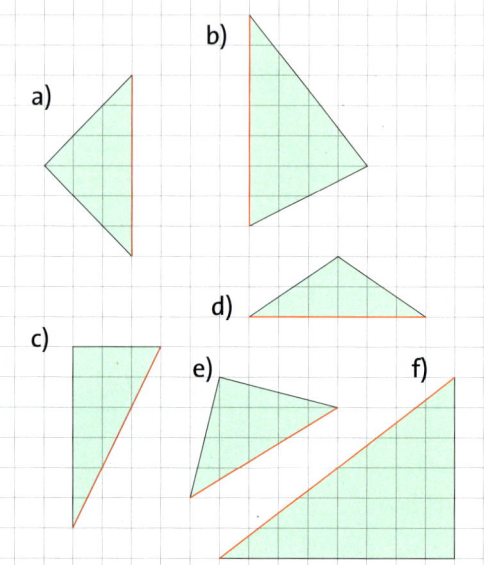

2 Übertrage die Punkte in dein Heft.
Ergänze jeweils zwei Punkte so, dass ein
Rechteck entsteht.

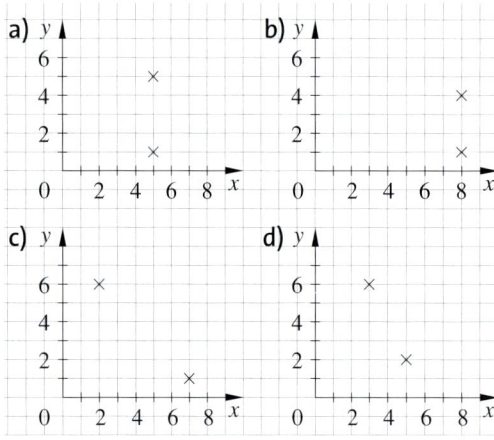

2 Zeichne ein Koordinatensystem.
Zeichne die *x*- und die *y*-Achse jeweils min-
destens 11 cm lang.
Eine Längeneinheit entspricht 5 mm.
Trage jeweils die drei gegebenen Punkte ein.
Ergänze einen Punkt so, dass sich ein Recht-
eck, eine Raute oder ein Parallelogramm
ergibt.
Gib die Koordinaten deines vierten Punktes an.
Findest du mehrere Möglichkeiten?

a) $A(0|4)$, $B(6|1)$, $C(13|8)$
b) $A(3|15)$, $B(7|0)$, $C(10|4)$
c) $A(12|2)$, $B(17|2)$, $C(17|7)$
d) $A(10|12)$, $B(14|7)$, $C(18|12)$
e) $A(18|6)$, $B(20|2)$, $C(22|6)$
f) $A(2|6)$, $B(3|2)$, $C(7|1)$

3 Zu welchen Körpern gehören die folgenden Netze? Begründe.
Skizziere die Netze im Heft. Markiere Kanten, die aufeinanderstoßen, mit der gleichen Farbe.

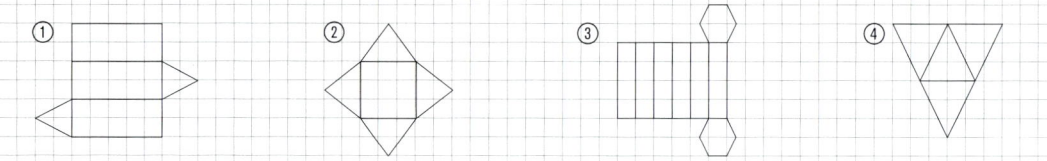

4 Das ist ein Kunstwerk von Max Olderock (* 1895 in Hamburg, † 1972 in Hamburg).

a) Findest du auf dem Bild zueinander parallele und senkrechte Linien?
b) Welche Vielecke findest du?
c) Wie viele Rechtecke kannst du in dem Bild entdecken?

4 Schaue dir die Front des Fachwerkhauses genau an.

a) Gib alle Vielecksarten an, die du bei dem Fachwerkhaus findest.
b) Wie viele Rechtecke zählst du? Zähle auch solche mit, die mehrere Linien oder Rechtecke beinhalten.

5 Zeichne die Figur aus Quadraten in dein Heft und ergänze zwei weitere Quadrate nach dem gleichen Muster.

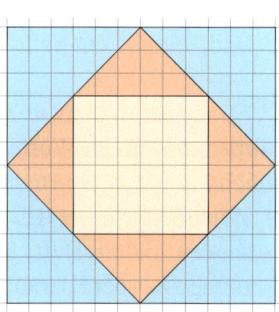

5 Übertrage die Figuren in dein Heft. Verbinde jeweils die Seitenmittelpunkte zu einem neuen Viereck. Beschreibe, welche Vierecke jeweils entstehen.

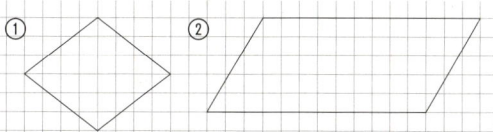

6 Beschreibe, welche Fehler die Kinder beim Zeichnen des Schrägbildes eines Würfels gemacht haben.

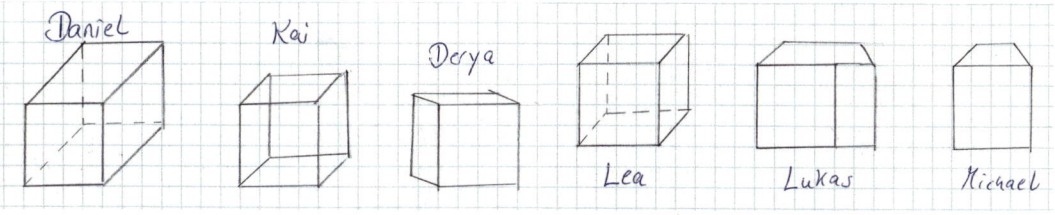

7 Welche Körper siehst du auf dem Bild? Benenne sie. Vergleicht untereinander, ob ihr alle Körper gleich benannt habt.

HINWEIS

www 114-1

Unter dem Webcode 114-1 findest du ein Projekt zu Burgen und Schlössern.

8 Zeichne ein Netz des abgebildeten Würfels. Gegenüberliegende Flächen haben die gleiche Farbe.

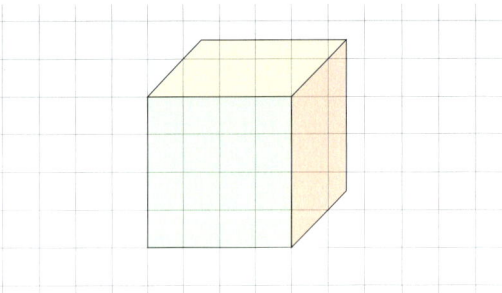

NACHGEDACHT
Welcher Quader wird aus dem abgebildeten Netz entstehen?

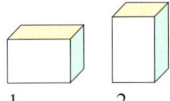

1   2

9 Du siehst das Netz eines Quaders. Zeichne ein passendes Schrägbild. Entnimm die Maße der Zeichnung. Färbe die Flächen entsprechend ein.

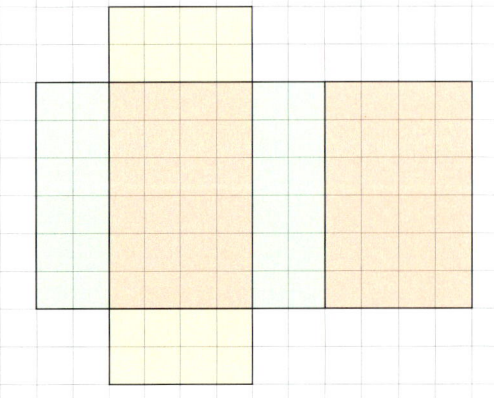

7 Ein Würfel hat eine Kantenlänge von 5 cm.
a) Zeichne ein Schrägbild des Würfels.
b) Wie lang sind alle Kanten zusammen?
c) Stell dir vor, der Würfel wird zur Hälfte in Farbe getaucht. Färbe dein Schrägbild entsprechend ein.
d) Zeichne zwei verschiedene Netze deines Würfels und färbe sie auch passend ein.
e) Tauscht eure eingefärbten Würfelnetze untereinander aus.
Zeichnet nun ein Schrägbild des anderen Würfels und färbt ihn passend ein.

8 Die folgenden Gebäude wurden aus Würfeln gebaut.

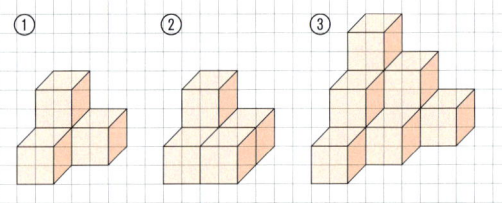

a) Wie viele Würfel wurden jeweils für den Bau benötigt?
b) Aus wie vielen Quadraten besteht die gesamte Oberfläche des Gebäudes?
c) Zeichne die Schrägbilder ab.
Welcher Eindruck entsteht, wenn man die rechten Flächen nicht färbt?
d) Denk dir ein eigenes Würfelgebäude aus und zeichne ein Schrägbild davon.

9 Suche dir in deinem Zimmer einen kleinen Körper, der einem Würfel oder Quader gleicht, wie z. B ein Buch.
a) Zeichne ein Netz des Körpers mit Originalmaßen in dein Heft. Achte bei der Auswahl deines Körpers darauf, dass die Zeichnung noch in dein Heft passt.
b) Zeichne zu deinem Netz ein passendes Schrägbild.
c) Färbe im Netz und im Schrägbild sich entsprechende Flächen mit der gleichen Farbe.

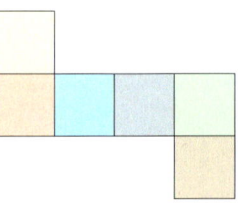

10 Zeichne das Muster in dein Heft und färbe es vollständig ein.

11 Die Abbildung zeigt eine Parkettierung.

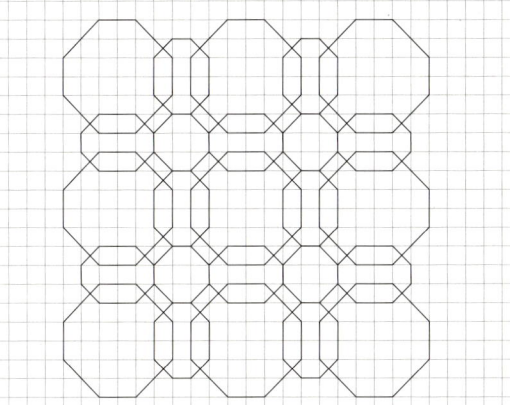

a) Aus welchen Vielecken besteht die Parkettierung?
b) Zeichne ein ähnliches Bild. Färbe es ein.

12 Welche Vierecke gehören zu Clara und welche zu Jona? Benenne sie.
Warum sind zwei Vierecke ratlos?
Begründe.

11 Mit der folgenen Vorlage lässt sich ein Fußball basteln, der durchlöchert ist.

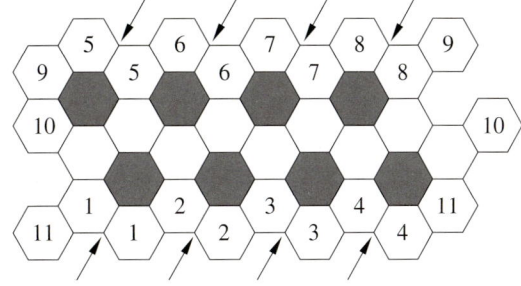

Zeichne das Netz und schneide es aus.
Schneide auch und die grauen Sechsecke aus.
Zerschneide dazu auch die mit Pfeilen gekennzeichneten Strecken.
Klebe dann Fläche 1 auf Fläche 1, 2 auf 2 usw. So werden die Fünfecke von den Löchern gebildet.
Wie viele Fünfecke und Sechsecke enthält der fertige Fußball?

12 Beschreibe und benenne die Körper im Bild. Gibt es Körper, für die du keinen Namen kennst?

HINWEIS
www 115-1
Unter dem Webcode 115-1 findest du das Netz eines Fußballs in DIN-A4-Größe zum Ausschneiden und Zusammenkleben.

Teste dich!

(8 Punkte) **1** Ergänze die Figuren jeweils zum angegebenen Viereck.

Quadrat	Rechteck	Parallelogramm	Raute

(6 Punkte) **2** Welche Flächen oder welche Körper sind gemeint?
Manchmal sind mehrere Lösungen möglich.
a) Es ist eine Fläche, bei der alle vier Seiten gleich lang sind.
b) Es ist ein Körper mit 12 gleich langen Kanten.
c) Es ist ein Viereck mit zwei Paaren gleich langer Seiten.

(8 Punkte) **3** Welche Aussagen sind richtig, welche sind falsch? Begründe.
a) Jedes Rechteck ist auch ein Quadrat.
b) In jedem Rechteck sind die Diagonalen gleich lang.
c) Bei einem Quader sind höchstens 4 Kanten gleich lang.
d) Alle Seitenflächen eines Würfels sind Parallelogramme.

(8 Punkte) **4** Vergleiche Quader und Würfel.
a) Gib die gemeinsamen Eigenschaften von Quader und Würfel an.
b) Welche zusätzlichen Eigenschaften hat der Würfel?

(8 Punkte) **5** Zeichne die Figur ins Heft und ergänze sie zum Quadernetz.
Färbe gegenüberliegende Flächen mit der gleichen Farbe ein.

a)

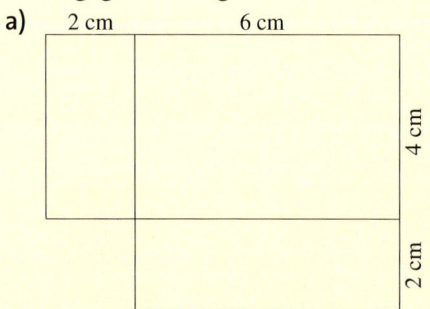

b)

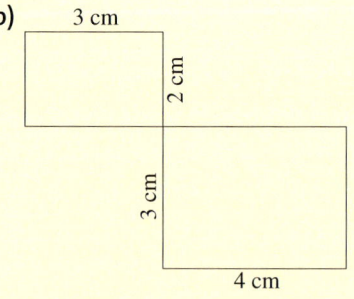

(8 Punkte) **6** Übertrage ins Heft und vervollständige zum Schrägbild eines Quaders.

a)

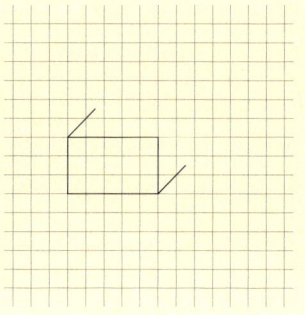

b)

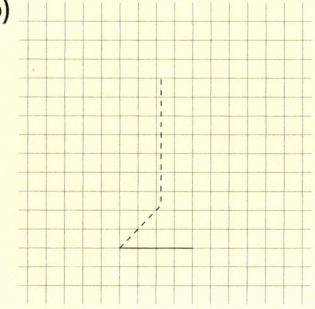

7 Übertrage die Koordinatensysteme mit den Punkten in dein Heft.
Gib zwei Punkte an, sodass sich beim Verbinden der Punkte Rechtecke oder Quadrate ergeben?

(6 Punkte)

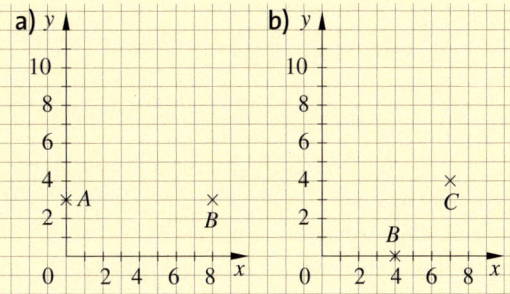

8 Von einem Parallelogramm sind die folgenden Punkte gegeben.
Übertrage sie in ein Koordinatensystem.
Zeichne jeweils den fehlenden Punkt ein und vervollständige die Figuren.

(6 Punkte)

a) $A(1|2)$, $B(7|2)$, $C(9|6)$ **b)** $B(1|10)$, $C(1|4)$, $D(6|7)$
c) $B(9|1)$, $A(7|9)$, $D(10|11)$ **d)** $A(10|1)$, $C(18|11,)$ $D(17|11)$

9 Welches der vier Bilder ist das Schrägbild eines Würfels?
Begründe, warum die anderen drei Bilder keine Schrägbilder von Würfeln sind.

(8 Punkte)

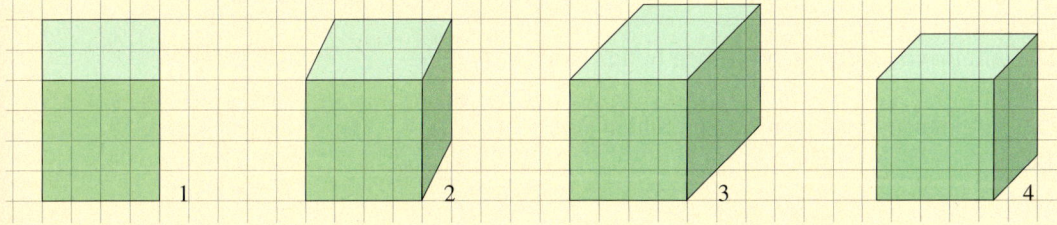

10 Welches Netz passt zu welchem Quader?

(6 Punkte)

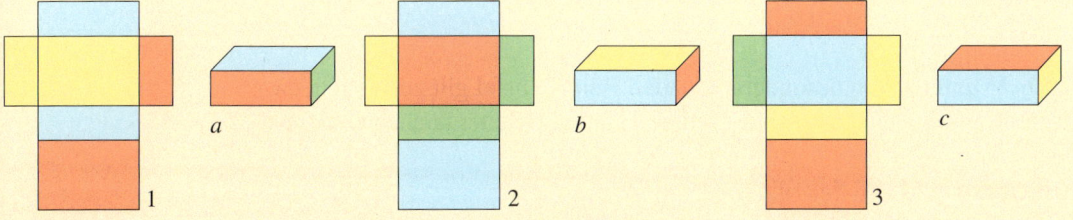

11 Die folgenden Körper sind aus einem Quader entstanden.
Zeichne den herausgeschnittenen Körper im Schrägbild.

(8 Punkte)

a)

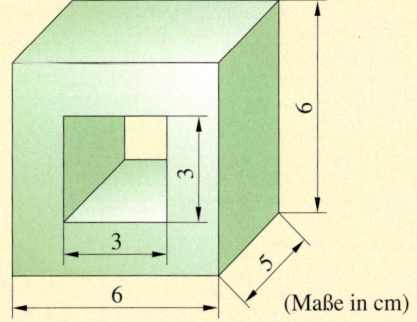

(Maße in cm)

b)

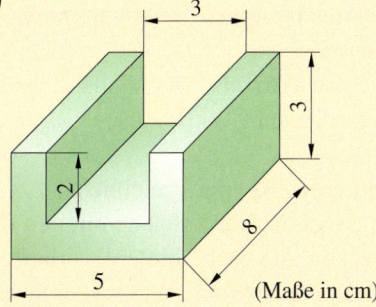

(Maße in cm)

Zusammenfassung

→ Seite 96

Flächenformen erkennen und benennen

Jede geometrische Figur, die nur von Strecken begrenzt wird, heißt **Vieleck.**
Die Anzahl der Eckpunkte bestimmt den Namen der Fläche.

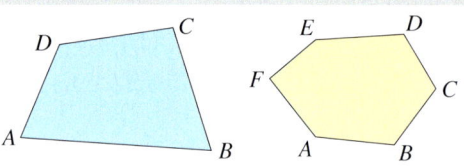

Ein besonderes Viereck ist das **Rechteck**, denn je zwei benachbarte Seiten stehen hier senkrecht aufeinander. Dadurch sind die jeweils gegenüberliegenden Seiten des Rechtecks parallel und gleich lang.

Ein **Quadrat** ist ein besonderes Rechteck. Beim Quadrat gilt zusätzlich, dass alle Seiten gleich lang sind.

→ Seite 102

Körperformen erkennen und benennen

Geometrische **Körper** werden durch Flächen begrenzt.
Die aufeinanderstoßenden Flächen bilden eine **Kante**.
Die aufeinanderstoßenden Kanten bilden eine **Ecke**.

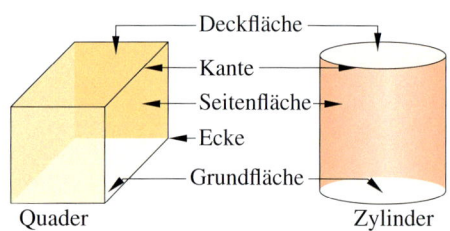

Eine häufige Körperform ist der **Quader**, je zwei benachbarte Seitenflächen stoßen hier senkrecht aufeinander. Dadurch sind alle Seitenflächen Rechtecke und je zwei gegenüberliegende Seitenflächen sind parallel und gleich groß.

Ein **Würfel** ist ein besonderer Quader. Beim Würfel gilt zusätzlich, dass alle Kanten gleich lang sind. Dadurch sind alle Seitenflächen Quadrate.

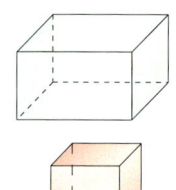

→ Seite 106

Quader und Würfel zeichnen

Zeichnet man alle Begrenzungsflächen eines Körpers zusammenhängend, ergibt sich ein **Körpernetz**.

Das **Netz eines Quaders** besteht aus sechs rechteckigen Begrenzungsflächen.
Das **Netz eines Würfels** besteht aus sechs quadratischen Begrenzungsflächen.

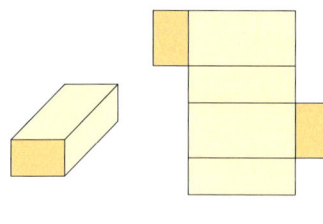

Schrägbild eines Körpers zeichnen:
1. Man zeichnet die Vorderfläche mit den richtigen Maßen.
2. Die Strecken, die nach „hinten" verlaufen, werden um die Hälfte verkürzt und schräg nach hinten gezeichnet.
3. Nicht sichtbare Kanten zeichnet man gestrichelt.

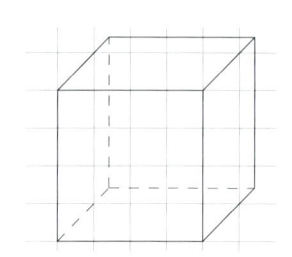

Natürliche Zahlen multiplizieren und dividieren

Bea liebt bunte Ballbäder. Du auch?
Weißt du, wie viele Bälle darin sind?
100, 1000 oder 100 000?
Ganze 24 Beutel hat Bea ausgeschüttet. In jedem Beutel waren 150 Bälle.
Die Bälle gibt es in acht Farben. Jede kommt gleich häufig vor.

Noch fit?

Einstieg

1 Im Kopf multiplizieren
Oma Gerda hat Geburtstag.
Jedes ihrer sieben Enkelkinder schenkt ihr
fünf rote Rosen.
Aus wie vielen Rosen besteht der Strauß, den
sie erhält?

2 Multiplizieren oder Dividieren?
20 · 5 oder 20 : 5? Ordne richtig zu.
a) Produkt aus 20 und 5
b) 20 dividiert durch 5
c) 20 multipliziert mit 5
d) Quotient aus 20 und 5

3 Malfolgen erkennen
In welcher Malfolge kommen diese Zahlen
vor?
a) 3, 9, 18, 21, 30   b) 2, 6, 8, 10, 14
c) 5, 15, 20, 25, 45   d) 7, 21, 35, 70

4 Aufgaben mit gleichem Ergebnis
Finde Aufgaben mit gleichen Ergebnissen.
Schreibe sie mit Lösung ins Heft.

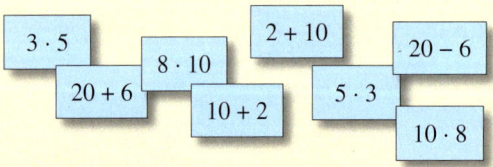

5 Grundaufgaben
Schreibe Aufgabe und Ergebnis ins Heft.
a) 3 · 8   b) 7 · 2   c) 3 · 3
d) 6 · 9   e) 4 · 25   f) 5 · 20
g) 24 : 3   h) 30 : 5   i) 40 : 4
j) 36 : 6   k) 50 : 10   l) 100 : 5

Aufstieg

1 Im Kopf multiplizieren
Opa Werner hat fünf Kinder. Jedes seiner
Kinder hat drei Kinder und jedes Enkelkind
hat wiederum zwei Kinder.
Wie viele Nachkommen hat Opa Werner
insgesamt?

2 Multiplizieren oder Dividieren?
Löse die Aufgaben im Heft.
a) Multipliziere 8 mit 20.
b) Bilde das Produkt aus 40 und 15.
c) Dividiere 810 durch 9.
d) Bilde den Quotienten aus 250 und 5.

3 Malfolgen erkennen
In welcher Malfolge kommen die Zahlen vor?
Gibt es mehrere Möglichkeiten?
a) 4, 8, 12, 16   b) 15, 35, 40
c) 42, 28, 35, 21   d) 7, 28, 35, 21

4 Aufgaben mit gleichem Ergebnis
Finde Aufgaben mit gleichen Ergebnissen.
Schreibe sie mit Lösung ins Heft.

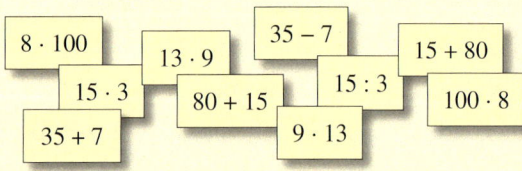

5 Grundaufgaben
Rechne im Kopf. Überprüfe dein Ergebnis.
a) 60 · 8   b) 11 · 30   c) 8 · 90
d) 8 · 125   e) 30 · 13   f) 9 · 100
g) 420 : 6   h) 450 : 9   i) 720 : 9
j) 400 : 2   k) 180 : 3   l) 280 : 4

6 Kurz und knapp
a) Beschreibe, wie du 30 000 · 6 000 rechnest.
b) Die Einwohnerzahl einer Stadt wurde auf 34 000 gerundet.
   Gib die größtmögliche und die kleinstmögliche Einwohnerzahl der Stadt an.
c) Nenne Beispiele, bei denen Runden nicht sinnvoll ist.
d) Richtig oder falsch?
   – Die Summe von zwei ungeraden Zahlen ist immer ungerade.
   – Die Summe von drei geraden Zahlen ist immer gerade.
   – Die Differenz einer geraden und einer ungeraden Zahl ist immer ungerade.

■ Im Kopf multiplizieren und dividieren

Erforschen und Entdecken

1 Vier Freunde machen eine Zugreise. Eine Einzelfahrt kostet 14 € pro Person, eine Gruppenkarte kostet 56 €.

Ist es günstiger, vier Einzelfahrkarten oder die Gruppenkarte zu kaufen?

a) Beantworte die Frage einmal durch eine Addition und einmal durch eine Multiplikation. Warum sind beide Lösungswege möglich?

b) Erfinde eine ähnliche Aufgabe, die sich durch Multiplikation und durch Addition lösen lässt.
   Tauscht die Aufgaben in der Klasse und bearbeitet sie.

2 Die folgenden Bilder zeigen ein quadratisches Muster, das schrittweise vergrößert wird.

1.Stufe 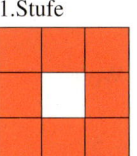 2.Stufe 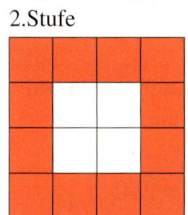 3.Stufe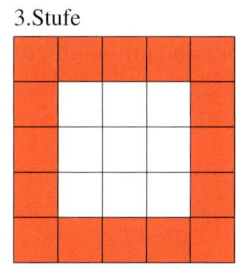

a) Zeichne die Muster der vierten und fünften Stufe in dein Heft.

b) Vervollständige die folgende Tabelle im Heft, ohne die höheren Stufen zu zeichnen.

Stufe	1	2	3	4	5	8	12
rote Kästchen	8	12					
weiße Kästchen	1		9				
alle Kästchen	9						

3 Zur Klasse 5 a der Goethe-Schule gehören 30 Schülerinnen und Schüler.

Für einen Ausflug nach Wernigerode wird ein Bus bestellt.

a) Wie viel muss jedes der 30 Kinder zahlen, wenn der Bus 240 € kostet?

b) Der Bus hat 50 Plätze, deshalb können noch Kinder aus Parallelklassen mitfahren. Wie viele Schülerinnen und Schüler sind es insgesamt, wenn jedes Kind 6 € zahlt?

4 Alle natürlichen Zahlen lassen sich durch 2 und 3 teilen. Manchmal bleibt jedoch ein Rest.

BEISPIEL 20 : 2 = 10 (Rest 0)   oder   20 : 3 = 6 Rest 2 ■

a) Wie groß können die Reste beim Teilen durch 2 bzw. durch 3 maximal sein?

b) Teile die Zahlen 4, 10, 16 und 22 jeweils durch 2 und durch 3.
   Was fällt dir auf?

c) Nenne alle Zahlen zwischen 0 und 40, die sowohl beim Teilen durch 2 als auch beim Teilen durch 3 jeweils den Rest 1 besitzen.
   Was fällt dir auf?

$\dfrac{x+y}{2}$

Lesen und Verstehen

Herr Heck möchte seinen Urlaub in Berlin verbringen.
Er vergleicht zwei Angebote.

Multiplikation ist die mehrmals ausge-führte Addition des gleichen Summanden.

Fachbegriffe bei der Multiplikation:

$$3 \quad \cdot \quad 95 \quad = \quad 285$$
1. Faktor · 2. Faktor = Wert des Produkts

$\underbrace{\qquad\qquad\qquad}$ Produkt

BEISPIEL 1

Ist das Angebot von 327 € für die drei Nächte günstiger als dreimal 95 € pro Nacht?

$$95 + 95 + 95 = 3 \cdot 95 = 285$$

Es ist günstiger für Herrn Heck, dreimal 95 € pro Nacht zu zahlen. ■

Beim Multiplizieren können zum leichteren Rechnen im Kopf die Aufgaben in einfachere Teilaufgaben zerlegt werden.

BEISPIEL 2

Man kann $3 \cdot 95$ auf verschiedene Weise zerlegen:

$95 = 90 + 5$:
$$3 \cdot 90 = 270$$
$$3 \cdot \ 5 = \ \underline{15}$$
$$285$$
$\Big)+$

$95 = 100 - 5$:
$$3 \cdot 100 = 300$$
$$3 \cdot \ \ 5 = \ \underline{15}$$
$$285$$
$\Big)-$ ■

Herr Heck möchte nun aber auch wissen, wie viel eine Übernachtung im Queens Hotel kostet. Dazu muss er den Angebotspreis durch drei Nächte dividieren.

Bei der **Division** wird eine Zahl in gleiche Teile zerlegt.

Fachbegriffe bei der Division:

$$327 \quad : \quad 3 \quad = \quad 109$$
Dividend : Divisor = Wert des Quotienten

$\underbrace{\qquad\qquad\qquad}$ Quotient

BEISPIEL 3

Wie viel müsste Herr Heck pro Nacht im Queens Hotel zahlen?

$$327 : 3 = 109$$

Pro Nacht im Queens Hotel müsste Herr Heck 109 € zahlen. ■

Auch beim Dividieren können zum leichteren Rechnen im Kopf die Aufgaben in einfachere Teilaufgaben zerlegt werden.

BEISPIEL 4

Man kann $327 : 3$ auf verschiedene Weise zerlegen:

$327 = 300 + 27$:
$$300 : 3 = 100$$
$$27 : 3 = \ \underline{9}$$
$$109$$
$\Big)+$

$327 = 330 - 3$:
$$330 : 3 = 110$$
$$3 : 3 = \ \underline{1}$$
$$109$$
$\Big)-$ ■

Um zu überprüfen, ob sein Ergebnis bei der Division richtig war, kann Herr Heck das Ergebnis wieder mit 3 multiplizieren.

Die **Division** ist die **Umkehrung** der Multiplikation und
die Multiplikation ist die Umkehrung der Division.

BEISPIEL 5

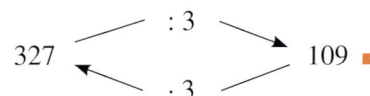

327 $\quad\nearrow\quad : 3 \quad\searrow\quad$ 109
$\quad\nwarrow\quad \cdot\, 3 \quad\swarrow\quad$ ■

Basisübungen

1 Schreibe kürzer und rechne aus.
a) 14 + 14 + 14 + 14 + 14 + 14
b) 27 + 27 + 27 + 27 + 27
c) 5 + 5 + 5
d) 3 + 3 + 3 + 3 + 3
e) 12 + 12 + 12 + 12 + 12 + 12 + 12
f) 25 + 25 + 25 + 25

2 Zeichne die Tabellen in dein Heft und fülle die fehlenden Felder aus.

36	
2 ·	18
4 ·	
6 ·	
12 ·	
3 ·	

60	
2 ·	
4 ·	
6 ·	
10 ·	
12 ·	

48	
2 ·	
4 ·	12
16 ·	
	6
3 ·	

3 Welches Produkt wird mithilfe des Rechtecks veranschaulicht?

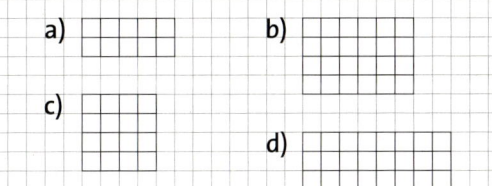

a)   b)

c)

d)

4 Berechne im Kopf.
a) 12 · 2   b) 13 · 4   c) 6 · 14
d) 7 · 12   e) 15 · 8   f) 19 · 8
g) 32 · 7   h) 59 · 6   i) 203 · 9

5 Fülle die Tabelle im Heft aus.

a)

1. Faktor	8		9
2. Faktor	12	15	
Wert des Produktes		60	180

b)

1. Faktor		13	25
2. Faktor	200		25
Wert des Produktes	10000	169	

6 Eine Schule erhält täglich 20 Kartons mit je 24 Flaschen Milch.
Wie viele Flaschen sind das in einer Woche?
Wie viele Flaschen sind das in einem Monat?

1 Verwandle in eine Multiplikation und berechne im Kopf.
a) 25 + 25 + 25
b) 134 + 134 + 134 + 134 + 134 + 134
c) 12 + 12 + 12 + 12 + 12
d) 2 + 2 + 2 + 2 + 2 + 2 + 2 + 2 + 2 + 2 + 2
e) 150 + 150 + 150 + 150 + 150

2 Übertrage die Multiplikationstabellen ins Heft. Berechne die Produkte.
Zur Kontrolle ist die Summe aller Lösungen rot eingetragen. Kontrolliere.

a)

140	12	16
3		
2		

b)

325	8	5
11		
14		

3 Beschreibe, wie du die Anzahl der Flaschen pro Kasten ermittelst.

4 Berechne die Produkte im Kopf.
a) 30 · 12   b) 71 · 5   c) 3 · 800
d) 9 · 22   e) 30 · 40   f) 15 · 15
g) 25 · 11   h) 3 · 4 · 5   i) 120 · 130

5 Wie ändert sich der Wert des Produkts zweier Zahlen, wenn …
a) der erste Faktor verdoppelt wird?
b) der zweite Faktor auf die Hälfte verringert wird?
c) der erste Faktor halbiert und der zweite Faktor verdoppelt wird?
d) ein Faktor verdoppelt und der andere verdreifacht wird?
e) ein Faktor vervierfacht und der andere halbiert wird?

6 Fünf Freundinnen begrüßen sich durch Handschlag.
Wie oft treffen sich dabei zwei Hände?

HINWEIS

 123-1

Wusstest du, dass man mit Fingern besonders gut Multiplizieren kann?
Unter dem Web-code 123-1 findest du hierzu einige Hinweise.

7 Dividiere.

a) 27 : 9   b) 72 : 8   c) 25 : 5
d) 49 : 7   e) 36 : 6   f) 27 : 3
g) 80 : 10   h) 36 : 9   i) 77 : 11
j) 64 : 8   k) 18 : 3   l) 99 : 11
m) 30 : 5   n) 45 : 5   o) 84 : 12
p) 24 : 4   q) 81 : 9   r) 39 : 13
s) 48 : 6   t) 54 : 9   u) 60 : 10
v) 56 : 7   w) 45 : 9   x) 45 : 5

8 Überprüfe dein Ergebnis mit einer Probe.

a) 60 : 10   b) 770 : 11   c) 160 : 40
d) 80 : 20   e) 350 : 7   f) 760 : 40
g) 90 : 30   h) 640 : 80   i) 1250 : 250
j) 100 : 50   k) 720 : 90   l) 1050 : 150
m) 250 : 5   n) 540 : 60   o) 12 000 : 4
p) 480 : 12   q) 480 : 30   r) 28 000 : 7

9 Übertrage die Tabelle ins Heft und fülle sie aus.
Rechne jeweils Zahl links durch Zahl oben.

:	2	3	4	6	8	12
48	24					
240						
960						

10 Finde Divisionsaufgaben, die keinen Rest lassen, z. B. 65 : 5 = 13.

Dividend

65	60	52
35	22	63
19	96	72

Divisor

4	13	7
15	5	19
11	12	6

Quotient

1	2	13
8	5	7
12	9	4

11 Fülle die Tabelle im Heft aus.

a)

Dividend		60	180
Divisor	12	15	
Wert des Quotienten	8		9

b)

Dividend	10 000	169	
Divisor	200		25
Wert des Quotienten		13	25

12 Löse die Aufgaben.

a) Multipliziere 3 mit dem Quotienten aus 100 und 4.
b) Subtrahiere den Quotienten aus 32 und 8 vom Produkt der Zahlen 11 und 6.

7 Überprüfe dein Ergebnis mit einer Probe.

a) 63 : 7   b) 39 : 3   c) 36 : 6
   63 : 9   39 : 13   49 : 7
d) 40 : 8   e) 99 : 11   f) 144 : 12
   40 : 5   121 : 11   240 : 20
g) 72 : 8   h) 14 : 7   i) 30 : 10
   72 : 9   35 : 7   300 : 100

8 Vergleiche im Heft die Ergebnisse.
Setze dabei das richtige Zeichen (>, <, =).

28 : 4		56 : 7
72 : 8		72 : 9
24 : 6		60 : 12
33 : 3		44 : 4
42 : 6		48 : 6
108 : 9		65 : 5

63 : 7		64 : 8
35 : 7		90 : 15
0 : 12		13 : 13
144 : 9		136 : 8
225 : 5		180 : 4
84 : 12		96 : 16

9 Übertrage die Tabelle ins Heft und fülle sie aus.
Im Beispiel wurde gerechnet 72 : 2 = 36.

:	2	4	12	36
72	36		12	
		45		5
	84		21	

11 Wie ändert sich der Quotient zweier Zahlen, wenn man

a) den Dividenden verdoppelt?
b) den Dividenden halbiert?
c) den Divisor verdoppelt?
d) den Divisor halbiert?
e) den Dividenden verdoppelt und den Divisor halbiert?
f) den Dividenden verdoppelt und den Divisor verdoppelt?

12 Löse die Aufgaben.

a) Verdopple den Quotienten aus 196 und 4 und teile dann durch 7.
b) Dividiere das Produkt der Zahlen 12 und 6 durch den Quotienten dieser Zahlen.

■ Schriftlich multiplizieren und dividieren

Erforschen und Entdecken

1 Rechenstreifen

Jeder Streifen in dem Zahlenfeld enthält eine Malfolge.

a) Übertrage das Zahlenfeld auf Papier und schneide es entlang der blauen Linien in Streifen.
   Überprüfe, ob jeder Streifen wirklich eine Malfolge enthält.

b) Die Zahl 234 soll mit 4 multipliziert werden. Lege dazu die Streifen 2, 3 und 4 nebeneinander und schaue in die 4. Zeile:
   Dort findest du:

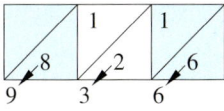

   Überprüfe, ob 936 wirklich das Ergebnis von 234 · 4 ist.

c) Wähle nun eigene Aufgabenbeispiele und probiere das Verfahren aus, z. B. 4123 · 7 oder 9317 · 6.

d) Begründe mithilfe des Stellenwertsystems, wie und warum das Multiplizieren mit den Rechenstreifen funktioniert.

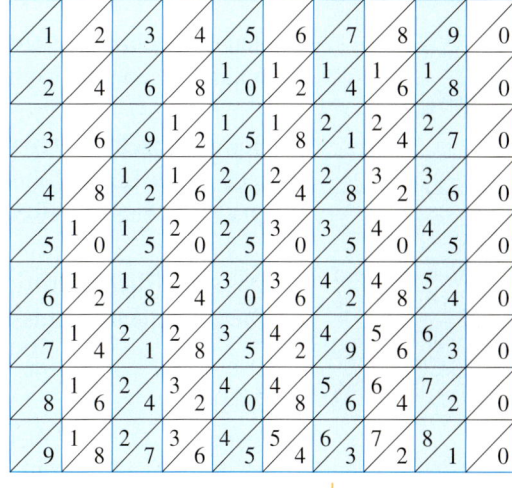

2 Tara, Robin und Charlotte berechnen die Aufgabe 6702 · 38.

Tara rechnet so:

·	6 000	700	2	
30	180 000	21 000	60	201 060
8	48 000	5 600	16	53 616
				254 676

Robin rechnet so:

6702 · 38
——————
   201 060
+   53 616
——————
   254 676

Charlotte rechnet so:

3. Zeile
8. Zeile

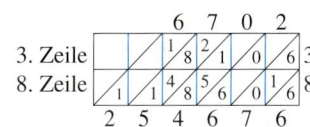

HINWEIS

🌐 125-1

Unter dem Web-code 125-1 findest du die Rechen-streifen zum Aus-drucken.

a) Vergleiche die drei Rechenwege.
   Welche Rechnung kannst du am besten nachvollziehen?

b) Berechne mit jedem der drei Rechenwege 4173 · 42.

c) Berechne mit einer Methode deiner Wahl 2089 · 207.
   Begründe die Wahl deines Rechenweges.

3 Die 15 Spieler einer Fußballmannschaft möchten zu einem Länderspiel fahren.
Für Busfahrt, Verpflegung und Eintritt sind insgesamt 390 €
zu bezahlen.
Wie viel muss jeder für die Reise bezahlen?

Der Trainer rechnet:

300 : 15 = 20
 90 : 15 = 6
—————————
390 : 15 = 26

Der Cotrainer rechnet an der Tafel:

390 : 15 = 26
− 30
——
  90
− 90
——
   0

a) Welchen Rechenweg findest du einfacher und warum?

b) Berechne mit beiden Rechenwegen die Aufgabe 984 : 8.

c) Beschreibe die Unterschiede zwischen beiden Rechenwegen.

Lesen und Verstehen

Tom spielt jeden Mittwoch und jeden Samstag Lotto. Pro Woche gibt er dafür 25 € aus.
Wie viel Geld gibt Tom pro Jahr, also in 52 Wochen, für das Lottospielen aus?
Tom muss 52 · 25 berechnen.

Zahlen mit mehreren Ziffern lassen sich nicht so einfach im Kopf berechnen.
Man kann sie aber halbschriftlich oder schriftlich multiplizieren.

> Beim **halbschriftlichen Multiplizieren** wird der zweite Faktor in Einer, Zehner, … zerlegt.
> Jede dieser Einer, Zehner,… wird dann mit dem ersten Faktor multipliziert.
> Die Zwischenergebnisse werden aufgeschrieben und anschließend addiert.
>
> Das **schriftliche Multiplizieren** ist die verkürzte Form des halbschriftlichen Multiplizierens.
> Die Zwischenergebnisse müssen dabei stellengerecht untereinander geschrieben werden.

BEISPIEL 1

Aufgabe: 52 · 25   Überschlag: 50 · 25 = 1250

Halbschriftliche Multiplikation:

$$52 \cdot 20 = 1040$$
$$\underline{52 \cdot 5 = 260}$$
$$52 \cdot 25 = 1300$$

Schriftliche Multiplikation:

$$
\begin{array}{r}
52 \cdot 25 \\
\hline
1040 \\
+260 \\
\hline
1300
\end{array}
$$

Die jährlichen Kosten von Tom für das Lottospielen belaufen sich auf 1300 €. ■

Sieben Freunde haben gemeinsam Lotto gespielt und 14 238 € gewonnen.
Das Geld soll nun auf die sieben Spieler aufgeteilt werden.
Sie müssen also den Gesamtbetrag durch 7 teilen.

Auch beim Dividieren kann man halbschriftlich oder schriftlich vorgehen.

> Beim **halbschriftlichen Dividieren** wird der Dividend so in Summanden zerlegt, dass sich
> jeder Summand gut durch den Divisor teilen lässt.
> Die Zwischenergebnisse werden aufgeschrieben und anschließend addiert.
>
> Das **schriftliche Dividieren** ist eine verkürzte Form des halbschriftlichen Dividierens.

ERINNERE DICH:

*Das Ergebnis
einer Division
kann durch eine
Multiplikation
überprüft werden.
Für unser Beispiel:
2034 · 7*
14 238

BEISPIEL 2

Aufgabe: 14 238 : 7   Überschlag: 14 000 : 7 = 2 000

Halbschriftliche Division:

$$14\,000 : 7 = 2000$$
$$210 : 7 = 30$$
$$\underline{+28 : 7 = 4}$$
$$14\,238 : 7 = 2034$$

Schriftliche Division:

$$
\begin{array}{l}
14\,238 : 7 = 2034 \\
\underline{-14}\!\downarrow \\
02 \\
\underline{-0}\!\downarrow \\
23 \\
\underline{-21}\!\downarrow \\
28 \\
\underline{-28} \\
0
\end{array}
$$

Jeder der sieben Freunde, die zusammen
14 238 € gewonnen haben, erhält 2034 €. ■

Basisübungen

1 Multipliziere halbschriftlich.
Überschlage zunächst deine Rechnung.
a) 243 · 2   b) 493 · 3   c) 642 · 7
d) 332 · 2   e) 253 · 2   f) 183 · 8
g) 132 · 3   h) 345 · 4   i) 345 · 6
j) 223 · 3   k) 533 · 3   l) 215 · 8
m) 243 · 3   n) 624 · 5   o) 942 · 6

2 Berechne. Überschlage zuerst.
a) 24 738 · 5   b) 39 941 · 9   c) 42 531 · 4
d) 74 245 · 3   e) 76 217 · 8   f) 711 281 · 4
g) 1 634 431 · 9   h) 3 938 075 · 4   i) 2 231 007 · 8

3 Rechne schriftlich. Die Lösungen in der
Randspalte ergeben zwei Lösungsworte.
a) 320 · 4   b) 710 · 9   c) 3125 · 8
d) 502 · 4   e) 751 · 8   f) 5206 · 5
g) 1006 · 7   h) 8850 · 6   i) 19 405 · 6
j) 3050 · 8   k) 7858 · 7   l) 9063 · 9

4 Vervollständige die Multiplikationsmauern
in deinem Heft.

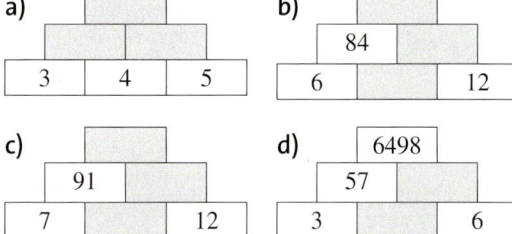

a)
| 3 | 4 | 5 |

b)
| | 84 | |
| 6 | | 12 |

c)
| 91 | |
| 7 | 12 |

d)
	6498	
57	
3	6

5 Übertrage die Tabelle in dein Heft und fülle
sie aus.

·	5	9	7	6	8	3
24						
96						
178			1068			
219						
590						

6 In einer Kantine werden täglich 867 Mahlzeiten ausgegeben.
a) Wie viele Mahlzeiten sind das in einer
   Woche mit fünf Arbeitstagen?
b) Wie viele Mahlzeiten sind das in einem
   Monat mit 22 Arbeitstagen?

1 Berechne die Lösungen.
Überschlage zunächst das Ergebnis.
a) 234 · 6   b) 345 · 6   c) 456 · 6
d) 605 · 7   e) 605 · 8   f) 605 · 9
g) 41 · 3   h) 16 · 18   i) 23 · 15
j) 216 · 16   k) 469 · 5   l) 30 · 107
m) 45 · 17   n) 145 · 29   o) 230 · 230

2 Berechne die Produkte zuerst halbschriftlich und dann schriftlich.
a) 297 · 35   b) 191 · 805   c) 822 · 932
d) 963 · 273   e) 884 · 327   f) 645 · 92
g) 647 · 477   h) 473 · 125   i) 4738 · 32

3 Rechne schriftlich.
Beachte bei diesen Aufgaben die Bedeutung
der Nullen.
a) 486 · 502   b) 726 · 404   c) 802 · 306
d) 1804 · 609   e) 507 · 850   f) 407 · 501
g) 2030 · 700   h) 1405 · 29   i) 913 · 870

4 Multiplikationsmauern
a) zum Knobeln

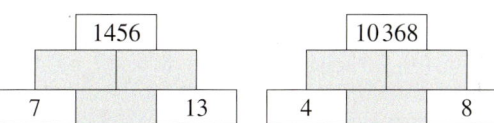

| | 1456 | |
| 7 | | 13 |

| | 10 368 | |
| 4 | | 8 |

b) Erfinde eine Multiplikationsmauer
   – an deren Spitze die Zahl 600 steht.
   – mit genau drei ungeraden Zahlen.
   – mit genau vier ungeraden Zahlen.

5 Rechne, bis du über eine Million kommst.

a) $2 \xrightarrow{\cdot 2} 4 \xrightarrow{\cdot 3} 12 \xrightarrow{\cdot 4} \blacksquare \xrightarrow{\cdot 5} \blacksquare \xrightarrow{\cdot 6} \blacksquare$

b) $3 \xrightarrow{\cdot 2} 6 \xrightarrow{\cdot 4} \blacksquare \xrightarrow{\cdot 6} \blacksquare \xrightarrow{\cdot 8} \blacksquare \xrightarrow{\cdot 10} \blacksquare$

c) $4 \xrightarrow{\cdot 10} \blacksquare \xrightarrow{\cdot 9} \blacksquare \xrightarrow{\cdot 8} \blacksquare \xrightarrow{\cdot 7} \blacksquare$

d) $5 \xrightarrow{\cdot 5} \blacksquare \xrightarrow{\cdot 5} \blacksquare \xrightarrow{\cdot 5} \blacksquare \xrightarrow{\cdot 5} \blacksquare$

6 Ein Fahrradmarkt bestellte bei einer Fahr-
radfabrik 300 Trekkingräder zu je 249 €,
500 Mountainbikes zu je 259 € und 600 Kin-
derfahrräder zu je 128 €.
Wie viel war insgesamt zu zahlen?

BEACHTE
*Die Lösungen
zu Aufgabe 3
(grün) ergeben
in der richtigen
Reihenfolge die
Namen zweier
europäischer
Hauptstädte.*
*1280 (M)
2008 (K)
6008 (A)
6390 (O)
7042 (M)
24 400 (R)
25 000 (S)
26 030 (U)
53 100 (A)
55 006 (I)
81 567 (D)
116 430 (I)*

$$\frac{x + y}{2}$$

7 Dividiere halbschriftlich.
a) 265 : 5   b) 732 : 3   c) 928 : 8
d) 466 : 2   e) 864 : 4   f) 966 : 6
g) 693 : 9   h) 861 : 7   i) 1106 : 7

8 Dividiere. Es bleibt jeweils ein Rest.
a) 279 : 6   b) 591 : 8   c) 2137 : 6
d) 423 : 7   e) 572 : 9   f) 3409 : 8
g) 545 : 3   h) 653 : 4   i) 7369 : 5

9 Vergleiche die Ergebnisse.
a) 11 220 : 2 und 11 220 : 20
b) 33 250 : 5 und 33 250 : 50
c) 31 360 : 4 und 31 360 : 40
d) 68 950 : 7 und 68 950 : 70
e) 50 760 : 9 und 50 760 : 90

10 Übertrage die Rechnungen in dein Heft und ergänze sie.

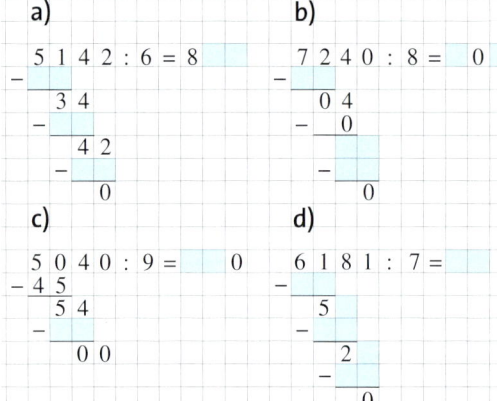

11 Daniel hat bei einem Gewinnspiel den Hauptpreis gewonnen:
12 345 Freikilometer mit der Bahn.
Er möchte mit seinen Eltern verreisen.
Wie viel Kilometer kann jeder fahren?

7 Überschlage zunächst, dividiere dann schriftlich und rechne die Probe.
a) 9735 : 3   b) 9824 : 4   c) 6565 : 5
d) 7326 : 6   e) 7854 : 7   f) 7631 : 13
g) 8670 : 17   h) 8820 : 18   i) 9215 : 19

8 Bei welchen Aufgaben bleibt ein Rest?
a) 494 : 4   b) 3192 : 7   c) 5980 : 9
d) 1170 : 5   e) 4540 : 8   f) 2706 : 6
g) 2070 : 16   h) 6109 : 19   i) 5848 : 28

9 Dividiere. Überschlage vorher.
a) 41 100 : 30   b) 62 400 : 40
c) 68 400 : 40   d) 550 500 : 50
e) 935 000 : 500   f) 534 000 : 600
g) 4 550 000 : 700   h) 912 800 : 800

10 In den folgenden Rechnungen befinden sich einige Fehler. Verbessere sie und erkläre, was falsch gemacht wurde.

a) 6655 : 11 = 65
66
055
55
0

b) 1724 : 4 = 3131
12
5
4
12
12
04
4
0

c) 8649 : 9 = 96
81
54
0

11 Ein Jahr hat 365 Tage, eine Woche hat sieben Tage. Kann man ein ganzes Jahr ohne Rest in Wochen einteilen?

12 An wie viele Lottospieler kann man einen Gewinn von 846 € ohne Rest gleichmäßig verteilen?
Jeder Spieler soll nur ganze Euro-Beträge erhalten.

13 „Wenn man eine Zahl durch eine einstellige Zahl teilt, kann niemals der Rest 9 auftreten", behauptet Max.
Prüfe die Behauptung von Max nach, indem du 4199 nacheinander durch 2, …, 9 teilst.
Welche Reste treten auf?

■ Rechenregeln sinnvoll nutzen

Erforschen und Entdecken

1 Berechne die vier Multiplikationsaufgaben.

$278 \cdot 356$ $356 \cdot 278$ $59 \cdot 681$ $681 \cdot 59$

a) Was fällt dir auf?

b) Gilt die Gesetzmäßigkeit auch für die Division? Überprüfe an einem Beispiel und begründe.

2 Spielt in Kleingruppen.

Jede Gruppe benötigt Karten mit den Zahlen von 1 bis 49.

Die Karten werden gemischt und verdeckt auf einen Stapel gelegt.

Jeder hat das folgende Zahlenfeld vor sich liegen.

BEACHTE

Zuerst kommt die Punktrechnung, dann die Strichrechnung. Also erst wird multipliziert oder dividiert und erst dann wird addiert oder subtrahiert.

Jetzt wird eine Karte gezogen und die Zahl genannt.

Jeder versucht nun, drei benachbarte Zahlen in dem Quadrat so zu verknüpfen, dass die gezogene Zahl als Ergebnis steht. Es sind die Rechenzeichen +, −, · und : erlaubt.

Im Beispiel wurde die Zahl 22 gezogen und durch $2 + 4 \cdot 5$ oder $3 \cdot 7 + 1$ ausgedrückt.

Wer zuerst einen passenden Rechenausdruck nennen kann, erhält die Zahlenkarte.

Am Ende gewinnt, wer die meisten Zahlenkarten hat.

HINWEIS

www 129-1

Unter dem Webcode 129-1 gibt es vorbereitete Zahlenkarten für Aufgabe 2.

3 Leonie und Julian haben für die Klassenfeier Neuner-Packungen Trinktüten eingekauft.

Leonie hat sieben Packungen, Julian hat fünf Packungen mitgebracht.

Leonie und Julian möchten wissen, wie viele Trinktüten sie nun haben.

Leonie rechnet so:

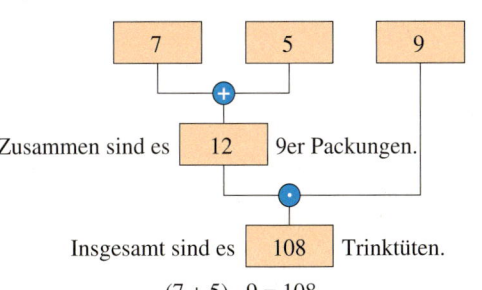

Julian rechnet so:

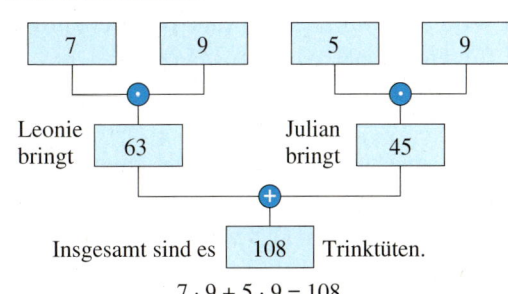

$(7 + 5) \cdot 9 = 108$ $7 \cdot 9 + 5 \cdot 9 = 108$

Leonie und Julian haben unterschiedlich gerechnet, aber das gleiche Ergebnis. Warum?

Erläutere die beiden Rechenwege.

BEACHTE

Wenn man zuerst addieren oder subtrahieren möchte, dann muss man eine Klammer setzen.

$\dfrac{x+y}{2}$

Lesen und Verstehen

Kevin hat eine Lehre in der Bäckerei begonnen.
Er überlegt, wie viele Brötchen im Ofen
gleichzeitig gebacken werden können, wenn
in den Ofen 25 Bleche passen.

ERINNERE DICH
*Das Kommuta-
tivgesetz und
das Assoziativ-
gesetz gelten
auch für die
Addition:
$a + b = b + a$
$(a + b) + c$
$\quad = a + (b + c)$*

**Kommutativgesetz (Vertauschungs-
gesetz):**
Faktoren dürfen vertauscht werden.
Für alle Zahlen a und b gilt:
$a \cdot b = b \cdot a$

BEISPIEL
Kevin zählt 36 Brötchen pro Blech.
Es ist egal, ob Kevin $36 \cdot 25$ oder $25 \cdot 36$
rechnet, er erhält jedesmal 900. ■

ACHTUNG
*Für die Division
gelten diese
beiden Gesetze
nicht, denn es
ist z. B.
$4 : 2 \neq 2 : 4$*

Assoziativgesetz (Verbindungsgesetz):
Faktoren dürfen beliebig durch Klammern
zusammengefasst werden.
Für alle Zahlen a, b, c gilt:
$(a \cdot b) \cdot c = a \cdot (b \cdot c)$

BEISPIEL
Kevin sieht auf jedem Blech $9 \cdot 4$ Brötchen.
Es ist egal, ob Kevin zuerst $9 \cdot 4$ und dann mal
25 rechnet oder ob er zuerst $4 \cdot 25$ und dann
mal 9 rechnet, er erhält jedesmal 900. ■

Durch geschicktes Vertauschen und Zusammenfassen kann Kevin also schnell berechnen, dass
900 Brötchen gleichzeitig gebacken werden können.

Tauchen nur Malzeichen in einer Rechnung auf, so kann man also eigentlich alle Klammern
weglassen, weil es egal ist, in welcher Reihenfolge gerechnet wird.

Wie rechnet man aber, wenn verschiedene Zeichen in einer Rechnung vorkommen?
Auf jeden Fall darf man dann die Klammer nicht einfach weglassen.

Vorrangregeln:
1) Werte in Klammern werden zuerst
   berechnet
2) Punktrechnung geht vor Strichrechnung

BEISPIEL
Kevin sieht auf dem Blech 4 Muster von je 5
plus 4 Brötchen.
Er rechnet: $4 \cdot (5 + 4) = 4 \cdot 9 = 36$. ■

Klammern dürfen also nicht einfach weggelassen werden.
Es gibt aber eine Regel, wie Klammern aufgelöst werden können.

Distributivgesetz (Verteilungsgesetz):
Wird eine Summe oder eine Differenz mit einer Zahl multipliziert, so kann die Klammer
folgendermaßen aufgelöst werden:
$(a + b) \cdot c = a \cdot c + b \cdot c$ bzw. $(a - b) \cdot c = a \cdot c - b \cdot c$ [für alle Zahlen a, b, c]

Dieses Gesetz gilt auch für die Division:
$(a + b) : c = a : c + b : c$ bzw. $(a - b) : c = a : c - b : c$ [für alle Zahlen a, b, c; $c \neq 0$]

BEISPIEL
Kevin hätte die Anzahl der Brötchen auch folgendermaßen berechnen können:
$4 \cdot (5 + 4) \cdot 25 = (5 + 4) \cdot 4 \cdot 25 = (5 + 4) \cdot 100 = 9 \cdot 100 = 900$. ■

Basisübungen

1 Vergleiche die Ergebnisse.
Erkläre deine Beobachtung.
a) $(3 \cdot 2) \cdot 5$ und $3 \cdot (2 \cdot 5)$
b) $(5 \cdot 5) \cdot 4$ und $5 \cdot (5 \cdot 4)$
c) $(2 \cdot 6) \cdot 7$ und $2 \cdot (6 \cdot 7)$

2 Setze vorteilhaft Klammern und rechne.
BEISPIEL
$13 \cdot 4 \cdot 25 = 13 \cdot (4 \cdot 25) = 13 \cdot 100 = 1300$ ∎
a) $43 \cdot 5 \cdot 20$ b) $8 \cdot 50 \cdot 7$
c) $27 \cdot 8 \cdot 125$ d) $2 \cdot 50 \cdot 9$
e) $7 \cdot 4 \cdot 5$ f) $12 \cdot 15 \cdot 4$
g) $8 \cdot 25 \cdot 19$ h) $13 \cdot 20 \cdot 50$

3 Rechne vorteilhaft mit Zehnerpotenzen.
BEISPIEL
$75 \cdot 50 \cdot 2 = 75 \cdot (50 \cdot 2) = 75 \cdot 100 = 7500$ ∎
a) $500 \cdot 7 \cdot 2$ b) $5 \cdot 69 \cdot 20$
c) $125 \cdot 9 \cdot 8$ d) $125 \cdot 8 \cdot 5$
e) $250 \cdot 15 \cdot 4$ f) $4 \cdot 11 \cdot 25$
g) $250 \cdot 4 \cdot 12$ h) $125 \cdot 8 \cdot 17$
i) $40 \cdot 5 \cdot 200$ j) $2 \cdot 17 \cdot 50$

4 Eine Schule hat 2 Gebäude mit je 5 Stockwerken. In jedem Stockwerk befinden sich 5 Unterrichtsräume, in jedem Raum gibt es 30 Stühle.
Wie viele Stühle gibt es insgesamt in dieser Schule?

5 Von Montag bis Freitag werden einem Supermarkt täglich 200 Kisten Milch mit je 24 Tüten geliefert.
a) Wie viele Tüten sind das in der Woche?
b) Wie viele Tüten sind das im Monat (4 Wochen) bzw. im Jahr (12 Monate)?

6 In einer Baumschule sind 28 Reihen mit jeweils 50 Buchen bepflanzt.
Jede Buche wird für 4 € verkauft.
Wie viel bringt der Verkauf der Bäume ein?

1 Vergleiche die Ergebnisse und erkläre deine Beobachtung.
a) $(4 \cdot 25) \cdot 6$ und $4 \cdot (25 \cdot 6)$
b) $(16 \cdot 5) \cdot 4$ und $16 \cdot (5 \cdot 4)$
c) $(10 \cdot 6) \cdot 20$ und $10 \cdot (6 \cdot 20)$

2 Fasse geschickt zusammen und berechne.
a) $4 \cdot 14 \cdot 25$ b) $20 \cdot 9 \cdot 15$
c) $4 \cdot 12 \cdot 50$ d) $125 \cdot 6 \cdot 8$
e) $25 \cdot 30 \cdot 4$ f) $7 \cdot 80 \cdot 5$
g) $50 \cdot 18 \cdot 2$ h) $4 \cdot 117 \cdot 25$
i) $25 \cdot 19 \cdot 4$ j) $2 \cdot 38 \cdot 50$
k) $50 \cdot 104 \cdot 2$ l) $5 \cdot 240 \cdot 20$

3 Zerlege einen Faktor in ein Produkt, sodass du mit Zehnerpotenzen rechnen kannst.
BEISPIEL
$108 \cdot 2 \cdot 25 = 54 \cdot 2 \cdot 2 \cdot 25 = 54 \cdot 100$ ∎
a) $120 \cdot 25$ b) $114 \cdot 50$
c) $48 \cdot 125$ d) $60 \cdot 250$
e) $264 \cdot 50$ f) $326 \cdot 500$
g) $284 \cdot 25 \cdot 10$ h) $256 \cdot 125$
i) $205 \cdot 20 \cdot 3$ j) $104 \cdot 125 \cdot 2$

4 Rechne vorteilhaft.
a) $9 \cdot 25 \cdot 4 \cdot 10$ b) $4 \cdot 9 \cdot 3 \cdot 50$
c) $4 \cdot 9 \cdot 8 \cdot 50$ d) $2 \cdot 9 \cdot 50 \cdot 8$
e) $500 \cdot 3 \cdot 7 \cdot 4$ f) $8 \cdot 7 \cdot 250 \cdot 4$
g) $10 \cdot 15 \cdot 4 \cdot 25$ h) $7 \cdot 50 \cdot 4 \cdot 4$
i) $125 \cdot 8 \cdot 3 \cdot 4$ j) $125 \cdot 4 \cdot 8 \cdot 3$

5 An der Leergutkasse werden Kästen mit je 12 Flaschen gestapelt. 6 Kästen stehen nebeneinander und immer 5 Kästen übereinander.
a) Wie viele Flaschen sind insgesamt in allen Kästen?
b) Mit wie viel Flaschenpfand muss man rechnen, wenn für eine Flasche 15 Cent Pfand gezahlt wird?

6 Für den Besuch der Fußballweltmeisterschaft haben 19 987 Personen einen Flug bei einer Fluggesellschaft gebucht.
Mit einem Jumbojet können 400 Personen befördert werden.
Reicht es aus, wenn fünf dieser Flugzeuge mit jeweils zehn Flügen eingesetzt werden?

HINWEIS
Einige Produkte helfen dir beim schnellen Rechnen, z.B.:
$2 \cdot 50 = 100$
$4 \cdot 25 = 100$
$5 \cdot 20 = 100$
$8 \cdot 125 = 1000$

ERINNERE DICH
Zehnerpotenzen sind
$1, 10, 100, 1000, \dots,$
denn
$10^0 = 1$
$10^1 = 10$
$10^2 = 100$
$10^3 = 1000 \dots$

7 Berechne.

a) $8 \cdot 4 + 5$
b) $8 \cdot (4 + 5)$
c) $(8 + 4) \cdot 5$
d) $8 + 4 \cdot 5$
e) $10 - (4 : 2)$
f) $10 - 4 : 2$
g) $(10 - 4) : 2$
h) $10 : 2 - 4$
i) $(5 + 3) \cdot (7 - 4)$
j) $5 + 3 \cdot 7 - 4$
k) $(5 + 3) \cdot 7 - 4$
l) $5 + 3 \cdot (7 - 4)$
m) $16 : (8 : 4)$
n) $(16 - 8) - 4$

8 Musst du bei folgenden Aufgaben Klammern setzen, damit sich die Zahl im Kästchen ergibt? Falls ja, setze die Klammern im Heft.

a) $9 + 6 \cdot 4$ $\boxed{60}$
b) $2 + 3 \cdot 3 + 3$ $\boxed{30}$
c) $9 + 6 \cdot 4$ $\boxed{33}$
d) $4 + 4 \cdot 4$ $\boxed{32}$
e) $20 - 3 - 2$ $\boxed{19}$
f) $4 \cdot 4 + 4$ $\boxed{20}$

9 Fülle die Rechenbäume im Heft aus. Schreibe dazu die Rechenaufgaben. Setze Klammern, wo es notwendig ist.

a)

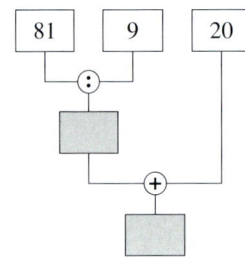

b)

10 Wende das Distributivgesetz an und berechne die Lösungen.

BEISPIEL

$4 \cdot 17 + 4 \cdot 3 = 4 \cdot (17 + 3) = 4 \cdot 20 = 80$ ∎

a) $3 \cdot 12 + 3 \cdot 8$
b) $8 \cdot 18 + 8 \cdot 82$
c) $430 \cdot 7 + 270 \cdot 7$
d) $63 \cdot 12 + 37 \cdot 12$
e) $7 \cdot 84 - 7 \cdot 44$
f) $9 \cdot 71 - 9 \cdot 21$
g) $32 \cdot 8 - 19 \cdot 8$
h) $4 \cdot 78 - 68 \cdot 4$
i) $8 \cdot 25 - 5 \cdot 8$
j) $54 \cdot 6 - 6 \cdot 39$

11 Ordne jeweils eine Aufgabe mit Klammer aus der linken Spalte einer Aufgabe ohne Klammer aus der rechten Spalte zu.

① $3 \cdot (17 + 8)$ a) $3 \cdot 17 - 3 \cdot 8$
② $3 \cdot (17 - 8)$ b) $3 \cdot 33 - 3 \cdot 14$
③ $3 \cdot (33 - 14)$ c) $36 : 3 + 6 : 3$
④ $(36 + 6) : 3$ d) $36 : 3 - 6 : 3$
⑤ $(27 - 15) : 3$ e) $3 \cdot 17 + 3 \cdot 8$
⑥ $(36 - 6) : 3$ f) $27 : 3 - 15 : 3$

7 Wo kannst du Klammern weglassen? Begründe.

a) $(2 \cdot 3) + 11$
b) $(7 + 17) : 3$
c) $(2 + 7) \cdot 9$
d) $32 - (18 : 2)$
e) $12 + (9 \cdot 2)$
f) $(9 : 3) - 2$
g) $(7 \cdot 6) + 13$
h) $(12 \cdot 9) + (3 \cdot 5)$
i) $13 + (5 \cdot 6)$
j) $(160 : 4) + (3 \cdot 17)$

8 Setze Klammern so, dass sich als Lösung eine der Zahlen aus dem Kasten ergibt.

a) $3 \cdot 4 + 5$
b) $5 \cdot 8 \cdot 9 - 5$
c) $5 - 3 \cdot 8 + 2$
d) $8 \cdot 2 \cdot 5 + 5$
e) $6 + 3 \cdot 3$
f) $28 - 3 \cdot 8 : 10$

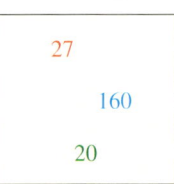

27
160
20

9 Fülle die Rechenbäume im Heft aus. Schreibe dazu die Rechenaufgaben. Setze Klammern, wo es notwendig ist.

a)

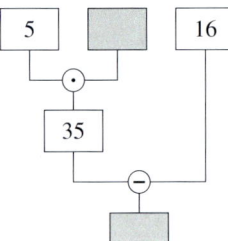

b)

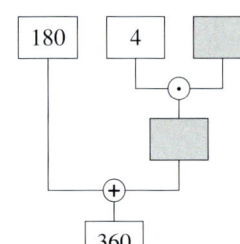

10 Rechne vorteilhaft durch Anwendung des Distributivgesetzes.

BEISPIEL $29 \cdot 5 =$

$(30 - 1) \cdot 5 = 30 \cdot 5 - 1 \cdot 5 = 150 - 5 = 145$ ∎

a) $38 \cdot 9$
b) $47 \cdot 5$
c) $9 \cdot 29$
d) $56 \cdot 8$
e) $79 \cdot 4$
f) $7 \cdot 87$
g) $5 \cdot 99$
h) $7 \cdot 57$
i) $89 \cdot 7$
j) $8 \cdot 28$
k) $88 \cdot 8$
l) $4 \cdot 47$
m) $7 \cdot 97$
n) $888 \cdot 8$
o) $999 \cdot 99$

11 Wende wie im Beispiel das Distributivgesetz an.

BEISPIEL $522 : 9 =$

$(540 - 18) : 9 = 540 : 9 - 18 : 9 = 60 - 2$ ∎

a) $272 : 4$
b) $553 : 7$
c) $441 : 9$
d) $152 : 8$
e) $792 : 9$
f) $342 : 6$
g) $336 : 7$
h) $408 : 6$
i) $261 : 9$
j) $245 : 5$
k) $376 : 8$
l) $475 : 25$
m) $1734 : 17$
n) $1266 : 6$
o) $8848 : 8$

Thema: Rechenbäume und reale Situationen

Der Sportverein „Victoria" plant einen
Grillabend. Es haben sich 15 Kinder und
12 Erwachsene angemeldet.
Der Vereinsvorstand plant für jeden Erwach-
senen drei Würstchen und für jedes Kind zwei
Würstchen ein.
Wie viele Würstchen müssen bestellt werden?

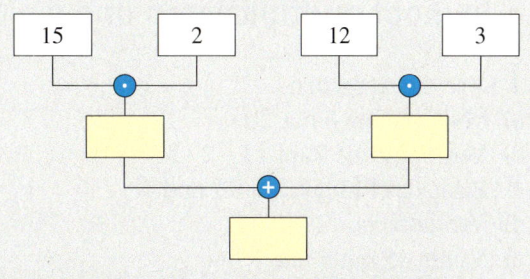

1 Ordne jeder Zahl im Rechenbaum die Bedeutung in der Aufgabe zu. Schreibe zu dem
Rechenbaum die passende Rechenaufgabe und löse sie. Denke auch an den Antwortsatz.

2 Unten sind drei Rechenbäume (① bis ③) und drei Textaufgaben (A bis C) zu sehen.
Finde zu jeder Textaufgabe den passenden Rechenbaum, indem du jedem Feld des Rechenbaums eine Bedeutung in der Textaufgabe zuordnest.

A
Eine Jugendgruppe hat für ihre Ferienfahrt in
einer Jugendherberge Zimmer gebucht. Sie haben
zwei Dreibett-Zimmer, ein Sechsbett-Zimmer
und ein Achtbett-Zimmer zur Verfügung.
Wie viele Teilnehmer können in den Zimmern
untergebracht werden?

B
Paul kauft auf einem Trödelmarkt drei CDs zu je
6 €€ und zwei CDs zu je 8 €€.
Wie viel Geld muss Paul dem Händler bezahlen?

C
Anja joggt dreimal wöchentlich sechs Kilometer
und am Wochenende zusätzlich einmal acht Kilo-
meter.
Wie viel Kilometer insgesamt ist sie in zwei
Wochen gelaufen?

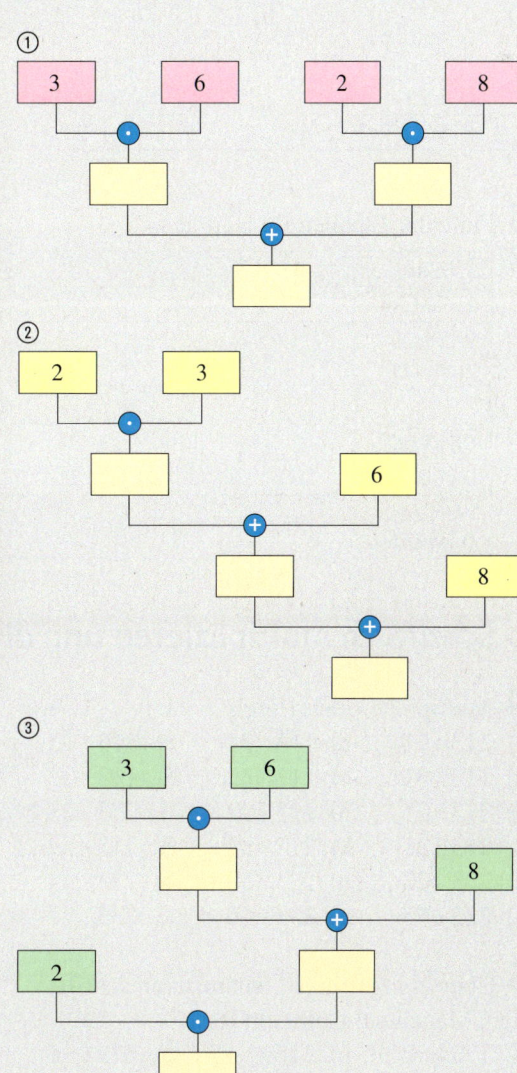

3 Schreibe zu jedem Rechenbaum aus
Aufgabe 2 die zugehörige Rechenaufgabe auf
und berechne das Ergebnis.
Welche Gesetze musst du anwenden, um die
Aufgaben zu lösen?

4 Wähle eine der Aufgaben aus. Zeichne
dazu einen Rechenbaum und erfinde eine
passende Textaufgabe.

① $4 \cdot 8 + 5 \cdot 6$ ② $2 \cdot (3 + 5)$
③ $2 \cdot 5 + 3 \cdot 7$ ④ $3 \cdot 10 + 2 \cdot 6$

ZUR
INFORMATION
Rechenbäume
sollen den
Aufbau von
Aufgaben mit
mehreren
Rechenschritten
veranschau-
lichen.

Klar soweit?

→ Seite 122

■ Im Kopf multiplizieren und dividieren

1 Löse die Aufgaben.
a) Multipliziere 8 mit 20.
b) Verdopple die Zahl 13.
c) Bilde das Produkt aus 17 und 4.
d) Vervielfache 12 mit 11.
e) Nimm 45 mit 3 mal.
f) Verfünffache die Zahl 27.
g) Berechne das Dreifache der Zahl 99.
h) Teile 72 durch 9.

1 Finde eine passende Frage und antworte.
a) Im Fahrradkeller einer Schule stehen neun Fahrradständer. In jeden Fahrradständer passen 12 Fahrräder.
b) Am Schulfußballturnier nehmen 8 Jungen-Mannschaften und 6 Mädchen-Mannschaften teil.
Eine Mannschaft besteht mit den Ersatzspielern aus 14 Spielern oder Spielerinnen.

2 Zeichne die Multiplikationsmauern ab und vervollständige sie.

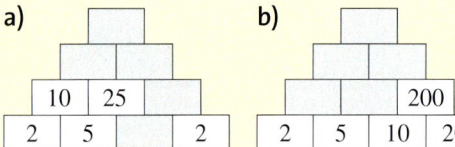

a)

b)

2 Übertrage die Tabelle in dein Heft und ergänze sie.

·	7		12		20		3	
4	28	36		20				
6						48		
			144					120

3 Fülle die Tabellen im Heft aus.

a)

1. Faktor	6		9
2. Faktor	12	25	
Wert des Produkts		100	72

b)

Dividend		130	25
Divisor	200		25
Wert des Quotienten	10	10	

3 Fülle die Tabellen im Heft aus.

a)

1. Faktor	16		19
2. Faktor	11	12	
Wert des Produkts		144	152

b)

Dividend		180	2525
Divisor	250		25
Wert des Quotienten	12	15	

→ Seite 126

■ Schriftlich multiplizieren und dividieren

4 Multipliziere schriftlich.
a) 113 · 11   b) 113 · 21   c) 113 · 23
d) 113 · 31   e) 113 · 32   f) 113 · 33
g) 213 · 21   h) 213 · 22   i) 213 · 23
j) 213 · 31   k) 213 · 32   l) 213 · 33
m) 233 · 22   n) 233 · 33   o) 233 · 44
p) 233 · 55   q) 233 · 66   r) 233 · 77

4 Berechne. Überschlage zuerst.
a) 112 · 221   b) 123 · 231   c) 211 · 131
d) 221 · 221   e) 222 · 333   f) 312 · 123
g) 313 · 212   h) 312 · 312   i) 321 · 213
j) 671 · 176   k) 729 · 279   l) 2432 · 72
m) 3815 · 62   n) 4256 · 12   o) 4371 · 52
p) 4417 · 18   q) 6111 · 51   r) 6312 · 41

5 Überschlage zuerst, rechne dann schriftlich. Manchmal bleibt ein Rest.
a) 1724 : 2   b) 3189 : 4   c) 6714 : 6
d) 1635 : 5   e) 4138 : 3   f) 6385 : 7
g) 1954 : 7   h) 4621 : 8   i) 4944 : 12

5 Dividiere folgende Zahlen durch 4, 5, 6 und 25.
a) 31 538   b) 84 520   c) 16 940
d) 76 431   e) 603 405   f) 326 004
g) 80 211   h) 654 209   i) 832 664

6 Von einem Buch, das 22 € kostet, werden in einem Monat 386 Exemplare verkauft. Wie viel Geld wurde damit eingenommen?

7 Aus 2400 g Teig werden Plätzchen gebacken. Für jedes Plätzchen benötigt man etwa 15 g Teig.
Wie viele Plätzchen kann man aus dem Teig machen?

6 Der Eintritt ins Schwimmbad kostet 3,25 €.
Lukas geht mit fünf Freunden schwimmen. Wie viel Eintritt zahlen sie insgesamt?

7 Eine Tippgemeinschaft aus vier Personen spielt seit über drei Jahren gemeinsam Lotto. Sie haben fünf Richtige und gewinnen zusammen 3752 €.
Das Geld teilen sie gerecht auf.

■ Rechenregeln sinnvoll nutzen

→ Seite 130

8 Rechne vorteilhaft.
a) $284 \cdot 25 \cdot 10$ b) $205 \cdot 20 \cdot 3$
c) $8 \cdot 28 \cdot 50$ d) $20 \cdot 62 \cdot 50$
e) $19 \cdot 21$ f) $4 \cdot 438 \cdot 25$
g) $83 \cdot 2 \cdot 5$ h) $15 \cdot 20 \cdot 47$

9 Klammere aus und rechne dann.
a) $287 : 7 - 147 : 7$
b) $513 : 9 + 243 : 9$
c) $280 : 5 - 230 : 5$
d) $300 : 5 + 175 : 5$
e) $125 : 25 + 875 : 25$
f) $700 : 50 + 1300 : 50$

8 Beachte die Vorrangregeln und berechne.
a) $460 + (112 - 52) \cdot 9$
b) $105 + (30 - 9) \cdot 10$
c) $1000 - (29 + 26) \cdot 4$
d) $220 - (89 - 59) \cdot 7$
e) $331 - (88 - 52) \cdot 3$

9 Nutze das Distributivgesetz und berechne.
a) $47 \cdot 7$ b) $26 \cdot 4$
c) $31 \cdot 6$ d) $320 \cdot 6$
e) $8 \cdot 24$ f) $9 \cdot 67$
g) $6 \cdot 44$ h) $7 \cdot 240$
i) $560 \cdot 8$ j) $1800 \cdot 90$

10 Welche Aufgaben führen zum gleichen Ergebnis?
Kannst du das auch erkennen, ohne zu rechnen?

$315 : 5 - 215 : 5$ $13 \cdot 8 + 7 \cdot 8$ $2 \cdot 7 \cdot 7$ $4 \cdot 8 \cdot 5$ $140 : (2 + 5)$

$20 \cdot 8$ $100 : 5$ $140 : 7$ $(575 - 85) : 5$ $140 : 2 + 140 : 5$

11 Eine Judogruppe besteht aus acht Mitgliedern. Nach einer bestandenen Prüfung bestellen sie gemeinsam neue Anzüge und neue Gürtel.
Jeder Anzug kostet 27 €, jeder Gürtel kostet 9 €.
Wie viel kostet die Bestellung insgesamt?
Berechne mit und ohne Klammer.

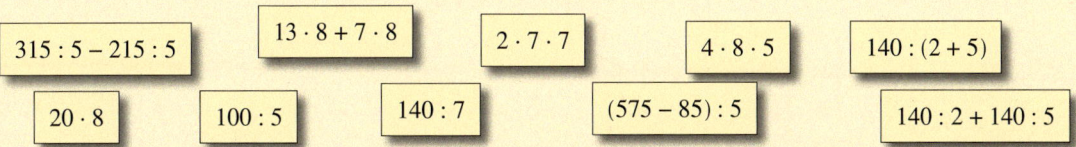

11 Annes Klasse möchte das Geld, das sie bei einem Klassenfest eingenommen haben, für drei verschiedene Hilfsprojekte spenden.
Durch den Verkauf von Kaffee, Kuchen und Getränken wurden 51 € eingenommen, der Grillstand konnte sogar 69 € Gewinn machen.
Anne meint, dass für jedes Hilfsprojekt 74 € gespendet werden können.
Sie hat so gerechnet:
$51 + 69 : 3 = 51 + 23 = 74$.
Hat Anne Recht?

Vermischte Übungen

1 Übertrage die Multiplikationstabelle in dein Heft und ergänze sie.

·	3	10	0	90		200	14	22
17					102			
23								
	90							

2 In der Andersen-Schule gibt es 84 neue Fünftklässler. Sie werden in drei gleich große Klassen eingeteilt.
Berechne im Kopf, wie viele Schülerinnen und Schüler in jeder Klasse sind.

1 Übertrage die Aufgaben in dein Heft und bestimme die fehlenden Zahlen.
a) $20 \cdot \blacksquare = 480$ b) $\blacksquare \cdot 60 = 480$
c) $12 \cdot \blacksquare = 480$ d) $\blacksquare \cdot 6 = 480$
e) $48 \cdot \blacksquare = 480$ f) $\blacksquare \cdot 4 = 480$
g) $2 \cdot \blacksquare = 480$ h) $\blacksquare \cdot 3 = 480$

2 Ein Erwachsener atmet in einer Minute etwa 18-mal, ein kleines Kind atmet dagegen etwa 40-mal.
Wie oft atmet ein Erwachsener bzw. ein kleines Kind in einer Stunde (an einem Tag; in einem Monat; in einem Jahr)?

3 Sortiere die Dominosteine der Reihe nach. Rechne im Kopf.

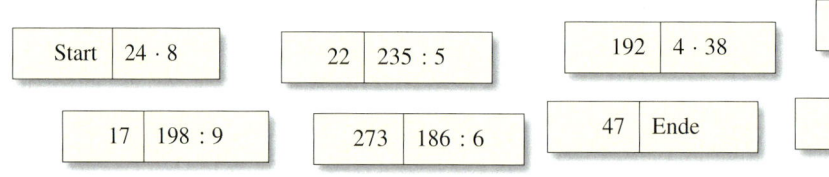

| Start | $24 \cdot 8$ | | 22 | $235 : 5$ | | 192 | $4 \cdot 38$ | | 31 | $136 : 8$ |

| 17 | $198 : 9$ | | 273 | $186 : 6$ | | 47 | Ende | | 152 | $7 \cdot 39$ |

4 Wie heißt das Lösungswort?
Ordne die Buchstaben in der Reihenfolge der Lösungen:
a) $184 : 8$ b) $6 \cdot 22$
   $7 \cdot 28$ $231 : 11$
   $12 \cdot 11$ $12 \cdot 14$
   $147 : 7$ $207 : 9$
   $4 \cdot 42$ $4 \cdot 49$

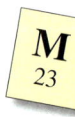

H 21 **M** 23
A 196 **E** 168 **T** 132

4 Die Ergebnisse bilden in der richtigen Reihenfolge ein Lösungswort.

$425 : 25 =$ | T | 17 |
$8500 : 17 =$ | N | 360 |
$5 \cdot 4 \cdot 3 \cdot 2 \cdot 0 =$ | S | 168 |
$12 \cdot 14 =$ | A | 500 |
$125 \cdot 8 =$ | D | 28 |
$3 \cdot 4 \cdot 5 \cdot 6 =$ | E | 1000 |
$420 : 15 =$ | U | 0 |

5 Berechne. Beachte die „Punkt-vor-Strich-Regel" und die Klammern.
a) $(9 + 6) \cdot 30$ b) $(77 - 32) \cdot (7 + 13)$
c) $(25 + 5 \cdot 6) \cdot 20$ d) $(47 + 6 \cdot 2) \cdot 4$
e) $(75 - 9 \cdot 8) \cdot 125$ f) $27 : (25 - 8 \cdot 2)$
g) $13 \cdot (14 - 8) + 57$ h) $81 - 4 \cdot (40 - 27)$

5 Welche Klammern können wegfallen? Begründe und berechne die Lösungen.
a) $(25 \cdot 2) + 7$ b) $25 \cdot (2 + 7)$
c) $27 : (9 \cdot 3)$ d) $(27 : 9) \cdot 3$
e) $12 + (9 \cdot 6)$ f) $(12 + 9) \cdot 6$
g) $64 : (16 - 8)$ h) $(64 : 4) - 8$

6 Übertrage in dein Heft und fülle aus.

·	5		7		8	
19				114		
23		207				69

6 Übertrage in dein Heft und fülle aus.

:	2	3			6	12
360			90			
540				108		

$$\frac{x+y}{2}$$

7 Übertrage das Kreuzzahlrätsel in dein Heft und trage ein.

①	⑤			⑧
②			⑦	
	③	⑥		
④				

waagerecht
① Produkt aus 18 und 23
② Quotient aus 3577 und 49
③ Produkt aus 118 und 33
④ Quotient aus 65 352 und 42

senkrecht
⑤ Produkt aus 15 und 89
⑥ Produkt aus 17 und 5
⑦ Quotient aus 1488 und 3
⑧ Quotient aus 3234 und 11

8 Berechne.
Die Lösungen stehen in der Randspalte.
Es ergibt sich ein Lösungswort.
a) $46 + 5 \cdot 4 - 7 \cdot 8$ b) $15 + 3 \cdot 4 - 9 + 12$
c) $26 - 4 \cdot 5 + 7 \cdot 8$ d) $26 \cdot 4 - 5 \cdot 7 + 8$
e) $15 \cdot 3 - 4 + 108$ f) $15 \cdot 3 \cdot 4 - 9 + 12$
g) $8 \cdot 5 + 7 \cdot 6$ h) $97 + 88 \cdot 12$

7 Übertrage das Rätsel in dein Heft und fülle die Felder aus.

	①		②	
④				④
⑤			⑥	
⑦		⑧		⑨
	⑩			

waagerecht
③ $392 \cdot 48$
⑤ $17 \cdot 24$
⑥ $3 \cdot 231$
⑦ $83 \cdot 12$
⑨ $5 \cdot 100$
⑩ $7 \cdot 8479$

senkrecht
① $18 \cdot 16$
② $3 \cdot 72$
③ $35 \cdot 297$
④ $863 \cdot 81$
⑧ $17 \cdot 41$
⑨ $62 \cdot 9$

8 Setze die fehlenden Klammern im Heft.
a) $12 + 13 \cdot 4 - 2 = 98$
b) $5 + 4 \cdot 12 - 6 = 54$
c) $12 + 8 \cdot 20 - 12 = 160$
d) $48 - 8 \cdot 4 = 160$
e) $12 + 3 \cdot 8 : 2 = 18$

77A
10B
62D
183E
149P
82S
1153T
30U

9 Übertrage die Rechenbäume ins Heft. Ergänze und schreibe die zugehörige Aufgabe auf.

a)
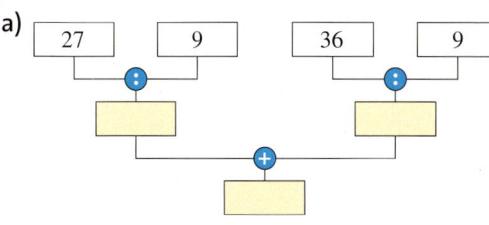

| 27 | 9 | | 36 | 9 |

b)
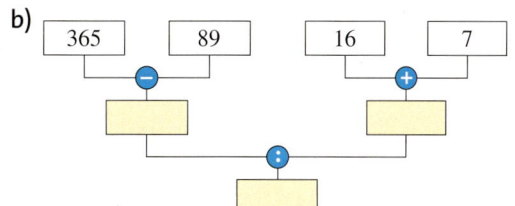

| 365 | 89 | | 16 | 7 |

10 Schreibe die Aufgabe und berechne sie.
a) Multipliziere 15 und 8.
b) Berechne das Produkt aus 12 und 9.
c) Dividiere 220 durch 4.
d) Addiere die Summe aus 12 und 28 zum Produkt aus 12 und 20.
e) Multipliziere den Quotienten aus 120 und 3 mit 30.
f) Dividiere die Differenz aus 97 und 17 durch 16.

10 Bei diesem magischen Quadrat wird multipliziert.
Der Wert des Produktes in den Spalten, den Zeilen und den Diagonalen ist 4096.
Zeichne das magische Quadrat in dein Heft ab und ergänze fehlende Zahlen.

128		
	16	64

6

11 Überschlage zuerst das Ergebnis.
Dividiere dann schriftlich.
a) 4606 : 7
b) 6280 : 8
c) 4295 : 5
d) 1680 : 3
e) 6282 : 9
f) 4032 : 8
g) 6650 : 7
h) 8045 : 5
i) 39512 : 4
j) 77200 : 8

11 Berechne die Aufgabe.
Prüfe dein Ergebnis mit der Umkehraufgabe.
a) 11412 : 12
b) 9152 : 11
c) 102326 : 14
d) 50464 : 16
e) 16362 : 18
f) 874551 : 19
g) 10716 : 19
h) 17243 : 43
i) 27816 : 61
j) 12920 : 34

12 Familie Wildauer möchte fünf Tage lang Urlaub machen.
Was ist günstiger: Pension Weitsicht oder Haus Müller?

13 Übertrage das Rätsel in dein Heft und fülle die leeren Felder aus.

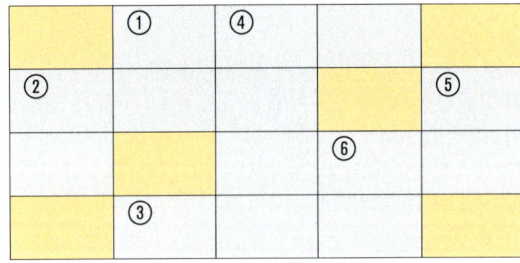

waagerecht
① 17 · 15
② 42 · 12
③ 41 · 16

senkrecht
① 360 : 18
② 486 : 9
④ 27125 : 5

⑤ 1287 : 13
⑥ 1064 : 14

13 In den folgenden Rechnungen befinden sich einige Fehler. Finde sie und beschreibe, was falsch gemacht wurde.

a) 782 · 4
   28328

b) 238 · 402
     952
     476
    9996

c) 357 · 509
    1785
     357
   13213
  185283

d) 75 · 234
    140
    635
    280
  20630

14 In der Formel 1 werden die Punkte nach folgendem Muster vergeben:

Platz	1	2	3	4	5	6	7	8
Punkte	10	8	6	5	4	3	2	1

In einer Saison finden 18 Rennen statt.
a) Wie viele Punkte werden insgesamt in einer Saison vergeben?
b) Wie viele Punkte kann der Weltmeister maximal erreichen?

15 Ein Herz schlägt in einer Minute etwa 70-mal. Wie oft schlägt es in einer Stunde (an einem Tag)?

14 Benutze die Ziffern 3, 4, 5, 6, 7, 8 jeweils genau einmal für folgende Multiplikationsaufgabe: ▢▢▢ · ▢▢▢ =
a) Wie lautet das größte Ergebnis, das du so erreichen kannst?
Warum ist es das größte?
b) Wie lautet das kleinste Ergebnis, das du so erreichen kannst?
Warum ist es das kleinste?

15 Bei einem Schachturnier spielt jeder der vier Spieler von Mannschaft A gegen jeden der fünf Spieler von Mannschaft B.
Wie viele Spiele finden statt?

16 Rechentrick?

a) Berechne die Produkte.
  ① $25 \cdot 25$ ② $24 \cdot 26$ ③ $23 \cdot 27$
  ④ $22 \cdot 28$ ⑤ $21 \cdot 29$ ⑥ $20 \cdot 30$

b) Kannst du die Aufgaben $19 \cdot 31$ und $18 \cdot 32$ berechnen, ohne zu multiplizieren?

c) Was fällt dir auf?
  Überprüfe deine Vermutung am Produkt $50 \cdot 50$ sowie an weiteren Beispielen.

17 Finde Aufgaben mit gleicher Lösung.

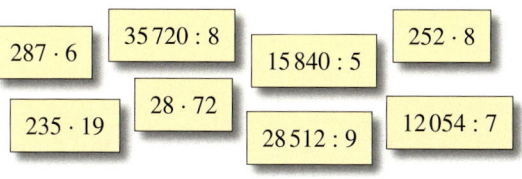

$287 \cdot 6$ $35\,720 : 8$ $15\,840 : 5$ $252 \cdot 8$
$235 \cdot 19$ $28 \cdot 72$ $28\,512 : 9$ $12\,054 : 7$

18 Weiterdenken

a) Berechne.
  ① $1 \cdot 1$ ② $11 \cdot 11$ ③ $111 \cdot 111$

b) Gib den Wert der Produkte $1111 \cdot 1111$ und $1\,111\,111 \cdot 1\,111\,111$ an, ohne schriftlich zu multiplizieren.

19 Quadratzahlen kann man als Produkte mit zwei gleichen Faktoren schreiben, also zum Beispiel $1 \cdot 1$; $2 \cdot 2$; $3 \cdot 3$; …

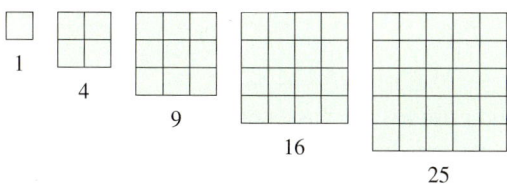

1
4
9
16
25

a) Betrachte die Abbildung und begründe, warum diese Zahlen Quadratzahlen heißen.

b) Nenne die auf 25 folgenden fünf Quadratzahlen.

c) Welche der folgenden Zahlen sind Quadratzahlen?
  256; 306; 676; 729; 855; 1001; 1521

d) Beschreibe und begründe, wie du beim Überprüfen vorgegangen bist.

20 Ist das Ergebnis 78 oder 87?

a) $3276 : 42$ b) $2088 : 24$
c) $2262 : 26$ d) $1872 : 24$
e) $2028 : 26$ f) $5394 : 62$
g) $3654 : 42$ h) $3432 : 44$

16 Hast du Ausdauer und findest das seltsame Ergebnis?
$4\,119\,245\,674\,893 \cdot 2997$

17 In einer Rolle Schokolinsen sind 68 Stück enthalten. Wie viele Rollen sollte man kaufen, wenn man mindestens 500 Schokolinsen haben möchte?

18 Gleiche Buchstaben stehen für gleiche Ziffern.

a)
```
    L A S S   ·   F I
            L A S S O
  +     R O L I N
      F E R I E N
```

b)
```
    S U P U   ·   N E U
            S U P U L L
  +       B L E I L
  +       U B U E
      S C H U L E
```

19 Eine Flasche Saft kostet $1{,}80\,€$, eine Flasche Sprudel $1{,}40\,€$.
Luka möchte genau $10\,€$ ausgeben.

20 Schätze die Lösungen durch eigene Annahmen und Rechnungen ab. Begründe die Wahl der Zahlen in deinen Rechnungen.

a) Ein LKW-Fahrer hat in zwei Wochen eine Lenkzeit von maximal 90 Stunden. Welche Strecke kann er in dieser Zeit zurücklegen?

b) Ein LKW-Fahrer ist in einer Woche 2600 km weit gefahren. Wie viele Stunden hat er gearbeitet?

c) Wie viele Tage bist du alt?

d) Wie alt sind alle Schülerinnen und Schüler deiner Klasse (deiner Schule) zusammen?

e) Das Taipei 101 ist eines der höchsten Gebäude der Welt. Es hat seinen Namen aufgrund seiner 101 Stockwerke. Wie hoch ist das Gebäude?

f) Ein Bücherstapel ist einen Meter hoch. Wie viele Bücher liegen auf dem Stapel?

g) Zu Beginn der Ferienzeit steht Familie Meier auf einer zweispurigen Autobahn in einem 12 km langen Stau. Wie viele Autos stehen ungefähr in dem Stau?

Teste dich!

(5 Punkte)

1 Schreibe die Aufgabe ins Heft und löse sie.
a) Dividiere die Summe der Zahlen 32 und 76 durch die Zahl 18.
b) Multipliziere die Summe der Zahlen 14 und 39 mit 11.
c) Dividiere die Differenz der Zahlen 225 und 50 durch die Zahl 35.
d) Berechne das Achtfache der Differenz aus 165 und 82.
e) Wie oft ist die Zahl 40 in der Differenz der Zahlen 519 und 279 enthalten?

(12 Punkte)

2 Berechne im Kopf.
a) $5 \cdot 9 \cdot 2$
b) $0 : 6$
c) $18 - 12 : 2$
d) $7 \cdot 4 \cdot 25$
e) $12 : 6 : 2$
f) $(18 - 12) : 2$
g) $5 \cdot 28 \cdot 2$
h) $6 : 0$
i) $27 + 123 : 3$
j) $18 \cdot 17$
k) $15 \cdot 17 + 15 \cdot 3$
l) $180 : (18 + 12)$

(8 Punkte)

3 Multipliziere schriftlich. Überschlage zuerst das Ergebnis.
a) $235 \cdot 18$
b) $1489 \cdot 62$
c) $7829 \cdot 54$
d) $5262 \cdot 3$
e) $41\,992 \cdot 8$
f) $37\,686 \cdot 11$
g) $4395 \cdot 86$
h) $90\,804 \cdot 95$

(6 Punkte)

4 Ordne der folgenden Textaufgabe den passenden Rechenbaum zu und ergänze ihn in deinem Heft.
In der Garage von Familie Meier stehen drei Kisten Saft.
In jeder Kiste befinden sich zehn Flaschen.
Außerdem stehen fünf Flaschen Saft im Vorratsraum.

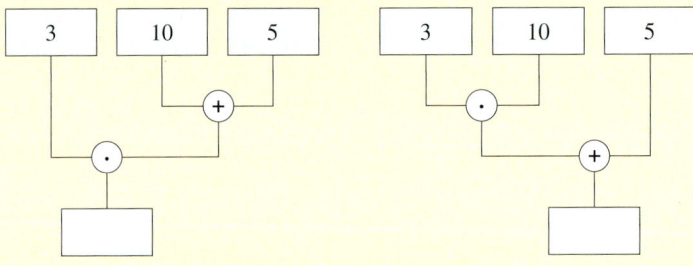

Ergänze auch den zweiten Rechenbaum im Heft und erfinde eine passende Textaufgabe.

(8 Punkte)

5 Dividiere schriftlich. Überschlage zuerst das Ergebnis.
a) $41\,992 : 8$
b) $37\,686 : 11$
c) $4395 : 5$
d) $90\,810 : 9$
e) $360\,696 : 12$
f) $7632 : 6$
g) $211\,806 : 7$
h) $1\,343\,798 : 23$

(13 Punkte)

6 Übertrage die Tabellen ins Heft und vervollständige sie.

a)

·	12		
3			369
8		40	
10			
12			

b)

·			49	
	143			
31	341	868		
			2401	
75				6375

(12 Punkte)

7 Gib das Ergebnis mit Rest an.
a) $513 : 2$
b) $392 : 3$
c) $724 : 8$
d) $364 : 5$
e) $670 : 30$
f) $1817 : 60$
g) $914 : 60$
h) $763 : 25$
i) $857 : 50$
j) $920 : 75$
k) $2766 : 25$
l) $4099 : 40$

8 In einer Fabrik werden Würstchen verpackt und verladen. *(5 Punkte)*
Jedes Päckchen enthält 6 Würstchen, 16 Päckchen kommen in ein Paket,
eine Palette fasst 80 Pakete. Der Lieferwagen wird von einem Gabel-
stapler mit 75 Paletten beladen.
Wie viele Würstchen werden ausgeliefert?
Wie viele Päckchen sind das?

9 Eine Schatzkiste enthält 150 Goldmünzen, 250 Silbermünzen und *(6 Punkte)*
850 Kupfermünzen.
Jede Goldmünze wiegt 16 Gramm, eine Silbermünze 21 Gramm und jede
Kupfermünze 8 Gramm. Die Schatzkiste wiegt 500 Gramm.
Wie schwer ist der gesamte Schatz?

10 Familie Weiland lässt ihr Wohnzimmer von einem Maler streichen. *(6 Punkte)*
Die Materialkosten betragen 58 €. Für eine Arbeitsstunde verlangt der Maler 27 €.
a) Herr Weiland meint, dass der Maler für die Arbeiten fünf Stunden benötigen wird.
  Wie hoch sind in diesem Fall die Kosten?
b) In seiner Rechnung verlangt der Maler von Familie Weiland 382 €.
  Wie lange hat der Maler gearbeitet, wenn die Rechnung korrekt ist?

11 Überprüfe, ob die folgenden Aussagen richtig sind. *(10 Punkte)*
a) Die Summe von zwei ungeraden Zahlen ist immer gerade.
b) Das Produkt von zwei ungeraden Zahlen ist immer gerade.
c) Ist die Summe von drei natürlichen Zahlen gerade, so ist deren Produkt ebenfalls gerade.
d) Dividiert man eine gerade Zahl durch eine ungerade, so erhält man immer einen Rest.
e) Wird eine ungerade Zahl nacheinander dreimal verdoppelt, so ist das Ergebnis immer
  ungerade.

12 Vom 22. Dezember bis *(9 Punkte)*
zum 18. Mai ging die MS Astor
auf große Fahrt.
Während der 148-tägigen Weltreise waren 590 Passagiere
und 250 Besatzungsmitglieder
mit dem 176 Meter langen
Kreuzfahrtschiff unterwegs.
Mit an Bord: Lebensmittel und
Getränke, damit Besatzung
und Passagiere auch in der Ferne nicht auf gewohnte Speisen
verzichten müssen.

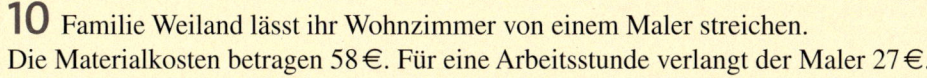

Lebensmittel auf Weltreise
Kreuzfahrtpassagiere genießen auch in der Ferne gewohnte Speisen
35 204 Liter Bier
84 794 kg Obst
55 897 kg Gemüse
200 000 Eier
12 837 Liter Wein
19 258 kg Fleisch
12 320 kg Fisch
MS Astor macht während der 73 124 km langen Weltreise in 72 Häfen fest
Proviant für die 148-tägige Astor-Weltreise des kommenden Winters
Quelle: Transocean Tours

a) Bestimme die Menge
  an Gemüse, die pro Tag
  benötigt wird.
b) Bestimme die Fleisch-
  menge, die pro Person benötigt wird.
c) Wie viel Obst wird pro Person und pro Tag vom Küchenchef verarbeitet?

$$\frac{x+y}{2}$$

Zusammenfassung

→ Seite 122

Im Kopf multiplizieren und dividieren

Multiplikation ist die mehrmals ausgeführte Addition des gleichen Summanden.
Fachbegriffe bei der **Multiplikation**

$$3 \quad \cdot \quad 95 \quad = \quad 285$$

1. Faktor · 2. Faktor = Wert des Produkts

Produkt

$18 + 18 + 18 + 18 = 4 \cdot 18 = 72$

Bei der **Division** wird eine Zahl in gleiche Teile zerlegt.
Fachbegriffe bei der **Division**:

$$327 \quad : \quad 3 \quad = \quad 109$$

Dividend : Divisor = Wert des Quotienten

Quotient

$72 : 4 = 18$
$72 : 18 = 4$

→ Seite 126

Schriftlich multiplizieren und dividieren

Beim halbschriftlichen Multiplizieren werden Zwischenergebnisse aufgeschrieben und anschließend addiert.

Das **schriftliche Multiplizieren** ist die verkürzte Form des halbschriftlichen Multiplizierens.
Die Zwischenergebnisse müssen dabei stellengerecht untereinander geschrieben werden.

$$
\begin{array}{r}
52 \cdot 25 \\
\hline
1040 \\
+ \ 260 \\
\hline
1300
\end{array}
$$

Beim halbschriftlichen Dividieren werden Zwischenergebnisse aufgeschrieben und anschließend addiert.

Das **schriftliche Dividieren** ist eine verkürzte Form des halbschriftlichen Dividierens.

$$
\begin{array}{r}
574 : 7 = 82 \\
-56\!\!\downarrow \\
\hline
14 \\
-14 \\
\hline
0
\end{array}
$$

→ Seite 130

Rechenregeln sinnvoll nutzen

Kommutativgesetz (Vertauschungsgesetz)
$a \cdot b = b \cdot a$

$3 \cdot 5 = 5 \cdot 3$

Assoziativgesetz (Verbindungsgesetz)
$(a \cdot b) \cdot c = a \cdot (b \cdot c)$

$(3 \cdot 5) \cdot 2 = 3 \cdot (5 \cdot 2)$

Distributivgesetz (Verteilungsgesetz)
$(a + b) \cdot c = a \cdot c + b \cdot c$ bzw. $(a - b) \cdot c = a \cdot c - b \cdot c$
$(a + b) : c = a : c + b : c$ bzw. $(a - b) : c = a : c - b : c$

$(3 + 5) \cdot 2 = 3 \cdot 2 + 5 \cdot 2$

Vorrangregeln
1) Werte in Klammern werden zuerst berechnet.
2) Punktrechnung geht vor Strichrechnung.

$(3 + 5) \cdot 2 = 8 \cdot 2 = 16$
$3 + 5 \cdot 2 = 3 + 10 = 13$

Größen

Schafft Sara es bis ganz nach oben?
Der Kletterfelsen ist immerhin 15 m hoch.
Aber sie ist gut gesichert und kann die
Haken benutzen, um sich festzuhalten.
Sie benötigt ungefähr 20 Minuten für den Aufstieg.
Der Abstieg geht viel schneller.

Noch fit?

Einstieg

1 Strecken ordnen
Ordne die angegebenen Strecken nach der Größe. Beginne mit der kürzesten.

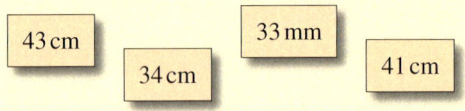

43 cm 34 cm 33 mm 41 cm

2 Einheiten von Größen
Gib die richtige Einheit an.
a) Carina wiegt 35 ■.
b) Max ist 157 ■ groß.
c) Eine Reitstunde kostet 29,90 ■.
d) Die kleine Pause ist 5 ■ lang.
e) Das Körnerbrötchen kostet 40 ■.
f) Das Schwimmbecken ist 50 ■ lang.

3 Zehnersystem
BEISPIEL 10 Hunderter = 1 Tausender ■
a) 1 Zehner = ■ Einer
b) ■ Einer = 1 Hunderter
c) 1000 Einer = ■ Tausender
d) ■ Einer = 3 Zehner

4 Tiere vergleichen
Ordne die Tiere nach ihrer Masse. Beginne mit dem leichtesten.

Aufstieg

1 Strecken ordnen
Ordne die angegebenen Strecken nach der Größe. Beginne mit der kürzesten.

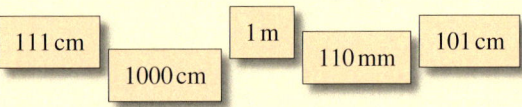

111 cm 1000 cm 1 m 110 mm 101 cm

2 Einheiten von Größen
Gib die richtige Einheit an.
a) Für den Kuchenteig braucht man 500 ■ Mehl und $\frac{1}{2}$ ■ Milch.
b) Ein Fußballspiel ohne Verlängerung dauert weniger als 2 ■.
c) Tom kauft für 29,99 ■ ein neues Fußball-trikot und bekommt 1 ■ zurück.

3 Zehnersystem
BEISPIEL 1 Hunderter = 100 Einer ■
a) 3 Tausender = ■ Hunderter
b) ■ Einer = 8 Hunderter
c) 20 Zehner = ■ Hunderter
d) ■ Einer = 77 Zehner

4 Fortbewegungsmittel vergleichen
Ordne die Fortbewegungsmittel nach ihrer Masse. Beginne mit dem leichtesten.

5 Kurz und knapp
a) Was ist mehr wert: 50 Cent oder 5 Euro?
b) Was ist schwerer: 250 Gramm oder zwei Kilogramm?
c) Was ist weiter: drei Meter oder 90 Zentimeter?
d) Was dauert länger: 25 Stunden oder ein Tag?

◼ Größen im Alltag und ihre Einheiten

Erforschen und Entdecken

1 Beschreibe wie du vorgehst, um die Fragen zu beantworten.

a) Welcher Einkaufswagen ist schwerer?

b) Wo liegt mehr Geld?

2 Welche Größen verbergen sich hinter den folgenden Fragen?

Bin ich weiter als 3 m gesprungen?

Wiegen 4 Äpfel mehr als 4 Tennisbälle?

Fahre ich mit dem Fahrrad schneller als ein Dampfer?

3 Lottospieler träumen davon, einmal im Leben 1 000 000 € zu gewinnen.
Stelle dir vor, ein solcher Gewinn würde in einzelnen 1-€-Münzen ausgezahlt.

① Könntest du einen solchen Berg von Münzen überhaupt tragen?
② Wie hoch wäre wohl ein Stapel von einer Million Euro in 1-€-Münzen?
③ Wie lang ist die Strecke, wenn man die Münzen in einer langen Kette aneinanderlegt?

Wähle eine der Fragen aus und überlege dir eine gute Vorgehensweise zur Beantwortung.
Arbeitet zu zweit und erklärt euch gegenseitig euer Vorgehen.
Einigt euch auf ein Verfahren und beantwortet eine Frage genauer.

4 Welche Größe wird mit welchem Messinstrument gemessen? Ordne richtig zu.
Masse – Länge – Zeit – Geld

①
②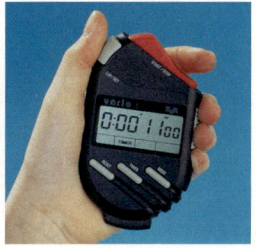
③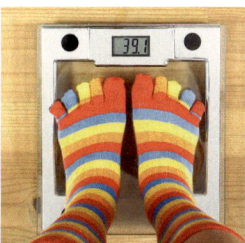
④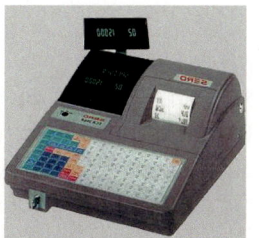

NACHGEDACHT
Wie lange bräuchte man, wenn man sich 1 Million Euro in 1-Cent-Stücken auszahlen lassen möchte (rechne pro Cent eine Sekunde)?

7

Lesen und Verstehen

Der Rennfahrer fährt Runde um Runde.
Er will der Beste sein, der Schnellste.
3 Monate hat er hart für dieses Rennen
trainiert. 2000 € bekommt der Sieger des
Rennens über 20 km.
Schon 20-mal hat er die Bahn umrundet.
Dem Rennfahrer geht die Puste aus.
Die 400-m-Bahnen kommen ihm von Runde
zu Runde länger vor.
Seine Bestzeit für die Strecke liegt bei
28 Minuten und 31 Sekunden.

SCHON GEWUSST?
Das gehört zum
Beispiel zusammen:

Größe	Einheit
Länge	cm, m
Masse	kg, g
Zeit	min, Jahr
Geld	€, ct

Auch in unserem täglichen Leben begegnen uns sehr oft verschiedene Größen.
Man erkennt Größen an der Einheit hinter der Zahl.
Wir unterscheiden z. B. die Größen Länge, Masse, Zeit und Geld.

> **Größen** beschreiben Eigenschaften von
> Gegenständen, Vorgängen und Zuständen.
>
> Eine Größe wird durch einen **Zahlenwert**
> und eine **Einheit** angegeben.

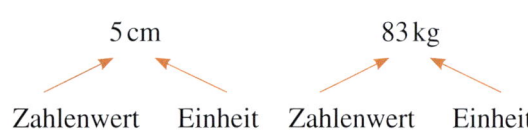

5 cm   83 kg

Zahlenwert   Einheit   Zahlenwert   Einheit

Für den Rennfahrer ist im Moment die wichtigste Größe die Zeit, seine Fahrzeit soll im
Vergleich zu den Zeiten der anderen die kleinste sein.
Wenn alle Fahrer gleichzeitig losfahren, gewinnt der Sportler, der als erster über die Ziellinie
fährt. Beim Zeitfahren aber hilft zum Vergleich das Messen der Fahrzeit.

> Größen können gemessen werden.
> Beim **Messen** von Größen wird mit einer vorgegebenen Einheit verglichen.

BEISPIELE

1 cm

1) Eine Strecke $\overline{PQ}$ ist 5 cm lang.
   Das bedeutet: P   Q
   Man kann auf der Strecke $\overline{PQ}$ fünf Strecken der Länge 1 cm nacheinander abtragen.
   Die Strecke $\overline{PQ}$ ist 5-mal so lang wie eine Strecke von 1 cm Länge (5 cm = 5 · 1 cm).

BEISPIELE
für Kommazahlen:
Für 2 m und 54 cm
schreibt man z. B.
2,54 m.
Für 1 kg und 500 g
kann man 1,5 kg
schreiben.

2) Eine Unterrichtsstunde dauert 45 Minuten.
   Das bedeutet:
   Die Unterrichtsstunde dauert 45-mal so lange wie 1 Minute (45 min = 45 · 1 min). ∎

Beachte:
Sehr oft kann man die vorgegebene Einheit nicht genau soundso oft abtragen.
Beispielsweise könnte der Punkt Q im Beispiel nur ein kleines Stückchen weiter rechts liegen,
dann wäre 5 · 1 cm zu klein für die Länge der Strecke $\overline{PQ}$ und 6 · 1 cm zu groß.
Für solche Fälle werden **Kommazahlen** verwendet.
Die Zahl nach dem Komma steht dabei für eine kleinere Einheit.

Basisübungen

1 Rezept für 4 Personen

> **Quarkspeise**
> **mit Erdbeeren**
>
> *Zutaten:*
> 200 g Quark
> 100 ml Milch
> 150 g Vollkornbrot
> 100 g Schokostreusel
> 300 g frische Erdbeeren
>
> Quark und Milch verrühren. Zerkrümeltes
> Brot und Schokostreusel vermischen.
> Abwechselnd den Quark, die Erdbeeren
> und die Brotmischung schichten.
> Die oberste Schicht soll Quark sein.
> Mit Erdbeeren garnieren.

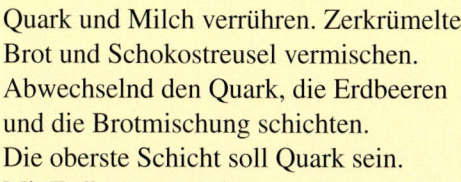

Welche Größenangaben findest du im Rezept?
Woran erkennst du Größen?

2 Diskuswurf ist eine sehr alte Sportart.

Die Diskusscheibe der Männer wiegt 2 kg, die
der Frauen 1 kg.
Der Weltrekord liegt derzeit bei 74,08 Meter
(Männer) und 76,80 Meter (Frauen).
Welche Angaben im Text gehören zu welchen
Größen? Woran erkennst du das?

1 Rezept für 4 Personen

> **Quarkbrötchen**
>
> *Zutaten:*
> 250 g Quark
> 250 g Mehl
> 1 Ei
> 1 Päckchen Backpulver
> 1 Teelöffel Salz
>
> Quark und Ei verrühren, Mehl und
> Backpulver dazugeben, salzen, 10 Brötchen
> formen und auf ein Backblech legen.
> Bei 200 °C etwa 20 min backen.

Welche Größenangaben kannst du in dem
Rezept finden?
Woran erkennst du Größen?
Welche Einheiten wurden verwendet?

2 Alle zwei Jahre finden Olympische Spiele
statt, abwechselnd im Sommer und im Winter.

Es gibt viele Disziplinen, z. B. Fußball und
Eishockey, Schwimmen und Skispringen.
Wähle 10 Sportarten aus.
Erstelle eine Tabelle, aus der ersichtlich ist,
welche Größen zu welcher Sportart gehören.
Sortiere nach Sommer- und Wintersportarten.

NACHGEDACHT
*Was bedeuten
die Angaben auf
den Schildern?*

3 Sortiere im Heft die Größenangaben zu den passenden Größen.

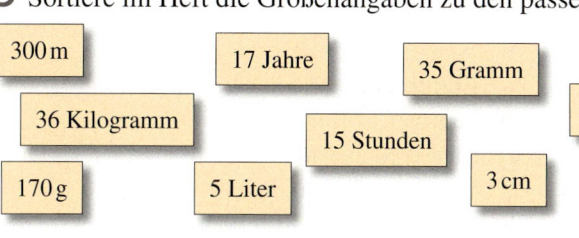

300 m	
17 Jahre	35 Gramm
36 Kilogramm	5 Kilometer
15 Stunden	45 min
170 g	5 Liter	3 cm	3,50 €

Länge

Masse

Zeit

Geld

4 Größe von Briefmarken

a) Schätze Höhe und Breite der Briefmarke.
   Miss Höhe und Breite der Briefmarke mit
   einem Lineal.
   Wer hat am besten geschätzt?
b) Welche Größe hast du gemessen:
   Zeit, Geld, Länge oder Masse?

4 Größe von Briefmarken

Schätze und miss die Größe der Briefmarke.
Welche Größenangaben findest du noch?

5 Messinstrumente
a) Was kann man mit folgenden Messinstrumenten messen?

  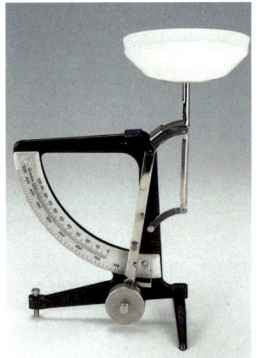 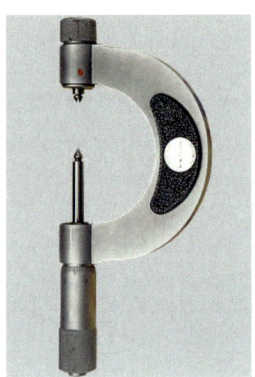

b) Hast du schon einmal ein solches Messinstrument benutzt?
   Beschreibe möglichst genau, wie dabei gemessen wird.

6 In welcher Einheit wurde gemessen?
Wie oft passt die Einheit in die gegebene
Größe?
BEISPIEL 3 Kilogramm: Einheit 1 kg,
passt 3-mal, denn 3 kg = 3 · 1 kg ■

a) 5 Kilogramm   b) 20 Gramm
c) 15 Minuten   d) 55 Stunden
e) 3 Meter   f) 6 Kilometer
g) 45 Cent   h) 16 Euro
i) 1,50 €   j) 12 m

6 In welcher Einheit wurde gemessen?
Wie oft passt die Einheit in die gegebene
Größe?
BEISPIEL 3,5 Kilometer sind 3 mal 1 Kilometer
und 500 mal 1 Meter ■

a) 501 Kilogramm   b) 220 Gramm
c) 15 min   d) 3,5 Stunden
e) 3,5 m   f) 6,5 Zentimeter
g) 40 545 Cent   h) 12,05 Euro
i) 16,25 €   j) 12,2 cm

7 In welcher Einheit würdest du die folgenden Angaben messen? Mit welchem Messinstrument würdest du messen?
a) Weite beim Weitsprung
b) Höhe einer Tür
c) Dauer einer Unterrichtsstunde
d) Masse deines Haustieres
e) Alter deines Haustieres

7 In welcher Einheit würdest du die folgenden Angaben messen? Mit welchem Messinstrument würdest du messen?
a) Entfernung zwischen zwei Städten
b) heutiges Datum
c) Masse eines Autos
d) Geschwindigkeit eines Autos
e) Größe eines Wassereimers

■ Zeit und Geld

Erforschen und Entdecken

1 Um 6:45 Uhr ist Sarah aufgestanden.
Um 7:20 Uhr ist sie mit dem Bus zur Schule losgefahren und war
15 Minuten unterwegs.
Um 8:00 Uhr fängt die Schule an.
Jede Unterrichtsstunde dauert 45 Minuten.
Nach der Schule hat Sarah eine Stunde für die Hausaufgaben
gebraucht.

a) Notiere alle Zeitangaben, die in dem Text vorkommen.
   Kannst du die Zeitangaben sortieren?
   Beschreibe, wie du sortiert hast.
b) Jetzt ist es 15:10 Uhr. Wie lange ist Sarah schon wach?
   Erkläre, wie du vorgehen kannst, um das zu berechnen.
   Worauf musst du achten?

2 Wie lang ist eigentlich eine Minute?
a) Arbeitet zu zweit. Du sitzt und versuchst, möglichst genau nach einer Minute aufzustehen.
   Deine Partnerin oder dein Partner stoppt mit einer Stoppuhr die Zeit und beobachtet, ob du
   länger oder kürzer gebraucht hast. Tauscht dann die Aufgaben.
b) Probiert auch folgende Aktivitäten aus. Gibt es Unterschiede im Zeitempfinden?
   ① Erzähle eine Minute lang von deinen Hobbys.
   ② Mache eine Minute lang Kniebeugen.
   ③ Bewege dich eine Minute lang nicht.
c) Beschreibe, wie du vorgegangen bist, um ungefähr eine Minute abzuschätzen.

Schon gewusst?
Die Drehung der
Erde um ihre
Achse bestimmt
den **Tag**, der Um-
lauf der Sonne
um die Erde
bestimmt das
Jahr. Der **Monat**
wird durch die
Bewegung des
Mondes um die
Erde bestimmt.

3 Anne, Fritz und Tim sind begeisterte Fußballfans. Am Sonnabend wollen sie zusammen zu
einem Spiel gehen.
An der Kasse sind folgende Preise angegeben:

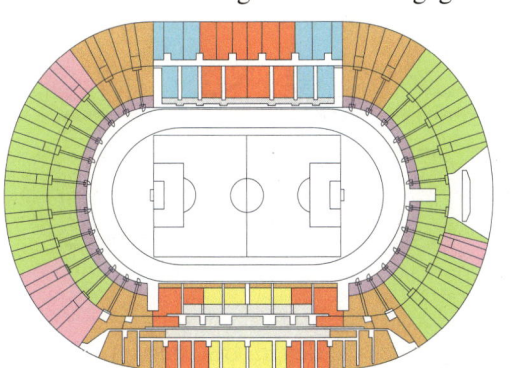

Preise in Euro	normal	ermäßigt
Sitzplätze		
Kategorie 1	39,40	32,80
Kategorie 2	31,70	25,10
Kategorie 3	29,50	22,90
Kategorie 4	22,90	16,30
Kategorie 5	16,33	12,48
Stehplätze		
Kategorie 6	13,13	9,16
Kategorie 7	10,85	7,55

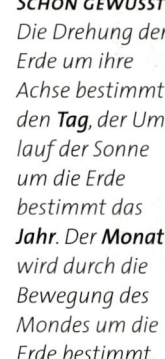

Welche Plätze können sie sich kaufen, wenn sie insgesamt 45 € dabei haben?

4 Eine Fußballmannschaft besteht aus elf Spielern und drei Ersatzspielern.
Alle Spieler sollen ein neues Trikot bekommen. Das kostet zusammen 350 €.
Für die Beschriftung mit Nummern und Vereinsnamen müssen zusätzlich 9,50 € pro Trikot
bezahlt werden.
Berechne den Gesamtpreis und den Preis für ein einzelnes Trikot.

Lesen und Verstehen

Felix sieht am Fernsehen am liebsten Sport-
sendungen. Er darf aber an einem Tag nur
45 Minuten lang fernsehen.
Er entscheidet sich oft für die Sendung
„Fußball-Kick", die um 17:15 Uhr beginnt
und genau 45 Minuten dauert.

> Die **Zeit** ist eine Größe, die die Abfolge
> von Ereignissen beschreibt.
>
> Ein **Zeitpunkt** ist ein genau festgelegter
> Termin, zum Beispiel der 15. September
> oder 11:30 Uhr.
>
> Eine **Zeitspanne** ist die Dauer zwischen
> zwei Zeitpunkten, zum Beispiel eine
> Stunde, ein Jahr oder von 15 bis 18 Uhr.

BEISPIEL 1

Zeitpunkt:
Die Fernsehsendung beginnt um 17:15 Uhr.
Zeitspanne:
Die Sendung dauert 45 min.

Zahlenwert   Einheit ■

HINWEIS
*Das Messinstru-
ment für die
Zeit ist die Uhr.
Sie zeigt den
aktuellen Zeit-
punkt an oder
misst eine Zeit-
spanne.*

Zeitspannen werden z. B. in folgenden Zeiteinheiten gemessen: Jahre, Tage, Stunden.
Die **Zeiteinheiten** lassen sich ineinander umrechnen.

> 1 Jahr = 365 Tage (d)
> 1 Tag = 24 Stunden (h)
> 1 Stunde = 60 Minuten (min)
> 1 Minute = 60 Sekunden (s)

BEISPIEL 2

Wie viele Minuten sind 2 Stunden?
$2\,h = 2 \cdot 1\,h = 2 \cdot 60\,min = 120\,min$
Wie viele Minuten sind 720 Sekunden?
$720 : 60 = 12$, also $720\,s = 12\,min$ ■

Max spielt Fußball im Verein. Zu seiner Ausrüstung zählen z. B. Trikot, Hose, Schienbein-
schoner, Strümpfe und Fußballschuhe. Was das zusammen wohl gekostet hat?

> **Geld** ist eine Größe, die angibt, wie viel
> eine Sache wert ist.
>
> In Deutschland und vielen anderen
> Ländern Europas wird Geld in Euro (€)
> oder in Cent (ct) angegeben. Es gibt auch
> andere Währungen.

BEISPIEL 3

Der Wert des Geldes im Bild beträgt 7,32 €.

7,32 €

Zahlenwert   Einheit ■

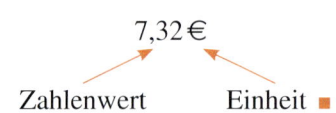

Auch beim Rechnen mit Geld muss man das Komma beachten.
Wer unsicher im Umgang mit dem Komma ist, kann die Preise in Cent umrechnen, dabei
verschwindet das Komma, z. B. 7,32 € = 732 ct.

Basisübungen

1 Zeitpunkt oder Zeitspanne?
a) Ich komme um 18:00 Uhr zu dir.
b) Die Pause beginnt um 9:35 Uhr.
c) Der Unterricht dauert von 8 Uhr bis 14 Uhr.
d) Eine Woche dauert 7 Tage.
e) Max wurde um 15 Uhr geboren.

2 Zeiteinheiten umrechnen
a) Rechne in Sekunden um.
 ① 15 min; 45 min; 60 min
 ② 4 min und 35 s; 2 min und 3 s
 ③ 10 min 15 s; 25 min 30 s
b) Rechne in Minuten um.
 ① 360 s; 3600 s; 300 s; 840 s
 ② 124 s; 296 s; 3003 s; 256 s
 ③ 2 h; 3 h; 5 h; 2 h 30 min

3 Für Werbefotos von Uhren werden diese oft auf 10:10 Uhr oder 13:50 Uhr gestellt, weil die Zeiger dann ein „lächelndes Gesicht" zeigen.
Wie viel Zeit liegt zwischen 10:10 Uhr und 13:50 Uhr?

4 Wie lange dauert es …
a) von 8:10 Uhr bis 8:50 Uhr?
b) von 7:24 Uhr bis 8:24 Uhr?
c) von 15:45 Uhr bis 17:30 Uhr?
d) von 7:45 Uhr bis 12:35 Uhr?
e) von 7:20 Uhr bis 21:15 Uhr?

5 Berechne im Heft.
a) 2 h 13 min + 3 h 26 min
b) 10 h 35 min + 3 h 18 min
c) 2 h 27 min + 4 h 54 min
d) 7 min 38 s + 13 min 22 s
e) 47 min 48 s + 1 h 46 min 16 s
f) 3 h 32 min 20 s + 2 h 27 min 40 s

1 Zeitpunkt oder Zeitspanne?
a) Die Erde dreht sich in 24 Stunden einmal um ihre Achse.
b) Der Mathematiker Leonhard Euler lebte vom 4.4.1707 bis zum 18.9.1783.
c) Mein Geburtstag ist der 25. Januar.
d) Vor drei Wochen war Neujahr.

2 Schreibe in der angegebenen Einheit.
a) 2 h 3 min (min)   b) 3 Tage 6 h (h)
c) 7 min (s)   d) 2 h 50 min (min)
e) 240 min (h)   f) 28 min 10 s (s)
g) 48 h (d)   h) 96 h (d)
i) 3 d (min)   j) 5 h 30 min (min)
k) 80 Jahre (d)   l) 800 d (Jahre)

3 Wie viel Zeit liegt dazwischen?
a)

b)

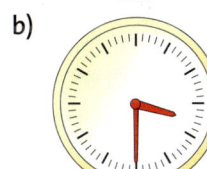 

4 Wie viele Tage dauern die jeweiligen Jahreszeiten?
Frühlingsanfang: 20.03.
Sommeranfang: 21.06.
Herbstanfang: 23.09.
Winteranfang: 21.12.

5 Sven hat sich eine neue CD gekauft. Die Längen der Lieder sind angegeben. Berechne die Gesamtlänge der CD.

Ohne dich	3 min 22 s
Heute	3 min 37 s
Sommer	3 min 33 s
Geh mit mir	3 min 19 s
Irgendwann	2 min 57 s
Geträumt	3 min 43 s
Wild	4 min 19 s
Endlich vorbei	3 min 31 s

SCHON GEWUSST?
Nicolas Hayek hat eine weltweit gültige Internetzeit erfunden. Der Tag mit seinen 24 Stunden wird in 999 Beats eingeteilt. Zum Beispiel ist 11:37 Uhr 484 Beats (beat bedeutet Schlag oder Tick).

HINWEIS
 151-1
Unter dem Webcode 151-1 findest du eine interaktive Übung zu Uhrzeiten und Zeitspannen.

6 Wandle in Euro bzw. Cent um.
a) 600 Cent (in €)   b) 4000 Cent (in €)
c) 5800 Cent (in €)   d) 750 Cent (in €)
e) 60 Cent (in €)   f) 12 € (in Cent)
g) 77 € (in Cent)   h) 380 € (in Cent)
i) 0,50 € (in Cent)   j) 5,30 € (in Cent)

6 Wandle in Cent bzw. Euro um.
a) 7 €   b) 51 €
c) 950 ct   d) 34 ct
e) 0,01 €   f) 37,05 €
g) 123 ct   h) 10 000 €
i) 24,03 €   j) 40 808 ct

SCHON GEWUSST?
*So sehen alle
Euro-Scheine aus:*

7 Gib die Beträge mit möglichst wenigen
Geldscheinen und Münzen an.
a) 4,50 €   b) 1,70 €
c) 0,83 €   d) 10,45 €
e) 13 €   f) 57 €
g) 55,10 €   h) 20,30 €
i) 92 Cent   j) 59 Cent

7 Zahle passend.
Gibt es mehrere Möglichkeiten?
a) 25,65 €   b) 67,14 €
c) 132,27 €   d) 222,22 €
e) 38,30 €   f) 379,39 €
g) 123,07 €   h) 17,80 €
i) 53,71 €   j) 537,01 €

8 Wie viel ist jeweils zu zahlen?
a) Anna kauft eine Bluse für 16 € und eine
   Hose für 43 €.
b) Amelie kauft Schuhe für 49,95 € und
   Schuhcreme für 2,50 €.
c) Frau Bender parkt drei Stunden im Park-
   haus. Jede Stunde kostet 1,80 €.
d) Celine kauft Schokolade für 69 ct und eine
   Packung Kekse für 1,29 €.
e) Maja kauft 2 Packungen Äpfel für je 2,90 €
   und Bananen für 3,50 €.
f) Daniel kauft einen Fahrradhelm für 49,50 €
   und eine Fahrradklingel für 5,90 €.
g) Florian kauft Folgendes ein:

8 Im Supermarkt gibt es folgende Angebote:

Produkt	Preis
Mineralwasser	60 ct
Cola	75 ct
Orangensaft	55 ct
Nudeln	1,09 €
Käse	1,89 €
Schmand	55 ct
Möhren	1,49 €
Broccoli	2,49 €
6 Eier	1,79 €
Paprika	1,95 €
Zucchini	2,29 €
Joghurt	39 ct

a) Frau Schrader kauft Käse, Paprika,
   Möhren, Nudeln, Schmand und Orangensaft. Wie teuer ist ihr Einkauf?
b) Herr Müller kauft von jeder Gemüsesorte
   einmal das Angebot.
   Wie viel muss er bezahlen?
c) Kaufe aus dem Angebot für möglichst
   genau 10 € ein.

HINWEIS

www 152-1

*Unter dem Web-
code 152-1 findest
du interessante
Informationen
zum Euro.*

9 Ergänze die Tabelle im Heft.

Kaufpreis	gegeben	Rückgeld
24,50 €	30,00 €	
4,71 €	10,00 €	
34,72 €	40,00 €	
39,62 €	50,00 €	
	80,00 €	22,50 €
	45,00 €	7,22 €
	65,00 €	3,27 €
44,72 €		5,28 €
17,33 €		82,67 €
8,89 €		11,11 €

9 Wie viel Wechselgeld bekommt man
zurück, wenn man diese Rechnung mit einem
20-€-Schein bezahlt?

```
---------------------------
G&G TATUE          #0.99
FRUIT 2DAY          1.99
CLEMENTINEN         1.49
KAESE SCHEI         1.99
MILCHREIS           0.59
AEPFEL              1.99
PARTY NUTS          0.89
---------------------------
Kaufsumme:
```

■ Masse und Länge

Erforschen und Entdecken

1 Mit einer Waage kann man messen, wie schwer etwas ist.

Tafelwaage

Elektronische Waage

a) Auf der links abgebildeten Tafelwaage liegen auf der einen Seite drei Pflastersteine und auf der anderen Seite sechs Wägestücke. Nur auf den großen Wägestücken kann man die Aufschrift erkennen. Wie groß ist die Masse der Pflastersteine mindestens? Begründe.

b) Das Bild rechts zeigt eine elektronische Waage. Wo werden solche Waagen verwendet?

c) Nenne noch andere Arten von Waagen. Wo werden sie verwendet?

2 Gib mindestens vier verschiedene Tiere an und schätze deren Masse.
Vergleiche nun deine Schätzungen mit Angaben über die Masse der Tiere mit Angaben aus einem Lexikon oder mithilfe des Internets.

BEACHTE
Umgangssprachlich wird für Masse auch Gewicht gesagt.

3 Längenmaße trugen früher die Namen menschlicher Gliedmaßen.
Man kannte zum Beispiel folgende Körpermaße:

Fuß

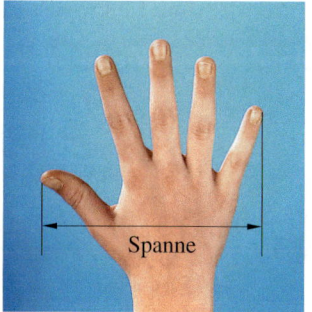

Spanne

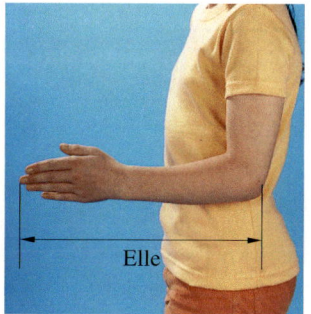

Elle

Schritt

Lasst mehrere Schülerinnen und Schüler aus eurer Klasse die Länge des gleichen Tischs in Spannen (Ellen) messen.

a) Was fällt euch auf?

b) Messt die Längen weiterer Gegenstände. Überlegt euch dazu zuerst, mit welchem Körpermaß welcher Gegenstand gemessen werden soll.

c) Früher wurden auf dem Markt zum Beispiel Tuchlängen in Ellen gemessen.
Zu welchem Problem konnte das führen? Wie könnte man dieses Problem lösen?

Lesen und Verstehen

Anne hat einen jungen Hund, der Peppels heißt.
Immer wenn sie mit ihrem Hund zum Tierarzt geht, wird er gewogen.
Das hilft dem Tierarzt einzuschätzen, ob Peppels sich richtig entwickelt.

> Die **Masse** ist eine Größe, die angibt, wie schwer etwas ist.
>
> Die Masse wird mit einer Waage gemessen.

ZUR ERINNERUNG
Viele Leute sprechen vom Gewicht, wenn sie die Masse eines Körpers meinen.

BEISPIEL 1

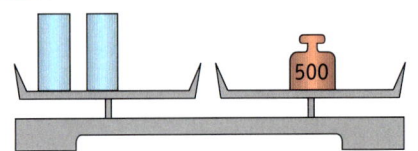

Die Masse der Zylinder beträgt 500 g.

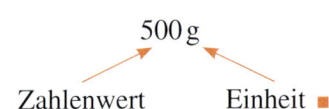

500 g

Zahlenwert   Einheit ∎

HINWEIS
*für Kommazahlen:
1,5 t steht für:
1 t und 500 kg.*

Einheiten der Masse:

Tonne (t):	1 t	= 1000 kg
Kilogramm (kg):	1 kg	= 1000 g
Gramm (g):	1 g	= 1000 mg
Milligramm (mg):	1 mg	

BEISPIEL 2

Wie viel Gramm sind 2 Kilogramm?
$2\,kg = 2 \cdot 1\,kg = 2 \cdot 1000\,g = 2000\,g$

Wie viel Tonnen sind 2500 Kilogramm?
$2500\,kg : 1000 = 2,5\,t$ ∎

Beim Tierarzt wird auch die Länge oder die Höhe eines Hundes gemessen.
Dadurch kann man erkennen, ob die Länge und die Masse des Hundes zusammenpassen.

> Die **Länge** ist eine Größe, die angibt, wie weit zwei Orte voneinander entfernt sind.
>
> Die Länge wird z.B. mit einem Lineal gemessen.

BEISPIEL 3

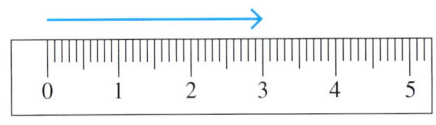

Die Länge des Pfeils beträgt 3 cm.

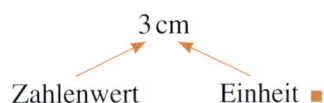

3 cm

Zahlenwert   Einheit ∎

HINWEIS
*für Kommazahlen:
1,5 km steht für:
1 km und 500 m.*

Einheiten der Länge:

Kilometer (km):	1 km	= 1000 m
Meter (m):	1 m	= 10 dm
Dezimeter (dm):	1 dm	= 10 cm
Zentimeter (cm):	1 cm	= 10 mm
Millimeter (mm):	1 mm	

BEISPIEL 4

Wie viel Zentimeter sind 5 Meter?
$5\,m = 5 \cdot 1\,m = 5 \cdot 100\,cm = 500\,cm$

Wie viel Kilometer sind 3500 Meter?
$3500\,m : 1000 = 3,5\,km$ ∎

Schon gewusst? Bei den verschiedenen Einheiten treten bestimmte Vorsilben, sogenannte
Vorsätze immer wieder auf.
Dabei bedeutet: **Kilo** mal 1000, **Dezi** durch 10, **Zenti** durch 100, **Milli** durch 100.

$$\frac{x + y}{2}$$

Basisübungen

1 Ordne die Massen 150 t, 1 mg, 10 g, 1 kg, 70 kg, 800 kg, 1 t und 7 t richtig zu.

Brief
Brot
Haar
Mensch
Auto
Eisbär
Blauwal
Elefant

2 Immer zwei Massenangaben gehören zusammen. Welche?

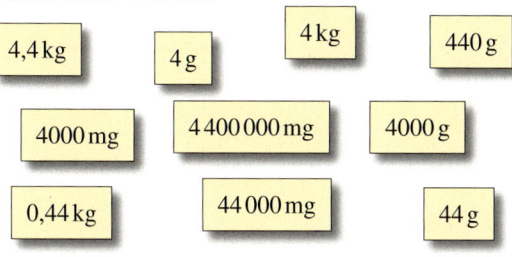

4,4 kg
4 g
4 kg
440 g
4000 mg
4 400 000 mg
4000 g
0,44 kg
44 000 mg
44 g

2 Ergänze die Einheiten.

a) 5 t = 5000 ▢ = 5 000 000 ▢
b) 4 000 000 mg = 4000 ▢ = 4 ▢
c) 0,8 t = 800 ▢ = 800 000 ▢
d) 0,007 ▢ = 7 ▢ = 7 000 ▢
e) 75 000 mg = 75 ▢
f) 800 kg = 0,8 ▢
g) 3 500 000 mg = 3,5 ▢
h) 450 g = 0,45 ▢ = 0,00045 ▢

3 Sortiere das Domino in deinem Heft.

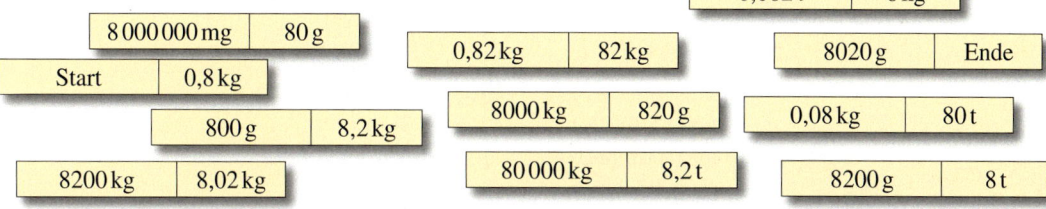

8 000 000 mg | 80 g
Start | 0,8 kg
800 g | 8,2 kg
8200 kg | 8,02 kg
0,82 kg | 82 kg
8000 kg | 820 g
80 000 kg | 8,2 t
0,082 t | 8 kg
8020 g | Ende
0,08 kg | 80 t
8200 g | 8 t

HINWEIS

www 155-1

Unter dem Webcode 155-1 findest du weiteres Übungsmaterial zum Umrechnen von Masseneinheiten.

4 Schreibe die Masse einmal in der größeren und einmal in der kleineren Einheit.

BEISPIEL 5 kg 400 g = 5,4 kg = 5400 g ▪

a) 3 kg 200 g
b) 4 t 500 kg
c) 5 g 480 mg
d) 9 kg 700 g
e) 45 t 950 kg
f) 5 t 683 kg
g) 9 kg 90 g
h) 32 kg 20 g
i) 3 t 99 kg
j) 5 t 40 kg

4 Schreibe in zwei Einheiten, einmal mit und einmal ohne Komma.

BEISPIEL 5 kg 400 g = 5,4 kg = 5400 g ▪

a) 30 kg 200 g
b) 4 t 55 kg
c) 750 g 48 mg
d) 909 kg 70 g
e) 405 t 9 kg
f) 5 t 700 g
g) 90 kg 9 g
h) 3 kg 2 g
i) 303 t 303 g
j) 5 t 5 mg

5 Rechne in die in Klammern angegebene Einheit um.

a) 7 g (mg)
b) 20 kg (g)
c) 15 000 kg (t)
d) 75 t (kg)
e) 8 000 000 g (kg)
f) 6000 mg (g)
g) 27 kg (g)
h) 361 t (kg)
i) 0,5 kg (mg)
j) 40 t (g)

5 Berechne im Heft.

a) 8 t − 6 500 kg = ▢ kg
b) 6 g − 3 850 mg = ▢ mg
c) 80 000 g − 45 kg = ▢ kg
d) 0,6 t − 80 kg = ▢ kg
e) 1 kg − 10 g + 100 mg = ▢ g
f) 37 t − 6 380 kg − 5 g = ▢ kg

7

$\dfrac{x+y}{2}$

6 Ordne den folgenden Tierarten im Heft eine passende Körperlänge zu.

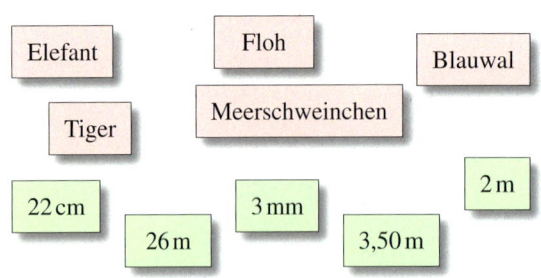

Elefant | Floh | Blauwal | Tiger | Meerschweinchen

22 cm | 3 mm | 2 m | 26 m | 3,50 m

6 Was ist jeweils richtig?
a) Ein Erwachsener ist etwa so groß:

1,45 m | 2,90 m | 1,80 m

b) Von Halle bis Dessau ist es etwa so weit:

400 km | 15 km | 60 km

c) Von der Erde zum Mond sind es etwa:

3000 km | 380 000 km | 30 000 km

HINWEIS

www 156-1

Erleichtere dir die Umrechnung von Einheiten mit einer Einheitentabelle. Unter dem Webcode 156-1 können nen leere Einheitentabellen zu Längen abgerufen werden.

7 Ergänze die Maßeinheit im Heft.
a) Entfernung Dessau – Magdeburg: 90 ▨
b) Breite eines DIN-A4-Blatts: 21 ▨
c) Länge des Klassenraums: 8 ▨
d) Bleistiftstrich: 1 ▨
e) Länge des Geodreiecks: 16 ▨

7 Ergänze die Maßeinheit im Heft.
a) Schrittlänge: 1 ▨
b) Durchmesser eines 1-ct-Stücks: 16 ▨
c) Länge eines Fußballplatzes: 90 ▨
d) Daumenbreite: 20 ▨
e) Elle: 45 ▨

8 Rechne die Längenangaben in cm um.
a) 60 mm   b) 40 mm   c) 400 mm
d) 50 dm   e) 30 dm   f) 300 dm
g) 7 m   h) 20 m   i) 5 km

8 Gib die Längen in m an.
a) 200 km   b) 30 cm   c) 4500 mm
d) 1,5 km   e) 550 cm   f) 30 dm
g) 89 dm   h) 0,85 km i) 0,05 km

9 Welche Behauptungen sind richtig? Berichtige die falschen Aussagen.
a) 3 m = 300 mm   b) 4 dm = 40 cm
c) 6 km = 6000 m   d) 5 cm = 50 dm
e) 70 dm = 700 cm f) 9 m = 9000 mm

9 Welche Behauptungen sind richtig? Berichtige die falschen Aussagen.
a) 0,8 mm = 8 cm
b) 0,8 km = 80 m
c) 0,3 dm = 30 cm
d) 7,5 m = 7,5 dm
e) 4,3 cm = 43 mm
f) 25 dm = 250 cm

10 Simone und Till sind zum Wandern unterwegs. Insgesamt ist der Wanderweg 10 km lang. Jetzt sind es bis zum Ziel nur noch 2,6 km. Wie viel Kilometer (wie viel Meter) sind sie bereits gewandert?

10 Ergänze auf 10 km.
BEISPIEL 3,8 km + ? = 10 km ■
3,8 km + 6,2 km = 10 km
a) 4,6 km   b) 7,3 km
c) 400 m   d) 3 km 220 m
e) 4 km 50 m   f) 5 km 60 m
g) 705 m   h) 1,008 km
i) 7,033 m   j) 6,202 km
k) 0,99 km   l) 720 dm

HINWEIS

www 156-2

Unter dem Webcode 156-2 findest du weiteres Übungsmaterial zu Längen.

11 Ergänze die Maßeinheiten im Heft.
a) 6 m = 60 ▨
b) 800 mm = 80 ▨
c) 2000 m = 2 ▨
d) 7 km = 7000 ▨
e) 300 cm = 3 ▨
f) 5 m = 50 ▨

11 Ergänze die Maßeinheiten im Heft.
a) 1000 mm = 100 ▨ = 10 ▨ = 1 ▨
b) 0,7 ▨ = 7 ▨ = 70 cm = 700 ▨
c) 40 000 ▨ = 4000 cm = 400 ▨ = 40 ▨
d) 3521 m = 3,521 ▨ = 352 100 ▨
e) 4800 ▨ = 4,8 ▨ = 480 000 cm
f) 970 ▨ = 0,97 ▨ = 9700 dm

Flächeninhalt und Volumen

Erforschen und Entdecken

1 Benötigt werden mehrere Blätter Karopapier, und farbige Stifte.

a) Zeichne ein Quadrat mit der Seitenlänge 1 dm auf das Karopapier.

b) Unterteile dieses Quadrat in kleine Quadrate, die jeweils aus 4 Karokästchen (1 cm Seitenlänge) bestehen.

c) Male die so entstandenen Kästchen mit einem Muster deiner Wahl aus. Aneinandergrenzende 4er-Kästchen sollen unterschiedliche Farben haben.

d) Stelle mindestens drei weitere solche farbigen Quadrate her.

e) Arbeitet nun in Gruppen zusammen. Legt eure farbigen Quadrate so zusammen, dass ein größeres Quadrat oder ein Rechteck entsteht.

f) Überlegt euch, mit wie vielen Quadraten ihr ein größeres Quadrat bauen könnt. Welche Seitenlängen kann das große Quadrat haben?

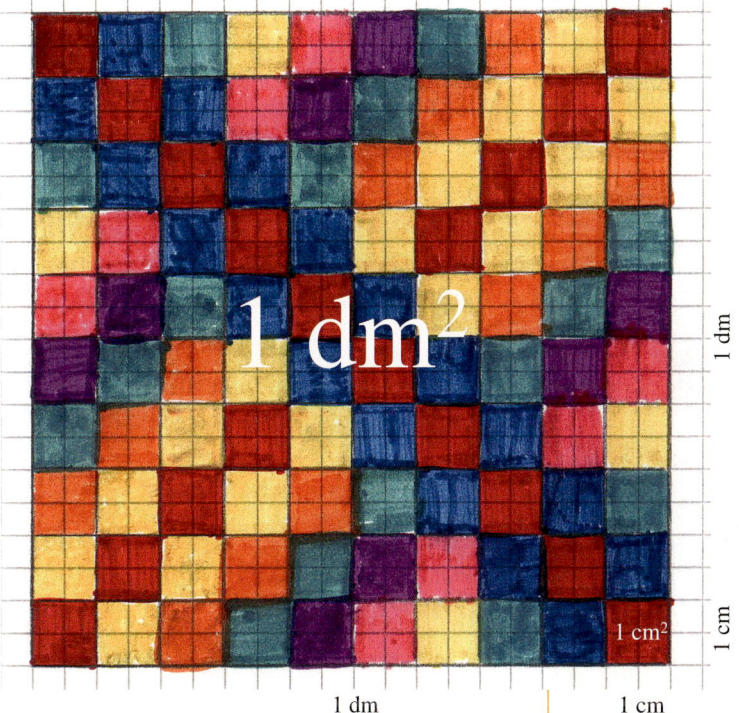

2 Kleine Würfel in großen Würfeln

a) Das Bild unten links zeigt einen Würfel mit der Kantenlänge 1 dm, einen Dezimeterwürfel.

   ① Wie viele Zentimeterwürfel passen in den Würfel? Begründe.

   ② Überlege dir, welche Gegenstände etwa das gleiche Volumen haben wie dieser Würfel.

   ③ Wie viele dieser Dezimeterwürfel passen in deine Schultasche?

   ④ Wie viele dieser Dezimeterwürfel könnte man in eurem Klassenschrank stapeln?

b) Das Bild unten rechts zeigt einen Würfel mit der Kantenlänge 1 m, einen Meterwürfel. In einen Meterwürfel passen etwa 7 Kinder und eine Katze.

   ① Nenne Gegenstände, die etwa das gleiche Volumen wie dieser Würfel haben.

   ② Schätze, wie viele Meterwürfel in deinen Klassenraum oder eure Turnhalle passen.

   ③ Wie viele Dezimeterwürfel passen in einen Meterwürfel?

   ④ Wie viele Zentimeterwürfel passen in den Meterwürfel?

HINWEIS
*Alle Kanten eines **Zentimeterwürfels** sind 1 cm lang. Sein Volumen beträgt 1 cm³.*

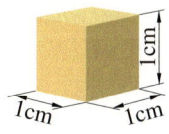

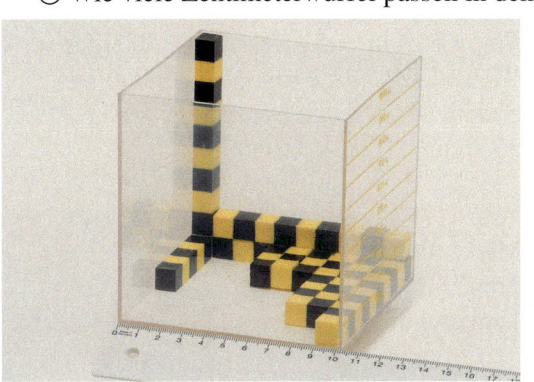

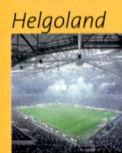

Lesen und Verstehen

Herr Meier möchte seine Terrasse mit quadratischen Steinplatten auslegen. Wie viele Platten wird er wohl insgesamt für die ganze Terrasse benötigen?

> Der **Flächeninhalt** ist eine Größe, die angibt, wie groß eine Fläche ist.
>
> Der Flächeninhalt kann gemessen werden durch Auslegen der Fläche mit gleich großen Teilflächen. Jede der gleich großen Teilflächen ist dann eine Flächeneinheit.

BEISPIEL 1

Auf die Terrasse von Herrn Meier passen 37 quadratische Steinplatten.
Man könnte auch sagen: Die Terrasse ist so groß wie 37 Steinplatten.
Aber wie groß ist denn eine Steinplatte? ◼

Damit sich jeder das gleiche unter einer Flächenangabe vorstellen kann, hat man sich auf feste einheitliche Flächeneinheiten geeinigt.

> **Einheiten der Fläche:**
>
> Quadratkilometer (km²): $1\,km^2 = 100\,ha$
> Hektar (ha): $1\,ha = 100\,a$
> Ar (a): $1\,a = 100\,m^2$
>
> Quadratmeter (m²): $1\,m^2 = 100\,dm^2$
> Quadratdezimeter (dm²): $1\,dm^2 = 100\,cm^2$
> Quadratzentimeter (cm²): $1\,cm^2 = 100\,mm^2$
> Quadratmillimeter (mm²): $1\,mm^2$

Ähnlich wie beim Flächeninhalt kann man die Größe von Körpern vergleichen, indem man sie mit gleich großen kleineren Körpern ausfüllt.

BEISPIEL 2

Welcher dieser drei Körper ist der größte?

Alle drei Quader bestehen aus 12 gleich großen Würfeln, so genannten Einheits-würfeln.
Alle drei Quader sind also gleich groß. ◼

> Der **Rauminhalt** (das **Volumen**) ist eine Größe, die angibt, wie groß ein Körper ist.
>
> Das Volumen kann gemessen werden durch Ausfüllen des Körpers mit gleich großen Würfeln. Jeder dieser Würfel steht dann für eine Volumeneinheit.

BEISPIEL 3

Wie viel Kubikdezimeter sind 5 Kubikmeter?
$5\,m^3 = 5 \cdot 1\,m^3 = 5 \cdot 1000\,dm^3 = 5000\,dm^3$
Wie viel Kubikdezimeter sind 3500 Kubik-zentimeter?
$3500\,cm^3 : 1000 = 3{,}5\,dm^3$ ◼

> **Einheiten des Volumens:**
>
> Kubikmeter (m³): $1\,m^3 = 1000\,dm^3$
> Kubikdezimeter (dm³): $1\,dm^3 = 1000\,cm^3$
> Kubikzentimeter (cm³): $1\,cm^3 = 1000\,mm^3$
> Kubikmillimeter (mm³): $1\,mm^3$

> Für Flüssigkeiten gibt es **Hohlmaße**:
>
> $1\,dm^3 = 1\,l$ (Liter)
> $1\,l = 1000\,ml$ (Milliliter)
> $1\,ml = 1\,cm^3$

BEISPIEL 4

Merke dir gut:
$1\,dm^3 = 1\,l$
$1\,cm^3 = 1\,ml$ ◼

Basisübungen

1 Passende Flächeneinheiten
a) Mit welcher Flächeneinheit würde man die Größe folgender Flächen angeben?
① Postkarte ② DIN-A4-Heft
③ Poster ④ Fußballfeld
⑤ Briefmarke ⑥ Toastbrotscheibe
⑦ Handy-Display ⑧ Tür
b) Welche Einheit passt zur Fläche des Klassenraumes?
Schätze die Größe der Fußbodenfläche.

1 Ordne den richtigen Flächeninhalt zu.
Gib ihn dann in anderen Flächeneinheiten an.

Briefmarke	$6\,m^2$
Schülertisch	$48\,dm^2$
CD-Hülle	$480\,mm^2$
Mathematikbuch	$5\,dm^2$
Plakat	$9\,cm^2$
Handy-Display	$170\,cm^2$
Abdeckplane	$72\,dm^2$

2 Gib den Flächeninhalt der Fläche in cm^2 und in mm^2 an.

ERINNERE DICH

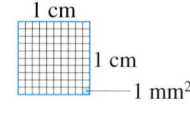

1 cm

1 cm

1 mm^2

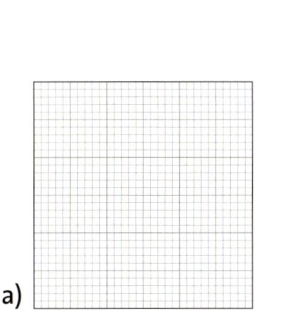

a)

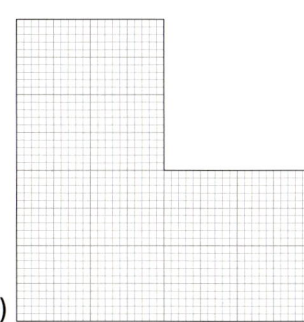

b)

c)

3 Bestimme den Flächeninhalt in Quadratzentimeter und Quadratmillimeter.
Ordne dann die Flächen nach ihrer Größe.

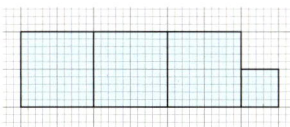

a)
c)
d)
b)
e)

3 Gib den Flächeninhalt in mm^2 an.
BEISPIEL

$3\,cm^2\ 25\,mm^2 = 325\,mm^2$ ■

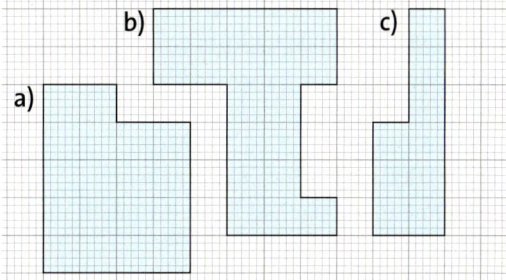

a)
b)
c)

HINWEIS

 159-1

Unter dem Webcode 159-1 findest du eine interaktive Übung zum Schätzen von Flächeneinheiten.

4 Umwandeln von Flächeneinheiten
a) Schreibe in Quadratzentimeter.
① $700\,mm^2$ ② $600\,mm^2$ ③ $2600\,mm^2$
④ $2\,dm^2$ ⑤ $11\,dm^2$ ⑥ $534\,dm^2$
b) Schreibe in Quadratmillimeter.
① $9\,cm^2$ ② $12\,cm^2$ ③ $15\,cm^2$
④ $2\,dm^2$ ⑤ $9\,dm^2$ ⑥ $55\,dm^2$

4 Wandle die Angaben einmal in eine kleinere Einheit und einmal in eine größere Einheit um.
a) $800\,cm^2$ b) $3000\,dm^2$ c) $5500\,dm^2$
d) $350\,dm^2$ e) $400\,m^2$ f) $354\,m^2$
g) $650\,cm^2$ h) $987\,dm^2$ i) $5995\,dm^2$
j) $708\,dm^2$ k) $4004\,m^2$ l) $9090\,m^2$

5 In welchen Kasten passt mehr hinein? Ordne sie nach der Größe ihres Volumens.

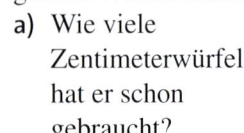

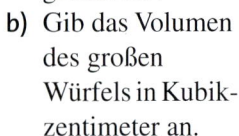

5 Welcher Kasten hat das größte Volumen? Ordne sie nach der Größe ihres Volumens.

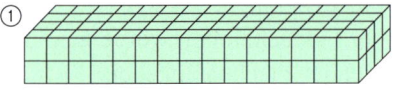

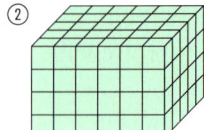

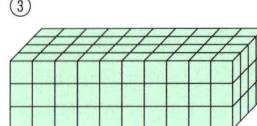

HINWEIS

WWW 160-1

Unter dem Webcode 160-1 findest du eine interaktive Übung zum Schätzen von Rauminhalten.

6 Peter will aus kleinen Würfeln einen großen Würfel zusammensetzen.

a) Wie viele Zentimeterwürfel hat er schon gebraucht?

b) Gib das Volumen des großen Würfels in Kubikzentimeter an.

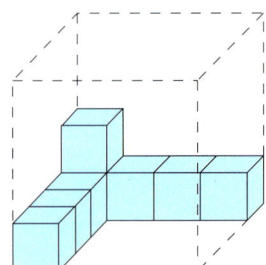

6 Mit wie vielen Zentimeterwürfeln kannst du den Quader füllen?

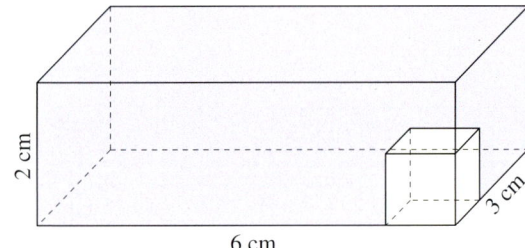

7 In welcher Volumeneinheit würdest du das Volumen der folgenden Körper messen?

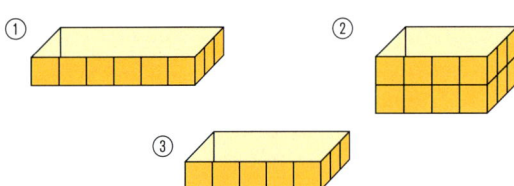

a) Schwimmbecken
b) Würfelzuckerstück
c) Schuhkarton
d) Talsperre
e) Tank eines Autos
f) Regentropfen
g) Wassereimer
h) Trinkpäckchen

7 Schätze, welcher Körper zu welchem Volumen gehört.

Körper	Volumen
Brotdose	$0,8\,cm^3$
Milchtüte	$600\,cm^3$
Würfelzucker	$0,8\,m^3$
Kühlschrank	$0,25\,m^3$
Sandkasten	$2\,mm^3$
Stecknadelkopf	$1\,dm^3$

SCHON GEWUSST?

Die Hohlmaße von Fässern werden in **Hektoliter (hl)** angegeben.
$1\,hl = 100\,l$

8 Umwandeln von Volumeneinheiten

a) Rechne in die nächstgrößere Einheit um.

① $2000\,cm^3$ ② $5000\,mm^3$
③ $3000\,dm^3$ ④ $9000\,cm^3$
⑤ $4000\,mm^3$ ⑥ $8000\,dm^3$
⑦ $11\,000\,cm^3$ ⑧ $72\,000\,cm^3$

b) Rechne in die nächstkleinere Einheit um.

① $1\,cm^3$ ② $3\,dm^3$
③ $9\,m^3$ ④ $39\,dm^3$
⑤ $78\,cm^3$ ⑥ $54\,m^3$
⑦ $120\,cm^3$ ⑧ $70\,cm^3$

8 Rechne mithilfe der Stellenwerttafel in die kleinere Einheit um.

dm³			cm³			mm³			
H	Z	E	H	Z	E	H	Z	E	
	1	6		5	0				$16\,dm^3\ 50\,cm^3$
	1	6	0	5	0				$16\,050\,m^3$

a) $3\,dm^3\ 143\,cm^3$ b) $80\,cm^3\ 7\,mm^3$
c) $10\,cm^3\ 2\,mm^3$ d) $9\,dm^3\ 1\,cm^3$
e) $697\,cm^3\ 150\,mm^3$ f) $28\,dm^3\ 245\,mm^3$
g) $6\,dm^3\ 35\,cm^3$ h) $3\,dm^3\ 52\,mm^3$

9 Schreibe mit Komma in der angegebenen Einheit.

a) in m^3: $250\,dm^3$, $37\,dm^3$, $1250\,dm^3$
b) in dm^3: $45\,200\,cm^3$, $1650\,cm^3$, $13\,cm^3$
c) in cm^3: $2750\,mm^3$, $125\,mm^3$, $304\,mm^3$

9 Schreibe in der angegebenen Einheit.

a) $45\,dm^3 = \blacksquare\ l$ b) $125\,l = \blacksquare\ ml$
c) $8000\,cm^3 = \blacksquare\ l$ d) $200\,cm^3 = \blacksquare\ ml$
e) $800\,dm^3 = \blacksquare\ l$ f) $0,125\,l = \blacksquare\ ml$
g) $25\,l = \blacksquare\ ml$ h) $0,33\,l = \blacksquare\ ml$

Thema: **Der Maßstab**

Stadtpläne, Wanderkarten und Landkarten können nicht in Originalgröße auf Papier gezeichnet werden.
Sie werden verkleinert abgebildet.

Der **Maßstab** einer Karte gibt an, wievielmal kleiner die Karte gegenüber der Wirklichkeit dargestellt ist.

BEISPIEL
Diese Karte von Sachsen-Anhalt ist im Maßstab 1 : 2 000 000 abgebildet.
Das bedeutet: 1 cm auf der Karte sind in der Wirklichkeit 2 000 000 cm, also 20 km.
Die größte Ost-West-Ausdehnung von Sachsen-Anhalt beträgt hier im Bild etwa 8,5 cm in Wirklichkeit sind es aber etwa 170 km. ■

1 Zum Spielen oder für Sammler gibt es viele Autotypen im Modell stark verkleinert. Matchbox-Spielzeugautos werden z. B. im Maßstab 1 : 64 hergestellt.
Das Auto auf dem Foto ist ein Mini.
Ein Mini ist in der Realität 3712 mm lang, 1664 mm breit und 1408 mm hoch.
Wie lang ist dann der Matchbox-Mini?
3712 mm : 64 = 58 mm = 5,8 cm
Der Matchbox-Mini ist 5,8 cm lang.
a) Wie breit (hoch) ist das Matchbox-Auto?
b) Vergleicht auch andere Matchbox-Autos mit den Originalmaßen.

2 In der Karte sind drei Gebäude durch Kreuze markiert.
Miss mit einem Lineal die Entfernungen zwischen je zwei Gebäuden.
Schreibe in eine Tabelle zu den drei Strecken die Länge auf der Karte und die Länge in Wirklichkeit.
Gib die wirklichen Längen in Metern an.

3 Bestimme die wirkliche Entfernung in Metern.

Luftlinie	Entfernung im Stadtplan im Maßstab 1 : 25 000
Schule – Rathaus	7 cm
Schule – Sportplatz	5 cm
Schule – Kirche	4,5 cm

4 Bestimme zu jeder Messstrecke den zugehörigen Maßstab.

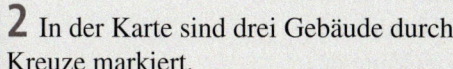

a) 0   250   500   750   1000   1250 m

b) 0   1   2   3   4 km

c) 0   10   20   30   40   50   60 km

d) 0   5   10 km

$$\frac{x+y}{2}$$

Klar soweit?

→ Seite 146

■ Größen im Alltag und ihre Einheiten

1 Zu welcher Größe gehört welche Angabe? Ordne im Heft richtig zu.

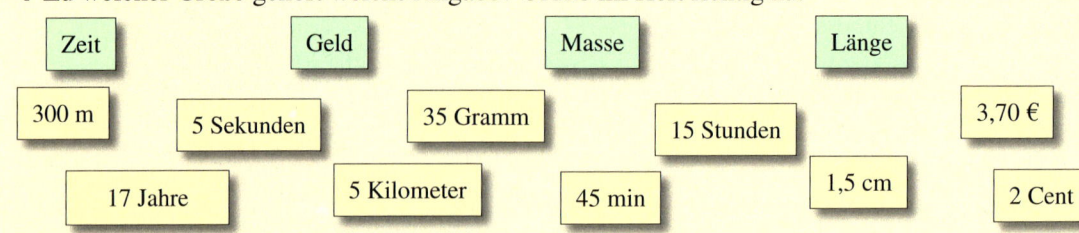

Zeit   Geld   Masse   Länge

300 m   5 Sekunden   35 Gramm   15 Stunden   3,70 €

17 Jahre   5 Kilometer   45 min   1,5 cm   2 Cent

2 In welcher Einheit würdest du die folgenden Angaben messen?
Welches Messinstrument passt dazu?
a) Höhe beim Hochsprung
b) Inhalt der Sparbüchse
c) Dauer einer Zugfahrt
d) deine Masse

2 In welcher Einheit würdest du die folgenden Angaben messen? Mit welchem Messinstrument würdest du messen?
a) Schuhgröße
b) dein Alter
c) Masse deiner Schultasche
d) Geschwindigkeit eines Flugzeuges

→ Seite 150

■ Zeit und Geld

3 Zeitpunkt oder Zeitspanne?
a) Max braucht 10 min bis zur Schule.
b) Der Bus fährt um 7:05 Uhr ab.
c) Anna ist 10 Jahre alt.
d) Um 8.00 Uhr beginnt die Schule.

3 Zeitpunkt oder Zeitspanne?
a) Morgen ist mein Geburtstag.
b) Vor zwei Jahren wurde Jan geboren.
c) Der Zug hält für zehn Minuten in Dessau.
d) In fünf Minuten ist Halbzeitpause.

4 Es ist jetzt 3:00 Uhr. Wie spät ist es…
a) in einer Stunde?
b) in zehn Minuten?
c) in 30 Minuten?
d) in 24 Stunden?

4 Es ist jetzt 13:25 Uhr. Wie spät ist es…
a) in dreieinhalb Stunden?
b) in einer Viertelstunde?
c) in 70 Minuten?
d) in 720 Minuten?

5 Rechne um.
a) 120 Minuten in Stunden
b) 3 Stunden in Minuten
c) 4 Minuten in Sekunden
d) 3 Tage in Stunden?
e) 7 Wochen in Tage

5 Rechne um.
a) fünfeinhalb Tage in Stunden
b) 3 Stunden in Sekunden
c) 14,5 Minuten in Sekunden
d) 2 Wochen in Minuten?
e) 2 Jahre in Stunden

6 Berechne das Wechselgeld.

Kaufpreis	gegeben	Wechselgeld
17,00 €	20,00 €	
3,50 €	10,00 €	
35,90 €	50,00 €	
27,30 €	40,00 €	

6 Ergänze fehlende Werte.

Kaufpreis	gegeben	Wechselgeld
	70,00 €	5,30 €
43,43 €	100,00 €	
39,87 €		10,13 €
	90,00 €	14,54 €

Masse und Länge

→ Seite 154

7 Ordne im Heft den folgenden Tierarten eine passende Masse zu.

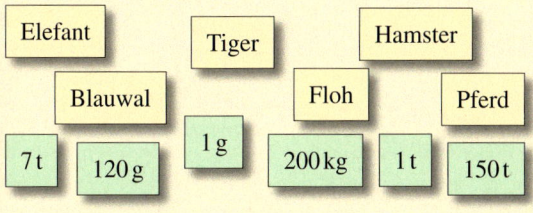

Elefant · Tiger · Hamster · Blauwal · Floh · Pferd

7 t · 120 g · 1 g · 200 kg · 1 t · 150 t

8 Rechne in Gramm um.
a) 6 kg
b) 50 kg
c) 2000 mg
d) 200 000 mg
e) 0,4 kg
f) 2,7 kg
g) 300 mg
h) 5100 mg

9 In welcher Einheit würdest du folgende Längen angeben?
a) die Breite deines Daumens
b) die Höhe des Schulhauses
c) die Länge einer Ameise
d) die Länge deines Schulweges

10 Auf einer Karte im Maßstab 1 : 50 000 beträgt der Abstand zwischen Schule und Marktplatz 3 cm.
Berechne die wirkliche Entfernung in Metern.

7 Schätze, wie schwer die folgenden Tiere und Gegenstände sind.
a) ein Huhn
b) eine Katze
c) ein Pferd
d) ein Karpfen
e) ein Braunbär
f) eine Orange
g) ein Stuhl
h) ein Tisch
i) ein Fahrrad
j) ein Auto

8 Rechne in Kilogramm um.
a) 310 t
b) 2,31 t
c) 750 g
d) 12 034 g
e) 12 t 30 kg
f) 5 t 300 g
g) 700 mg
h) 34 mg

9 Schätze die folgenden Längen.
Wie könntest du deine Schätzung prüfen?
a) die Entfernung Erde – Mond
b) Länge und Breite des Schulhauses
c) die Höhe einer Giraffe
d) die Länge der Straße, wo du wohnst

10 Spielzeugautos werden in verschiedenen Maßstäben hergestellt. Berechne die tatsächliche Länge der Fahrzeuge.
a) Maßstab 1 : 57; Länge 74 mm
b) Maßstab 1 : 67; Länge 72 mm

Flächeninhalt und Volumen

→ Seite 158

11 Welche Figuren haben den gleichen Flächeninhalt?

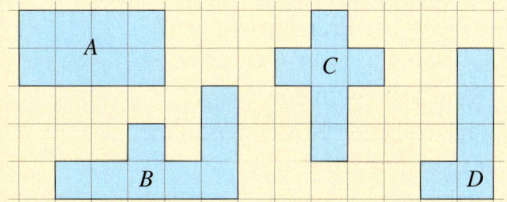

11 Überprüfe, welche der Figuren den gleichen Flächeninhalt haben.

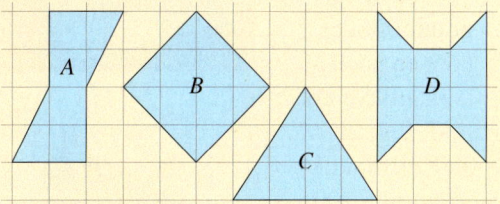

12 Bestimme das Volumen der Körper in dm³, cm³ und mm³.
Jeder Teilwürfel hat die Kantenlänge 1 dm.

a)
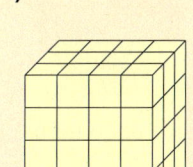

b)
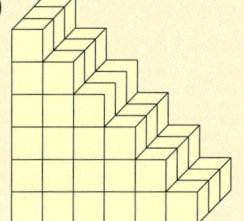

Vermischte Übungen

1 Schätze und ordne die Zeitspannen zu.
Wie lange dauert …
a) ein 100-Meter-Lauf,
b) der Bau eines Einfamilienhauses,
c) ein Lied deiner Lieblingsband,
d) ein Kinofilm,
e) ein Flug zum Mond,
f) ein Flug von Frankfurt/Main nach New York?

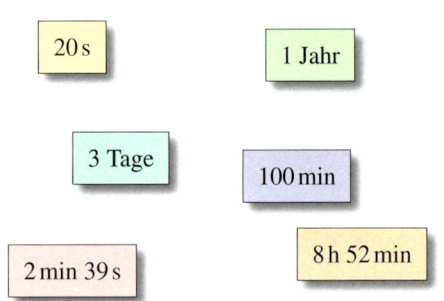

20 s   1 Jahr   3 Tage   100 min   2 min 39 s   8 h 52 min

2 Ordne der Größe nach.
Beginne mit der kleinsten Länge.
a) 80 cm; 9 dm; 790 mm; 8,4 dm; 85 cm
b) 66 cm; 7 dm; 500 mm; 0,6 m; 68 cm
c) 75 m; 0,75 km; 3,5 km; 1 400 m; 990 dm
d) 4 dm; 0,05 m; 0,003 km; 42 cm; 390 mm
e) 6 dm; 38 mm; 14 cm; 1,8 cm; 0,002 km

2 Schätze die Höhen der folgenden Objekte und ordne sie nach ihrer Höhe.
Beginne mit dem kleinsten:
Eiffelturm, Teller, Mount Everest, Tisch, Einfamilienhaus, Tasse, Flasche, Berliner Fernsehturm, Schrank, Traktor, Eiche, Stehlampe, Brotkrümel

3 Zahle folgende Geldbeträge mit möglichst wenigen Münzen und Scheinen aus.
a) 36 €
b) 42 €
c) 13,80 €
d) 36,72 €
e) 16,29 €
f) 19,99 €
g) 69,14 €
h) 1,97 €

3 Zahle folgende Geldbeträge mit möglichst wenigen Münzen und Scheinen aus.
a) 165,66 €
b) 695 € 48 Cent
c) 240 € 68 Cent
d) 5372 Cent
e) 1234,05 €
f) 1000 € 78 Cent
g) 862,80 €
h) 8032 Cent

4 Ein Karton enthält 24 Pakete Butter zu je 250 g.
a) Gib die Gesamtmasse der Butter in Kilogramm an.
b) Acht Pakete sind schon verkauft. Wie viel Kilogramm Butter können noch verkauft werden?

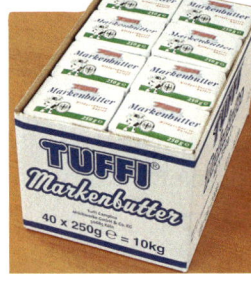

5 Im Korb sind:
Tomaten 1 kg 200 g
Salat 400 g
Kohlrabi 800 g
Paprika 1 kg 200 g
Rotkohl 475 g
Artischoke 230 g
Wie schwer ist der Einkaufskorb bei einem Eigengewicht von 425 g?

4 Der jährliche Verbrauch von Kaugummi in Deutschland beträgt ungefähr 8 300 000 000 Streifen Kaugummi.
Ein Streifen hat eine Masse von 3 g und eine Länge von 7 cm.
a) Gib die Masse aller in einem Jahr verbrauchten Kaugummis in einer geeigneten Einheit an. Gib Vergleichswerte an.
b) Würden alle Kaugummis aneinandergereiht die Erde umspannen?

5 Ruth hätte gern eine Katze.
Sie hat folgende Kosten zusammengestellt:
Kaufpreis: ca. 20 €
Kratzbaum: 49,95 €
Schlafkorb: 19,95 €
Futternapf: 4,99 €
Katzentoilette: 12,99 €
a) Berechne die Anschaffungskosten.
b) Eine Katze benötigt am Tag eine Dose Katzenfutter für 49 Cent. Wie hoch sind die jährlichen Futterkosten?

ZUM KNOBELN
Familie Becker möchte mit einer Gondel fahren. Die Gondel kann nicht mehr als 120 kg tragen. Wie oft muss die Gondel für die Familie Becker fahren? Bei jeder Fahrt muss ein Erwachsener dabei sein.

12 kg

65 kg
78 kg

3 kg   42 kg

18 kg

6 Immer drei Längenangaben gehören zusammen. Welche?

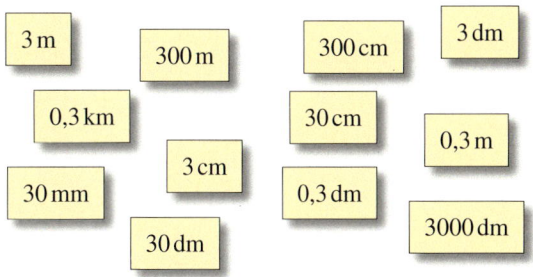

3 m 300 m 300 cm 3 dm 0,3 km 30 cm 0,3 m 3 cm 30 mm 0,3 dm 3000 dm 30 dm

7 Schreibe in Cent.

a) 1 € 1 Cent
b) 50 € 50 Cent
c) 1 € 15 Cent
d) 76 € 1 Cent
e) 9 € 9 Cent
f) 100 € 10 Cent
g) 19 € 36 Cent
h) 380 € 45 Cent

8 Rechne in die in Klammern angegebene Einheit um.

a) 7 cm (mm)
b) 8 dm (cm)
c) 9 m (cm)
d) 4 km (m)
e) 30 mm (cm)
f) 80 cm (dm)
g) 700 dm (m)
h) 80 m (dm)
i) 25 dm (mm)
j) 70 000 m (km)
k) 600 mm (dm)
l) 5000 cm (m)

9 Im Supermarkt gibt es unter anderem folgende Dinge:

Produkt	Masse
1 l Mineralwasser	1 kg
Käse	250 g
Gurken	380 g
Zucker	1 kg
Waschmittel	2,5 kg
1,5 l Cola	1,5 kg
Tomaten	500 g
Kekse	125 g
1 Tafel Schokolade	100 g
Teebeutel	30 g

a) Justus kauft Käse, Gurken, Tomaten und Waschmittel.
   Wie viel muss er tragen?
b) Peter kauft zwei Liter Mineralwasser, Zucker, Tomaten und Käse.
   Wie schwer ist sein Einkauf?
c) Bob kauft eine Flasche Cola, Kekse und zwei Tafeln Schokolade.
   Wie viel wiegen die Dinge zusammen?

6 Ergänze im Heft die Zeichen >, < oder =.

a) 60 m 3 cm ▦ 63 m
b) 38 cm ▦ 3 dm
c) 0,75 km ▦ 75 m
d) 55 m ▦ 55 dm
e) 0,8 m ▦ 80 cm
f) 5 km 800 m ▦ 5,08 km
g) 300 m 33 cm ▦ 330 dm
h) 408 m ▦ 400 m 8 cm
i) 0,994 km ▦ 990 m 4 dm

7 Schreibe in Euro mit Komma.

a) 128 Cent
b) 808 Cent
c) 699 Cent
d) 1111 ct
e) 1 Cent
f) 78 Cent
g) 7829 Cent
h) 79 102 ct
i) 95 500 Cent
j) 100 001 Cent
k) 5555 Cent
l) 111 111 ct

8 Schreibe in zwei Einheiten, einmal mit und einmal ohne Komma.

a) 8 dm 3 cm
b) 9 m 2 dm
c) 4 km 300 m
d) 4 cm 9 mm
e) 8 km 15 mm
f) 3 m 7 cm
g) 5 dm 8 mm
h) 7 m 7 cm
i) 5 m 4 dm 6 cm
j) 7 dm 8 cm 3 mm
k) 2 km 3 dm
l) 4 km 3 m 2 dm

9 Tim packt täglich seine Schultasche.
Ein Schulheft wiegt etwa 80 g, ein Schulbuch wiegt 520 g, der Atlas wiegt 0,86 kg, Tims Federtasche wiegt 460 g. Der Sportbeutel wiegt 1,1 kg. Seine Schultasche wiegt leer 1,05 kg.

	Mo	Di	Mi	Do	Fr
Hefte	3	5	4	4	5
Schulbücher	3	4	1	4	2
Federtasche	1	1	1	1	1
Sportbeutel	0	0	1	0	1
Atlas	0	1	1	0	0

a) Wie viel muss Tim an jedem Tag insgesamt tragen?
b) An welchem Tag muss er am wenigsten tragen, an welchem Tag muss er am meisten tragen?

ZUM WEITERARBEITEN

www 165-1

Der Webcode 165-1 führt zu einer interaktiven Übung zum Umrechnen von Größeneinheiten.

10 Übertrage die Tabelle in dein Heft und ergänze die Zeitspannen.

Zugart	Ab Halle	An Magdeburg	Zeit-spanne
IC	15:07	15:56	
RB	15:43	16:51	
IC	16:07	16:56	
RB	16:43	17:51	

10 Übertrage die Tabelle in dein Heft und ergänze sie.

Zugart	Ab Dessau	An Magdeburg	Zeit-spanne
RE	16:50		56 min
IC	16:54		62 min
RB		18:46	64 min
IC	18:02	18:56	

NACHGEDACHT
Der Umfang der beiden Rechtecke wurde mit Streichhölzern gemessen. Welches Viereck hat den größeren Umfang?

11 Der Umfang einer Figur ist die Summe aller Begrenzungslinien.
Bestimme den Umfang folgender Figuren. Miss dazu alle Seitenlängen.

a)

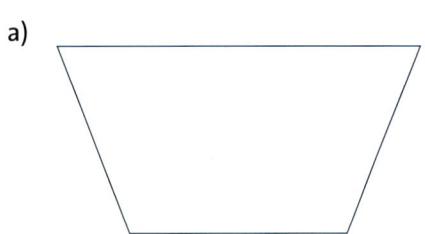

b)

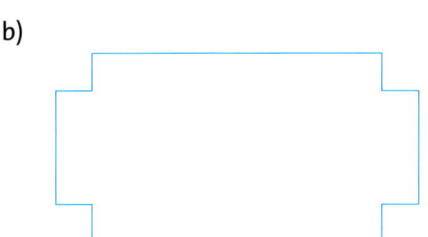

11 Der Umfang einer Figur ist die Summe aller Begrenzungslinien.
Bestimme den Umfang folgender Figuren.

a)

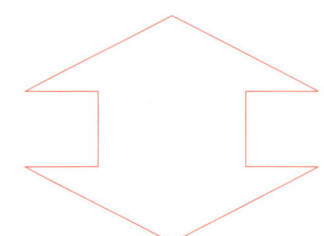

b)

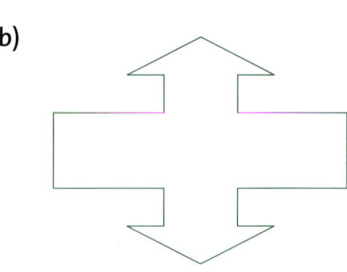

12 Jakob bereitet Waffelteig für vier Personen vor.
a) Wie viel wiegt der Teig? Gib die Masse in Gramm und in Kilogramm an.

> **Waffelteig für vier Personen**
>
> 250 g Butter,
> 0,5 kg Mehl,
> 4 Eier
> (wiegen etwa 220 g),
> 30 g Zucker,
> 5 g Backpulver

b) Schreibe das Rezept für acht Personen auf. Wie viel wiegt der Teig dann?

13 In der Klasse 5 b gibt es 20 Schülerinnen und Schüler.
Sie möchten ein Klassenfest feiern.
Für die Musikanlage und Getränke werden 58 € benötigt. In der Klassenkasse sind 34 €. Wie viel muss jeder Schüler noch für das Fest bezahlen?

12 Berechne die fehlenden Angaben und ergänze die Tabelle im Heft.

Leermasse	Masse der Ladung	Gesamtmasse
3300 kg		7234 kg
3415 kg	2194 kg	
	5123 kg	8346 kg
2803 kg		6 t
3157 kg	2 t	

13 Für eine Tagesfahrt verlangt ein Busunternehmer für jeden Kilometer 1,50 €.
Zu Beginn der Fahrt werden auf dem Tacho 48 320 km angezeigt. Nach der Fahrt beträgt der Kilometerstand 48 545.
An der Fahrt haben 25 Schüler teilgenommen. Wie könnte eine passende Frage lauten? Beantworte die Frage.

$$\frac{x+y}{2}$$

14 Bestimme den Flächeninhalt der Figuren (1 Kästchen entspricht 1 cm²).

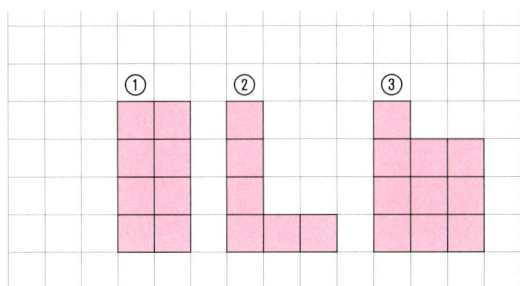

14 Bestimme den Flächeninhalt der Figuren (1 Kästchen entspricht 1 cm²).

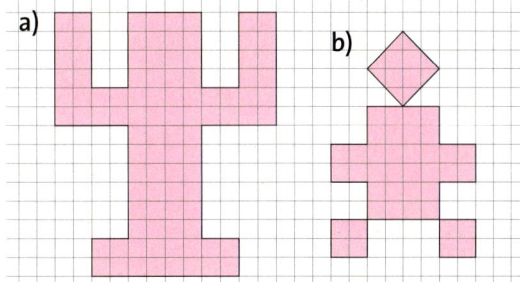

a)
b)

HINWEIS

Bei einigen Figuren bestehen die Flächen nicht aus ganzen Quadraten. Manchmal lassen sich dann die restlichen Flächen zu Quadraten zusammenfügen.

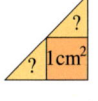

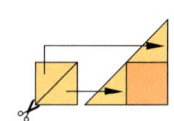

15 In welcher Flächeneinheit würdest du folgende Flächeninhalte angeben?
a) Größe einer Ferienwohnung
b) Fläche der Insel Sylt
c) Fläche von Sachsen-Anhalt
d) Größe eines Waldstücks
e) Größe eines Tennisplatzes
f) Größe eines Ackers

15 Hier sind die Flächeninhalte vertauscht worden. Ordne die Maße richtig zu.

Klassenraum	2 a
Volleyballfeld	60 m²
Tennisplatz	20 446 km²
Fläche Deutschlands	162 m²
Kinderzimmer	10,5 m²
Fläche Sachsen-Anhalts	356 879 km²

16 Rechne um …
a) in eine kleinere Einheit.
  ① 15 km²   ② 35 a
  ③ 98 ha   ④ 70 km²
b) in eine größere Einheit.
  ① 625 000 m² ② 44 200 a
  ③ 3700 ha   ④ 16 200 m²

16 Schreibe in der in Klammern angegebenen Einheit.
a) 7 km² (in ha)   b) 23 ha (in a)
c) 87 a (in m²)   d) 5250 a (in ha)
e) 6300 ha (in km²) f) 12 km² (in a)
g) 45 ha (in m²)   h) 2700 a (in ha)
i) 5100 m² (in a)   j) 35 km² (in m²)

17 Bestimme das Volumen des Körpers in dm³, cm³ und mm³.
Jeder Teilwürfel hat die Kantenlänge 1 dm.

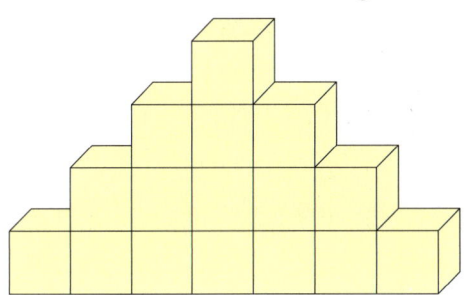

17 Bestimme das Volumen des Körpers in dm³, cm³ und mm³.
Jeder Teilwürfel hat die Kantenlänge 1 dm.

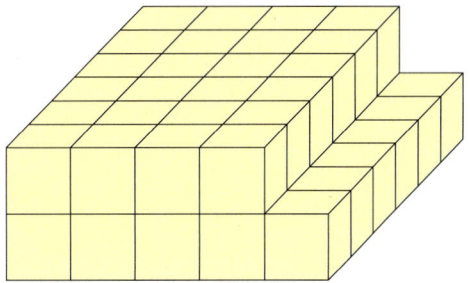

18 Ein Getränkekasten enthält 9 Flaschen Limonade.
Jede Flasche hat 1,5 Liter Inhalt.
a) Wie viele Gläser zu je 200 ml kannst du damit füllen?
b) Wie viele Flaschen braucht man, um 100 Gläser mit je 200 ml zu füllen?

18 Eine Mülltonne fasst 120 Liter Müll.
a) In einem Dorf werden an einem Tag 420 volle Mülltonnen geleert.
   Wie viel Kubikmeter Müll sind das?
b) Ein Müllwagen fasst 21 m³ Müll.
   Wie viele volle Mülltonnen können in einen Müllwagen entleert werden?

Teste dich!

(8 Punkte) **1** In diesem Kapitel wurden verschiedene Größen behandelt, z.B. die Zeit.
a) Nenne vier verschiedene Größen.
b) Nenne zu den vier genannten Größen jeweils zwei verschiedene Einheiten.

(7 Punkte) **2** Was wird womit gemessen? Ordne richtig zu.

① Breite einer Tür   A Maßband
② Laufzeit beim 100-m-Lauf   B Zollstock
③ Masse eines Menschen   C Geodreieck
④ Beginn des Unterrichts   D Stoppuhr
⑤ Masse der Zutaten beim Kuchenbacken   E Armbanduhr
⑥ Weite beim Weitsprung   F Personenwaage
⑦ Breite einer Buchseite   G Küchenwaage

(8 Punkte) **3** Übertrage die Tabelle ins Heft und ergänze fehlende Werte.

a)

Kaufpreis	gegeben	Wechselgeld
34,50 €	50,00 €	
17,80 €	20,00 €	
73,00 €	100,00 €	
54,60 €	70,00 €	

b)

Kaufpreis	gegeben	Wechselgeld
	50,00 €	23,50 €
82,65 €		17,35 €
	20,10 €	14,05 €
	20,00 €	17,17 €

(10 Punkte) **4** Wie viel Zeit vergeht …
a) von 8:12 Uhr bis 11:26 Uhr?   b) von 5:55 Uhr bis 6:44 Uhr?
c) von 16:35 Uhr bis 18:12 Uhr?   d) von 8:05 Uhr bis 0:04 Uhr?
e) von 22:34 Uhr bis 0:45 Uhr?   f) von 22:22 Uhr bis 8:08 Uhr?
g) von 12:12 Uhr bis 24:00 Uhr?   h) von 12:01 Uhr bis 11:59 Uhr?
i) von 10:11 Uhr bis 20:10 Uhr?   j) von 2:22 Uhr bis 14:44 Uhr?

(8 Punkte) **5** Der Airbus A340-600 wiegt ohne
Passagiere, Gepäck und Treibstoff 177 t.
In das Flugzeug steigen 440 Passagiere ein,
die durchschnittlich etwa 70 kg wiegen.
Jeder Passagier hat 20 kg Gepäck bei sich.
Vor dem Start wird das Flugzeug mit 120 t
Treibstoff betankt.
Das maximale Startgewicht beträgt 365 t.
Darf der Airbus starten?

(8 Punkte) **6** Ein Paket soll verschnürt werden. Es ist 30 cm lang, 20 cm breit und 15 cm hoch.
a) Wie viel Schnur braucht man für die
einfache Verschnürung?
b) Wie viel Schnur braucht man für die
Verschnürung in diesem Bild?

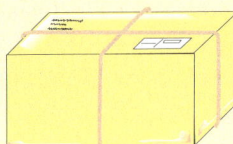

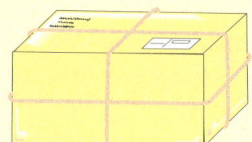

7 In dem Bild der Alpen bei Oberstdorf haben die Berge unübliche Höhenangaben.

a) Schreibe die Höhen der Berge in Meter und ordne die Berge nach ihrer Höhe.

b) Wie groß ist der Höhenunterschied zwischen dem höchsten und dem niedrigsten Berg?

(10 Punkte)

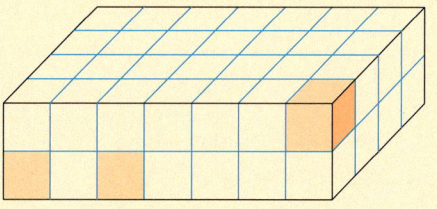

Öfnerspitze 2,578 km · Großer Krottenkopf 2,657 km · Strahlkopf 2,351 km · Kreuzeck 2,375 km · Kratzer 2,424 km · Höpats 2,258 km · Kegelkopf 1,960 km · Riffenkopf 1,749 km · Spielmannsau 0,983 km

8 In welche Kiste passt mehr hinein? Begründe deine Antwort.

(7 Punkte)

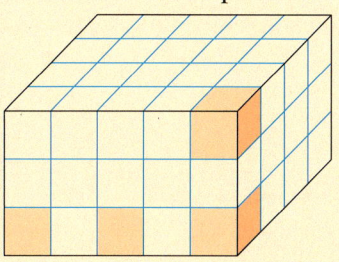
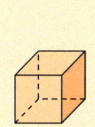

9 Jedes Kästchen soll einen Flächeninhalt von $1\,cm^2$ haben.
Wie groß ist der Flächeninhalt der Figuren?
Ordne sie der Größe nach, beginne mit der kleinsten.

(8 Punkte)

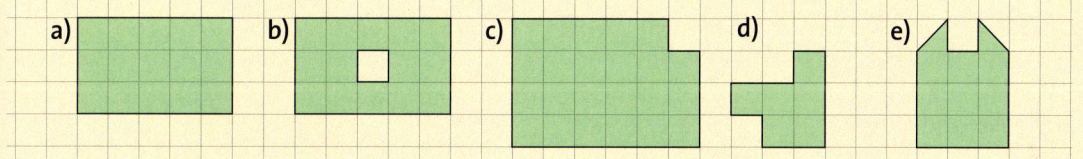

a) b) c) d) e)

10 Rechne die Größenangaben in die jeweils angegebene Einheit um.

(16 Punkte)

a) ① 4 km (in m)
② 3,60 € (in ct)
③ 3,5 g (in mg)
④ 1,6 km (in dm)
⑤ 4 g (in mg)
⑥ 2 h (in min)
⑦ 30 cm² (in mm²)
⑧ 5000 mm³ (in cm³)

b) ① 18 000 kg (in t)
② 5000 cm³ (in dm³)
③ 4590 g (in kg)
④ 1,06 km² (in m²)
⑤ 3450 ct (in €)
⑥ 3 cm 4 mm (in mm)
⑦ 3 d (in h)
⑧ 5000 mm (in m)

11 Carolin geht um 7:35 Uhr von zu Hause los, um zur Schule zu kommen.
Der Unterricht beginnt 25 Minuten später.
Carolin hat heute fünf Unterrichtsstunden zu je 45 Minuten.
Sie hat eine große Pause von 30 Minuten, zwei kleine Pausen von je fünf Minuten und eine Pause von zehn Minuten.
Für den Heimweg braucht sie 15 Minuten.

a) Wann hat Carolin Unterrichtsschluss?

b) Wann ist Carolin wieder zu Hause?

(10 Punkte)

$$\frac{x+y}{2}$$

Zusammenfassung

→ Seite 146

Größen im Alltag und ihre Einheiten

Größen beschreiben Eigenschaften von Gegenständen, Vorgängen und Zuständen.

Eine Größe wird durch einen **Zahlenwert** und eine **Einheit** angegeben.

Größen können gemessen werden. Beim **Messen** von Größen wird mit einer vorgegebenen Einheit verglichen.

5 cm   83 kg

Zahlenwert   Einheit   Zahlenwert   Einheit

Die Unterrichtsstunde dauert 45-mal so lange wie 1 Minute: 45 min = 45 · 1 min

→ Seite 150

Zeit und Geld

Zeit wird z. B. in Jahren, Tagen (d), Stunden (h), Minuten (min) und Sekunden (s) angegeben.

Ein **Zeitpunkt** ist ein genau festgelegter Termin. Eine **Zeitspanne** ist die Dauer zwischen zwei Zeitpunkten.

Geld gibt man in Euro (€) oder Cent (ct) an. Es gibt aber auch andere Währungen.

Einheiten von Zeit und Geld:
1 Jahr = 365 d; 1 d = 24 h;
1 h = 60 min; 1 min = 60 s

Zeitpunkt: z. B. 06. 12., 9:15 Uhr, …
Zeitspanne: z. B. 30 Sekunden, ein Nachmittag, die Sommerferien, …

1 € = 100 ct

→ Seite 154

Masse und Länge

Die **Masse** ist eine Größe, die angibt, wie schwer etwas ist.
Die Masse wird mit einer Waage gemessen.

Die **Länge** ist eine Größe, die angibt, wie weit zwei Orte voneinander entfernt sind.
Die Länge wird z. B. mit einem Lineal gemessen.

Einheiten von Masse und Länge:

1 t = 1000 kg	1 km = 1000 m
1 kg = 1000 g	1 m = 10 dm
1 g = 1000 mg	1 dm = 10 cm
	1 cm = 10 mm

→ Seite 158

Flächeninhalt und Volumen

Der **Flächeninhalt** ist eine Größe, die angibt, wie groß eine Fläche ist.
Der Flächeninhalt kann gemessen werden durch Auslegen der Fläche mit gleich großen Teilflächen (Flächeneinheiten).

Der **Rauminhalt** (das **Volumen**) ist eine Größe, die angibt, wie groß ein Körper ist.
Das Volumen kann gemessen werden durch Ausfüllen des Körpers mit gleich großen Würfeln (Volumeneinheiten).

Einheiten von Flächeninhalt und Volumen:

$1 \text{ km}^2 = 100 \text{ ha}$	$1 \text{ m}^3 = 1000 \text{ dm}^3$
$1 \text{ ha} = 100 \text{ a}$	$1 \text{ dm}^3 = 1000 \text{ cm}^3$
$1 \text{ a} = 100 \text{ m}^2$	$1 \text{ cm}^3 = 1000 \text{ mm}^3$
$1 \text{ m}^2 = 100 \text{ dm}^2$	
$1 \text{ dm}^2 = 100 \text{ cm}^2$	$1 \text{ dm}^3 = 1 \text{ l (Liter)}$
$1 \text{ cm}^2 = 100 \text{ mm}^2$	$1 \text{ cm}^3 = 1 \text{ ml (Milliliter)}$

$1 \text{ l} = 1000 \text{ ml}$

Gleichungen

Die Waage zeigt deutlich an, dass die kleine Katze
schwerer ist als die zwei Massestücke zusammen.
Was könnte man tun, um die Waage
ins Gleichgewicht zu bringen?

Noch fit?

Einstieg

1 Zahlen vergleichen
Welche Zahl ist größer?
a) 101 101 oder 101 010
b) 246 357 oder 2 463 577
c) 167 543 268 oder 167 534 268

2 Zeichenfolgen
Setze die Zeichenfolgen fort.
① ✳●✳✳●●✳✳✳●●●…
② ○■■●○■■○■■●○■■○…
③ ▲□▲□□▲□□□▲□□□□▲…

3 Addieren und Subtrahieren
Schreibe eine Aufgabe und löse sie.
a) Bilde die Differenz aus 37 und 17.
b) Addiere die Zahlen 54 und 226.
c) Der erste Summand ist 527,
   der Wert der Summe ist 617.
   Gesucht ist der zweite Summand.
d) Der Wert der Differenz ist 36,
   der Minuend beträgt 47.
   Wie lautet der Subtrahend?

4 Multiplizieren und Dividieren
Fülle die Tabelle im Heft aus.

a)

1. Faktor	5		9
2. Faktor	12	16	
Wert des Produkts		80	270

b)

Dividend		144	37
Divisor	2		37
Wert des Quotienten	100	12	

5 Rechenrätsel
Welche Zahl habe ich mir gedacht?
a) Ich denke mir eine Zahl.
   Ich multipliziere die Zahl mit fünf.
   Ich addiere zum Ergebnis fünf.
   Ich erhalte fünfzehn.
b) Ich denke mir eine Zahl.
   Ich dividiere die Zahl durch drei.
   Ich subtrahiere vom Ergebnis fünf.
   Ich erhalte fünf.

Aufstieg

1 Zahlen vergleichen
Welche Zahl ist größer?
a) 123 789 670 000 oder 123 789 760 000
b) 32 235 467 865 oder 32 235 467 865
c) 178 157 698 999 oder 178 157 789 999

2 Zahlenfolgen
Setze die Zahlenfolgen fort.
① 22, 24, 26, 28, 30, 32, …
② 136, 133, 130, 127, 124, 121, …
③ 50, 49, 51, 48, 52, 47, …
④ 256, 128, 64, 32, …

3 Addieren und Subtrahieren
Schreibe eine Aufgabe und löse sie.
a) Der erste Summand ist 158, der zweite
   Summand ist um 50 größer als der erste
   Summand. Berechne die Summe.
b) Der Wert der Differenz beträgt 148,
   der Subtrahend ist 60.
   Berechne den Minuenden.
c) Der Wert der Summe beträgt 1328.
   Beide Summanden sind gleich groß.

4 Multiplizieren und Dividieren
Wie ändert sich das Ergebnis, …
a) wenn man in einem Produkt einen Faktor
   verdoppelt?
b) wenn man in einem Produkt einen Faktor
   verdoppelt und den anderen halbiert?
c) wenn man bei einer Division den Dividenden halbiert?
d) wenn man in einem Produkt beide Faktoren halbiert?

5 Rechenrätsel
Welche Zahl habe ich mir gedacht?
a) Ich denke mir eine Zahl, teile die Zahl
   durch zwei, ziehe vom Ergebnis fünf ab,
   multipliziere das Ergebnis mit zwei und
   erhalte zwanzig.
b) Ich multipliziere eine Zahl mit fünf, addiere zum Ergebnis fünf, teile das Ergebnis
   durch zwei, dividiere das Ergebnis durch
   drei und erhalte fünfzehn.

■ Gleichungen und Ungleichungen

Erforschen und Entdecken

1 Anna war in den Ferien in Italien und hat viele Fotos geschossen.
Nun möchte sie bei einem Online-Fotoversand Abzüge für 40 Fotos bestellen.

Preisliste für Fotoabzüge			
	Format 9 × 13 10 × 15	Preis 0,10 € 0,13 €	**Postversand:** 2,85 € für Verpackung & Versand **Lieferzeit:** Je nach Bestellung 2–5 Arbeitstage

Preise gelten nur bei Online-Bestellung!

a) Wie viel muss Anna bezahlen, wenn alle Fotos im Format 9 × 13 ausgedruckt werden?
b) Wie viel muss Anna bezahlen, wenn alle Fotos im Format 10 × 15 ausgedruckt werden?
c) Anna möchte möglichst viele große Fotos, will aber nicht mehr als 7,50 € ausgeben.
Sie legt sich eine Tabelle an und hat schon einige Möglichkeiten eingetragen.

	Anzahl 9 × 13	Anzahl 10 × 15	Preis für 9 × 13	Preis für 10 × 15	Gesamtpreis
①	35	5			
②	20	20			
③					
④					
⑤					

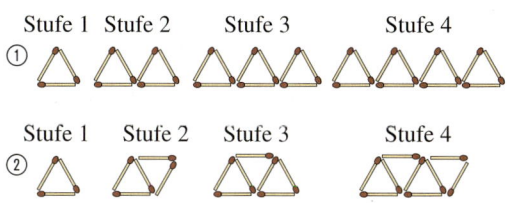

Übertrage die Tabelle ins Heft und ergänze weitere Möglichkeiten der Bestellung.
Wie viele große Fotos kann Lena maximal bestellen?
d) Welche der folgenden Gleichungen eignet sich zur Berechnung des Gesamtpreises?
Hinweis: ▲ steht für die Anzahl der Bilder im Format 9 × 13 und ■ für die Anzahl der
Bilder im Format 10 × 15.
① Gesamtpreis = (▲ + ■) · (0,10 € + 0,13 €) + 2,85 €
② Gesamtpreis = ▲ · 0,10 € + ■ · 0,13 € + 2,85 €
③ Gesamtpreis = ▲ · 0,10 € + ■ · 0,13 € + 40 · 2,85 €

2 Lege folgende Streichholzmuster nach.

Stufe 1 Stufe 2 Stufe 3 Stufe 4
①
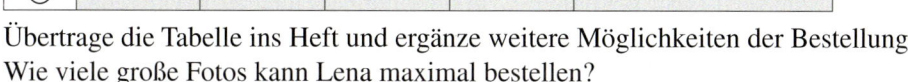

Stufe 1 Stufe 2 Stufe 3 Stufe 4
②

a) Bestimme die Anzahl der Streichhölzer, die man jeweils für die 1., 2., 3., 4. und 5. Stufe der
Ketten benötigt.
b) Kannst du eine Gesetzmäßigkeit erkennen, wie sich die Anzahl von Stufe zu Stufe weiter-
entwickelt? Versuche jeweils eine Gleichung aufzustellen, mithilfe derer man die Anzahl der
Hölzchen in einer beliebigen Stufe berechnen kann.
c) Bestimme die Anzahl der Hölzchen für die 10., 20. und 100. Stufe jeder Reihe.

Lesen und Verstehen

Felix hat begonnen, eine Folge von Streichholzbildern zu legen:

Stufe 1   Stufe 2   Stufe 3   Stufe 4

Nun möchte er wissen, wie viele Hölzchen er für die 10. Stufe benötigen wird.

HINWEIS
*Für Rechenaus-
druck verwendet
man oft auch
den Begriff „Term".*

In der Mathematik nennt man einen Platzhalter oder eine Leerstelle, in die man Zahlen oder Größen einsetzen kann, **Variable**.

Statt Zeichen wie ■, □ oder ▲ verwendet man für Variablen häufig kleine Buchstaben: z.B. a, b, c oder auch x, y, z.

Ein **Rechenausdruck** ist eine sinnvolle Verbindung von Variablen, Zahlen und Rechenzeichen, z.B. $3 \cdot x + 1$.

HINWEIS
*Keine Rechen-
ausdrücke sind
z.B.: 3+ oder (52*

BEISPIEL 1

Die Anzahl A der Hölzchen in einer Stufe x der Streichholzbilderfolge kann man berechnen: $A = 3 \cdot x + 1$.
Für x kann die Nummer der Stufe eingesetzt werden:
Für $x = 1$ ist $A = 3 \cdot 1 + 1$, also $A = 4$.
Für $x = 10$ ist $A = 3 \cdot 10 + 1$, also $A = 31$.

In der 10. Stufe von Felix' Streichholzbilderfolge werden also 31 Hölzchen benötigt. ■

BEISPIEL 2

Ein Taxiunternehmen verlangt 2 € Grundgebühr und pro gefahrenem Kilometer 1 €. Die Kosten für x km können durch den Rechenausdruck $2 \cdot x + 1$ berechnet werden. Zum Beispiel für 15 km setzt Fahrt man für x den Wert 15 ein:
$2 \cdot 15 + 1 = 31$
Man muss 31 € für die Fahrt bezahlen. ■

BEISPIEL 3

Julian möchte aus Draht Rechtecke biegen.

Mit dem Rechenausdruck $2 \cdot a + 2 \cdot b$ kann er ausrechnen, wie viel Draht er für ein Rechteck mit der Länge a und der Breite b benötigt. Bei einer Länge von $a = 12$ cm und einer Breite von $b = 5$ cm benötigt er 34 cm Draht, denn $2 \cdot 12\,\text{cm} + 2 \cdot 5\,\text{cm} = 34\,\text{cm}$. ■

Rechenausdrücke werden oft benutzt, um Anzahlen, Preise oder andere Größen zu berechnen. Häufig stehen aber auf beiden Seiten des Gleichheitszeichens Rechenausdrücke.

HINWEIS
*Statt 2 · x darf
man auch
abkürzend 2x
schreiben.*

Eine **Gleichung** verbindet zwei Rechenausdrücke durch ein Gleichheitszeichen „=".

Werden zwei Rechenausdrücke durch ein „<" oder „>" verbunden, so entsteht eine **Ungleichung**.

BEISPIELE
für Gleichungen:
$x + 5 = 10$ oder $6 = 2 \cdot 3$ oder $3 \cdot a = 5$ ■

BEISPIELE
für Ungleichungen:
$x + 5 > 10$ oder $6 < 3 \cdot 3$ oder $3 \cdot a < 5$ ■

Gleichungen und Ungleichungen können **wahre** oder auch **falsche Aussagen** sein, z.B. ist $3 + 4 = 5 + 2$ eine wahre Aussage, aber $4 + 5 = 10$ ist eine falsche Aussage. Die Ungleichung $5 < 3 + 4$ ist eine wahre Aussage, aber $5 > 3 + 4$ ist falsch.

Wenn eine Gleichung oder Ungleichung eine Variable enthält, dann kann man erst nach Einsetzen eines Wertes für diese Variable sehen, ob die Gleichung bzw. Ungleichung eine wahre oder eine falsche Aussage darstellt.

Basisübungen

1 Arbeitet zu zweit:

Findet zu jeder Aussage einen passenden Rechenausdruck und begründet eure Wahl.
Wofür stehen in dem Rechenausdruck die jeweiligen Variablen?

$2{,}20 + 0{,}39 \cdot x$ $12 \cdot a$ $1{,}40 \cdot a + 2{,}20$ $x - 100$

$3{,}50 \cdot x + 2{,}50$ $1{,}40 \cdot x + 2{,}20 \cdot y$ $0{,}19 \cdot x + 0{,}39 \cdot y$

a) Die Grundgebühr für eine Taxifahrt beträgt 2,20 €. Man zahlt 1,40 € pro Kilometer.
b) Eine SMS kostet 0,19 € und ein Anruf 0,39 € pro Minute.
c) Eine kleine Pizza kostet 3,50 €. Für die Fahrt des Pizzataxis werden 2,50 € berechnet.
d) Das Kantenmodell eines Würfels lässt sich aus 12 gleich langen Drahtstücken bauen.
e) Eine Eintrittskarte für das Schwimmbad kostet für Kinder 1,40 € und für Erwachsene 2,20 €.
f) Ein Foto im Format 13 cm × 18 cm kostet 0,39 €. Für den Versand werden 2,20 € berechnet.
g) Wenn man von der Körpergröße (in cm) 100 abzieht, so erhält man das Normalgewicht.

ERINNERE DICH
Preisangaben mit Komma kann man in Cent umrechnen. Dann verschwindet das Komma, z.B. 2,20 € = 220 ct.

2 Der Eintritt in einen Freizeitpark kostet pro Person 5 €.
Für jede Karussellfahrt zahlt man zusätzlich 1,20 €.
a) Gib einen Rechenausdruck an, mit dem man die Gesamtkosten für x Karussellfahrten berechnen kann.
b) Berechne, was die Kinder insgesamt ausgegeben haben.

Aileen: 6 Fahrten
Moritz: 12 Fahrten
Nicole: 8 Fahrten
Sabine: 10 Fahrten

2 Ein Baum ist 2,20 m hoch.
Er wächst jedes Jahr um weitere 5 cm.
a) Gib einen Rechenausdruck an, mit dem man die Höhe des Baums nach n Jahren berechnet.
b) Berechne mit dem Rechenausdruck, wie hoch der Baum nach 3, 7, 12 und 15 Jahren ist.
c) Nach wie vielen Jahren ist der Baum 3,50 m hoch?
d) Was meinst du: Kann ein Baum wirklich immer so weiter wachsen wie in deinem Rechenausdruck?

3 Betrachte die Musterfolge.

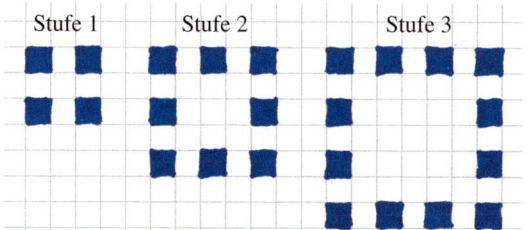

Stufe 1   Stufe 2   Stufe 3

a) Zeichne die nächsten drei Figuren der Musterfolge in dein Heft.
b) Gib einen Rechenausdruck an, mit dem man die Zahl der Quadrate in jeder Stufe berechnen kann.
c) Berechne die Anzahl der Quadrate in der 10. und in der 100. Stufe.

3 Betrachte die Musterfolge.

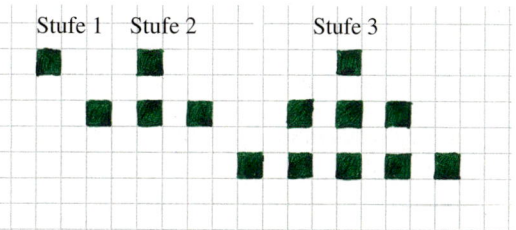

Stufe 1 Stufe 2   Stufe 3

a) Zeichne die nächsten drei Figuren der Musterfolge in dein Heft.
b) Gib einen Rechenausdruck an, der die Anzahl der Quadrate in jeder Stufe angibt.
c) Überprüfe mit dem Rechenausdruck, ob es eine Stufe gibt, in der man 36, 60 oder 100 Quadrate erhält.

HINWEIS
175-1
Unter dem Webcode 175-1 findest du interaktive Übungen zum Aufstellen von Rechenausdrücken.

4 Die folgenden Rechenausdrücke geben jeweils den Umfang einer der Figuren an.

$3 \cdot x + 11$ $3 \cdot x + 3$ $3 \cdot x + 13$

$2 \cdot x + 16$ $8 \cdot x$

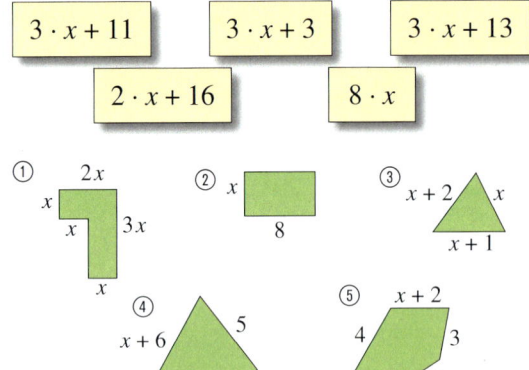

a) Welcher Rechenausdruck gehört zu welcher Figur?
b) Schreibe jeweils eine Gleichung für den Umfang, z. B. $u = 4 \cdot x + 4$.
c) Gib jeweils den Umfang der Figuren an, wenn $x = 5$ cm ist.

5 Übertrage die Tabellen ins Heft.
Setze für die Variablen den gegebenen Wert ein und überprüfe wie im Beispiel, ob die Aussage wahr oder falsch ist.

a)

x	x + 2 = 4	x + 2 < 4	x + 2 > 4
0	2 = 4 *f*		
1			
2			
3			

b)

x	x − 8 = 2	x − 8 < 2	x − 8 > 2
8			
9			
10			
11			

6 Stelle jeweils eine Gleichung oder eine Ungleichung auf.
a) Lena soll vor einem Wettkampf täglich 5 km laufen. Eine Runde im Stadion ist 400 m lang. Wie viele Runden muss sie täglich mindestens laufen?
b) Mehmet möchte ein ferngesteuertes Modellschiff bauen. Der Bausatz kostet 69 €, die Fernsteuerung kostet 148 €. Mehmet hat bisher 187 € gespart. Reicht das Geld?

4 Gegeben ist der folgende Körper.

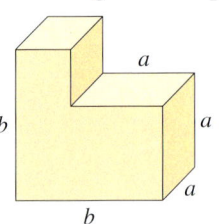

a) Gib die Gesamtkantenlänge K des Körpers als Gleichung an.
b) Berechne die Gesamtkantenlängen des Körpers, wenn die Seite b doppelt so lang ist wie die Seite a.
c) Wo befinden sich bei dem Körper die Seitenflächen, deren Umfang durch die folgenden Rechenausdrücke berechnet werden kann?
 ① $4 \cdot a$
 ② $2 \cdot a + 2 \cdot b$
 ③ $2 \cdot b + 2 \cdot a + 2 \cdot (b - a)$
 ④ $2 \cdot (b - a) + 2 \cdot a$

5 Übertrage die Tabelle ins Heft.
Setze für die Variablen den gegebenen Wert ein und überprüfe, ob die Aussage wahr oder falsch ist.

a)

x	2 · x + 6 = 9	2 · x + 6 < 9	2 · x + 6 > 9
0			
1			
2			
3			

b)

x	5 · x − 8 = 12	5 · x − 8 < 12	5 · x − 8 > 12
3			
4			
5			
6			

6 Stelle eine Gleichung auf und löse sie.
Eine Autofirma bietet ein Automodell mit Sonderausstattung für 12 950 € an.
Einzeln zahlt man für diese Sonderausstattung:
– Zentralverriegelung 270 €
– getönte Scheiben 230 €
– Schiebedach 495 €
– rechter Außenspiegel 60 €
Der Grundpreis des Autos beträgt 12 290 €.
Um wie viel Euro ist das Sondermodell billiger als im Einzelkauf?

Gleichungen lösen

Erforschen und Entdecken

1 **Hölzchen-Schachtel-Spiel** (Gruppenarbeit)
Es gelten folgende Regeln: Links und rechts vom Gleichheitszeichen liegen insgesamt gleich viele Hölzchen. In jeder Schachtel liegen gleich viele Hölzchen.

a) Findet heraus, wie viele Hölzer sich jeweils in den Schachteln befinden.
b) Überlegt euch selbst solche Knobelaufgaben.
   Zeichnet sie auf Karteikarten.
   Gebt auf der Rückseite die Lösung an.
c) Tauscht eure Karten mit den Karten von anderen Gruppen und löst die Aufgaben.
d) Man kann die Knobelaufgaben auch in Form einer Gleichung aufschreiben. Dafür schreibt man immer für die Anzahl der Hölzer in einer Schachtel x und gibt die Anzahl der frei liegenden Streichhölzer auf jeder Seite an,

BEISPIEL
□□□|| = |||||||| ergibt die Gleichung: $3 \cdot x + 2 = 8$.
Ergänzt auf euren Karteikarten zu jeder Aufgabe die passende Gleichung. ■

2 Die Klassen 5a und 5b sind nach Dessau ins Theater gefahren.
a) Aus der Klasse 5a fuhren 25 Schülerinnen und Schüler mir ihrem Lehrer ins Theater.
   Insgesamt haben sie genau 500 € dafür ausgegeben. Der Bus kostete 214 €.
   An der Kasse steht, dass es Eintrittskarten für 8 €, 11 €, 13 € und 18 € gibt.
   Welche Karten wurden gekauft?
b) Die Klassenlehrerin der 5b hat Karten für 13 € gekauft und einen Bus für 250 € gemietet.
   Die Gesamtkosten betragen 614 €.
   Für wie viele Personen wurden Eintrittskarten gekauft?

SCHON GEWUSST?
Zu Massestück sagt man umgangssprachlich auch oft Gewichtsstück.

3 Leon hat eine Balkenwaage sowie einige gleiche Dosen und Massestücke.
Ein Massestück wiegt 1 kg.
a) Heiner möchte herausfinden, wie viel eine blaue und eine gelbe Dose wiegt.
   Beschreibe, wie er das macht.
b) Zeichne eine ähnliche Waagenbildfolge für die folgende Situation:
   Rechts liegen acht Massestücke und links liegen zwei Dosen und zwei Massestücke.
   Zeichne die Lösungsschritte auf, mit denen man herausfindet, wie viel eine Dose wiegt.

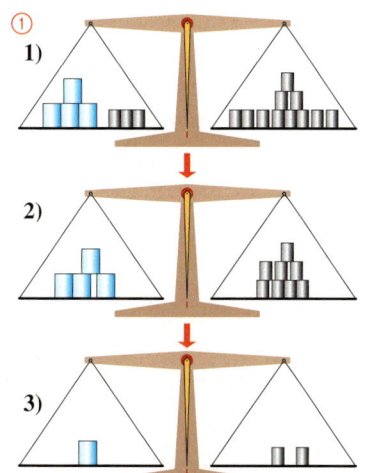

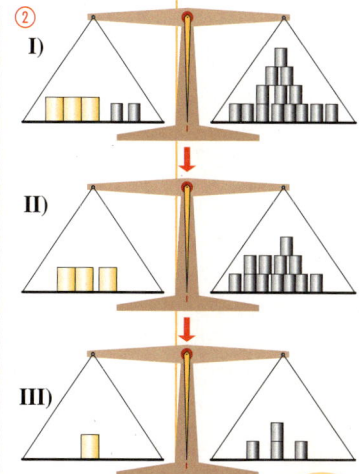

Lesen und Verstehen

Finn möchte herausfinden, wie viele Streichhölzer in jeder Schachtel sind.
Er möchte also die Gleichung $\Box + \Box + 3 = 7$
lösen.

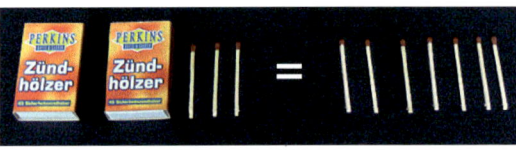

> Eine Zahl heißt **Lösung** einer Gleichung, wenn durch Einsetzen der Zahl für die Variable
> die Gleichung zu einer wahren Aussage wird.

BEISPIEL 1

Die Gleichung für Finns Aufgabe oben heißt: $2 \cdot x + 3 = 7$.
Setzt man für x die Zahl 2 ein, so wird die Gleichung wahr: $2 \cdot 2 + 3 = 7$.
2 ist also eine Lösung der Gleichung.
Das heißt hier: In jeder Schachtel sind zwei Hölzchen. ■

Wie aber findet man die Lösung für eine Gleichung?

1. Möglichkeit:
Man kann probieren, also eine beliebige Zahl
in die Gleichung einsetzen und prüfen, ob sie
die Lösung ist. Falls sie nicht die Lösung ist,
probiert man z.B. die nächstgrößere Zahl aus
usw., bis eine Zahl passt.

zu BEISPIEL 1   Gleichung: $2 \cdot x + 3 = 7$
0 einsetzen: $2 \cdot 0 + 3 = 7$
                         $3 = 7$ falsch
1 einsetzen: $2 \cdot 1 + 3 = 7$
                         $5 = 7$ falsch
2 einsetzen: $2 \cdot 2 + 3 = 7$
                         $7 = 7$ wahr ■

2. Möglichkeit:
Man kann sich inhaltlich überlegen, wie groß die Lösung sein muss.

zu BEISPIEL 1
$2 \cdot x + 3 = 7$
(1) Wenn $2 \cdot x + 3 = 7$ ist, dann muss $2 \cdot x = 4$ sein, denn $4 + 3 = 7$.
(2) Wenn $2 \cdot x = 4$ ist, dann muss $x = 2$ sein, denn $2 \cdot 2 = 4$.
Probe: $2 \cdot 2 + 3 = 7$ wahr   ■

3. Möglichkeit:
Man kann mithilfe von Umkehrrechnungen die Gleichungen schrittweise umformen,
bis man die Lösung leicht ablesen kann.
Hierbei kann die Vorstellung von einer Balkenwaage helfen:

zu BEISPIEL 1

Diese Waage ist im Gleichgewicht. Sie zeigt die Aus-
gangsgleichung:
$2 \cdot x + 3 = 7$

Auf beiden Seiten wurden
3 Kreise weggenommen.
Die Gleichung heißt jetzt:
$2 \cdot x = 4$

Auf beiden Seiten wurde die
Hälfte weggenommen.
Die Gleichung heißt jetzt:
$x = 2$

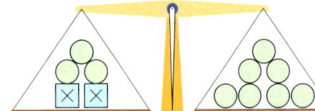   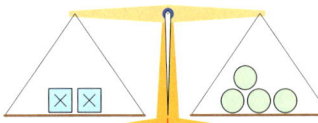   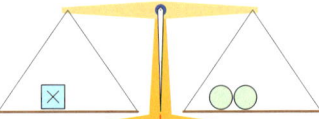

■

$$\frac{x + y}{2}$$

Basisübungen

1 Übertrage die Tabelle ins Heft und fülle sie aus.
Welche der Zahlen ist Lösung der Gleichung bzw. Ungleichung?

x	$2 \cdot x = 12$	$2 \cdot x < 12$	$2 \cdot x > 12$
4			
5			
6			
7			
8			

2 Überprüfe, ob die angegebene Lösung richtig ist.
a) $x + 2 = 11$; $x = 9$
b) $x + 1 = 3$; $x = 0$
c) $x + 4 = 10$; $x = 5$
d) $2 \cdot x = 10$; $x = 5$
e) $16 + x = 19$; $x = 3$
f) $6 \cdot x = 60$; $x = 0$
g) $2 \cdot x + 2 = 6$; $x = 2$
h) $3 \cdot x + 5 < 19$; $x = 1$

3 Überprüfe durch Einsetzen, ob unter den gegebenen Zahlen die Lösung der Gleichung ist.
a) $2 \cdot x = 14$ $\{1; 3; 5; 7; 9\}$
b) $x + 5 = 17$ $\{15; 14; 13; 12; 11\}$
c) $x + 12 = 15$ $\{2; 3; 4; 5; 6\}$
d) $3 \cdot x + 4 = 16$ $\{1; 2; 3; 4; 5\}$

4 Welche der Zahlen von 0 bis 10 sind Lösungen der folgenden Gleichungen und Ungleichungen?
a) $x + 11 = 24$ b) $x + 11 < 24$
c) $x + 40 = 50$ d) $x + 40 < 50$
e) $16 - x = 9$ f) $16 - x < 9$
g) $2 \cdot x + 1 = 5$ h) $2 \cdot x + 1 < 5$

5 Lies den Aufgabentext genau und stelle eine Gleichung auf.
Finde durch Einsetzen verschiedener Zahlen die Lösung der Aufgabe.

Tim fährt von Naumburg über Halle bis Magdeburg, das sind insgesamt 155 km.
Von Naumburg bis Halle sind es 63 km.
Wie weit ist es von Halle nach Magdeburg?

1 Übertrage die Tabelle ins Heft und fülle sie aus.
Welche der Zahlen ist Lösung der Gleichung bzw. Ungleichung?

x	$3 \cdot x + 2 = 8$	$3 \cdot x + 2 < 8$	$3 \cdot x + 2 > 8$
0			
2			
4			
6			
8			

2 Überprüfe, ob die angegebene Lösung richtig ist.
a) $2 \cdot x + 2 = 18$; $x = 9$
b) $3 \cdot x + 10 = 37$; $x = 7$
c) $4 \cdot (x + 4) = 16$; $x = 1$
d) $2 \cdot (x - 5) = 10$; $x = 5$
e) $16 + 3 \cdot x = 40$; $x = 8$
f) $6 \cdot x + 3 = 63$; $x = 10$
g) $45 : x = 5$; $x = 8$
h) $17 \cdot x = 15 \cdot x$; $x = 1$

3 Überprüfe, ob unter den gegebenen Zahlen die Lösung der Gleichung ist.
a) $2 \cdot (x + 2) = 24$ $\{9; 10; 11; 12\}$
b) $x : 5 = 7$ $\{15; 20; 25; 30; 35\}$
c) $110 = 11 \cdot (x + 1)$ $\{7; 9; 11; 13\}$
d) $330 = 33 \cdot (x - 1)$ $\{13; 12; 11; 10; 9\}$
e) $5 \cdot (x + 5) = 125$ $\{15; 16; 17; 18; 19\}$

4 Suche alle Zahlen, die beim Einsetzen für x wahre Aussagen ergeben.
Beachte den Hinweis am Rand.
a) $2 \cdot x + 12 = 48$ b) $2 \cdot x + 12 < 24$
c) $3 \cdot (x + 40) = 120$ d) $3 \cdot (x + 40) < 120$
e) $150 : x = 50$ f) $150 : x > 50$
g) $12 \cdot x - 5 = 67$ h) $12 \cdot x - 5 > 67$

5 Stelle eine Gleichung auf und finde die Lösung.

Ein Kundendienstvertreter legt an zwei Tagen mit seinem Auto insgesamt 750 km zurück.
Am ersten Tag fuhr er 120 km mehr als am zweiten Tag.
Wie viel Kilometer legte er an jedem der beiden Tage zurück?

HINWEIS
Denke an die Rechenregeln:
1) Klammern zuerst berechnen
2) Punktrechnung geht vor Strichrechnung

HINWEIS
Wenn mehrere Zahlen Lösung einer Gleichung oder Ungleichung sind, so kann man z.B. schreiben:
L = {2; 3; 4} oder
L = {0; 1; ...; 9}
L = {5; 6; ...}

6 Beschreibe, was von Bild 1 zu Bild 2 jeweils passiert.

a)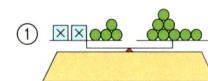

b)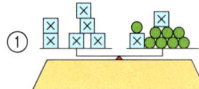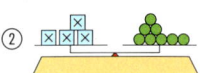

c)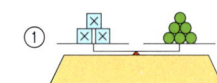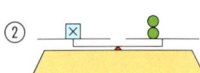

7 Löse die Gleichungen durch inhaltliches Überlegen.
Beschreibe, wie du zu der Lösung gekommen bist.
a) $x + 9 = 17$ b) $x + 14 = 38$
c) $4 \cdot x = 4$ d) $2 \cdot x = 12$

8 Finde die Lösungen der Gleichungen.
a) $x + 6 = 39$ b) $x + 45 = 57$
c) $15 + x = 91$ d) $27 + x = 54$
e) $45 = x + 32$ f) $56 = x + 48$
g) $2 \cdot x = 8$ h) $18 = 3 \cdot x$
i) $9 \cdot x = 72$ j) $7 \cdot x = 42$
k) $27 = 3 \cdot x$ l) $50 = 5 \cdot x$

9 Löse die Gleichungen.
Überprüfe deine Lösung durch eine Probe.
a) $2 \cdot x + 5 = 7$ b) $3 \cdot x + 7 = 16$
c) $4 \cdot x + 2 = 14$ d) $7 \cdot x + 5 = 19$
e) $26 = 5 \cdot x + 1$ f) $17 = 8 \cdot x + 9$
g) $4 \cdot x - 5 = 11$ h) $24 = 6 \cdot x - 12$
i) $12 \cdot x - 8 = 28$ j) $25 \cdot x - 10 = 65$

10 Welche der folgenden Gleichungen haben die gleichen Lösungen?
Gib die Lösungen der Gleichungen an.

$4 \cdot x = 12$

$8 \cdot x = 24$

$4 \cdot x - 2 = 10$

$4 \cdot x + 4 = 12$

$2 \cdot x = 4$

$4 \cdot x + 2 = 10$

6 Welche Gleichungen werden durch die Balkenwaagen dargestellt?
Gib mögliche Lösungsschritte und die Lösung an.

a) 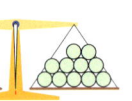   b)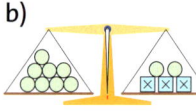

c) 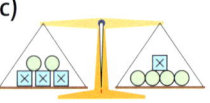   d)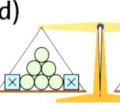

7 Löse die Gleichungen durch inhaltliches Überlegen.
Beschreibe, wie du zu der Lösung gekommen bist.
a) $4 \cdot x = 24$ b) $5 \cdot x = 75$ c) $3 \cdot x = 102$
d) $6 \cdot x = 84$ e) $8 \cdot x = 136$ f) $13 \cdot x = 39$

8 Finde die Lösungen der Gleichungen.
a) $x - 38 = 3$ b) $x + 111 = 2100$
c) $203 - x = 23$ d) $375 = 284 + x$
e) $425 = x + 75$ f) $93 = 613 - x$
g) $4 \cdot x = 448$ h) $112 = 7 \cdot x$
i) $252 = 21 \cdot x$ j) $17 \cdot x = 221$

9 Löse die Gleichungen.
Überprüfe deine Lösung durch eine Probe.
a) $723 = 3 \cdot x + 3$ b) $6 \cdot x + 8 = 56$
c) $640 = 6 \cdot x + 28$ d) $9 \cdot x + 48 = 138$
e) $5 + 4 \cdot x = 65$ f) $3 \cdot x - 7 = 14$
g) $47 = 5 \cdot x - 8$ h) $73 = 7 \cdot x - 11$
i) $63 = 2 \cdot x - 7$ j) $105 = 8 \cdot x - 15$

10 Für wie viele Striche steht jeweils ein rotes Kästchen?

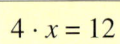
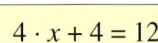

11 Löse die Aufgaben. Die Ergebnisse stehen im Klee am Rand.
a) $7 \cdot x + 2 = 5 \cdot x + 20$ b) $6 \cdot x + 4 = 3 \cdot x + 25$ c) $7 \cdot x + 5 = 4 \cdot x + 38$
d) $9 \cdot x + 7 = 5 \cdot x + 39$ e) $5 + 3 \cdot x = 16 \cdot x - 34$ f) $9 \cdot x + 5 = 4 \cdot x + 20$
g) $2 \cdot x + 12 = 4 \cdot x - 6$ h) $2 \cdot x + 12 = 8 \cdot x + 24$ i) $15 \cdot x + 12 = 5 \cdot x + 72$

Methode: Lösen von Sachaufgaben

Maja kauft 12 Flaschen Apfelsaft und 1 Flasche Orangensaft und zahlt dafür 9,80 €.
Der Orangensaft ist 5 Cent teurer als der Apfelsaft.
Bestimme die Preise für eine Flasche Apfelsaft und eine Flasche Orangensaft.

Diese Aufgabe kann im **6-Schritte-Verfahren** gelöst werden.

1. Variable festlegen	Preis für eine Flasche Apfelsaft in Cent: x
2. Terme bilden	Preis für 12 Flaschen Apfelsaft: $12 \cdot x$ Preis für eine Flasche Orangensaft: $x + 5$
3. Gleichung aufstellen	$12 \cdot x + (x + 5) = 980$, also $13 \cdot x + 5 = 980$
4. Gleichung lösen	Wenn $13 \cdot x + 5 = 980$, dann muss $13 \cdot x = 975$ sein. Wenn $13 \cdot x = 975$, dann muss $x = 75$ sein, denn $13 \cdot 75 = 975$. Also: $x = 75$
5. Ergebnis überprüfen	Preis für 12 Flaschen Apfelsaft: $12 \cdot 75$ Cent $= 900$ Cent Preis für eine Flasche Orangensaft: 75 Cent $+ 5$ Cent $= 80$ Cent Gesamtpreis: 980 Cent $= 9,80$ €
6. Antwort formulieren	Der Apfelsaft kostet $0,75$ €. Der Orangensaft kostet $0,80$ €.

1 Beim letzten Basketballspiel hat Max doppelt so viele Körbe geworfen wie Kai. Pit erzielte 3 Körbe mehr als Kai. Zusammen warfen die drei Freunde 31 Körbe.
a) Wie viele Körbe erzielte Kai?
b) Wie viele Körbe erzielten Max und Pit?

2 Wie alt sind die Geschwister jeweils?
a) Faruk hat zwei Schwestern. Die eine Schwester ist 2 Jahre jünger, die andere Schwester ist 5 Jahre jünger als er. Zusammen sind die drei Geschwister 80 Jahre alt.
b) Franziska hat zwei Brüder. Einer ist 2 Jahre jünger, der andere 4 Jahre älter als sie. Zusammen sind sie 98 Jahre alt.

3 Welche Zahl ist gemeint?
a) Die Summe aus dem 6-Fachen einer Zahl und 13 ist 193.
b) Wenn du 15 zum Produkt aus einer Zahl und 4 addierst, erhältst du 335.
c) Die Differenz aus 32 und dem 5-Fachen einer Zahl ergibt 2.

4 Wie heißt die Zahl?
a) Lisa denkt sich eine Zahl, multipliziert diese mit 3 und addiert 28. Das Ergebnis ist 409. Welche Zahl hat sich Lisa gedacht?
b) Multipliziere eine Zahl mit 5 und subtrahiere dann 88. Das Ergebnis ist 12. Wie heißt die Ausgangszahl?

5 Finde die gesuchten Zahlen.
a) Subtrahiert man 17 vom Fünffachen einer Zahl, so erhält man 43.
b) Addiert man 5 zum Doppelten einer Zahl, so erhält man das Dreifache der Zahl.

6 Marisa hat eine Schwester, die doppelt so alt ist wie sie. Ihre Mutter ist 30 Jahre älter als Marisa. Zusammen sind Marisa, ihre Schwester und die Mutter 54 Jahre alt. Wie alt ist Marisa?

7 Erfinde zu jeder Gleichung ein Zahlenrätsel und bestimme die gesuchte Zahl.
a) $3 \cdot x - 5 = 4$ b) $11 - 2 \cdot x = 5$
c) $8 \cdot x + 2 = 18$ d) $100 - 7 \cdot x = 16$

HINWEIS
Löse die Aufgaben im 6-Schritte-Verfahren

Klar soweit?

→ Seite 174

■ Gleichungen und Ungleichungen

1 Frau Knobel liebt es, über ihre Familie in Rätseln zu sprechen.
Übersetze ihre Aussagen in Terme.
Benutze für das Alter von Frau Knobel die Variable x.
① Mein Mann ist 6 Jahre älter als ich.
② Meine Mutter ist doppelt so alt wie ich.
③ Meine Tochter ist halb so alt wie ich.
④ Mein Sohn ist 26 Jahre jünger als ich.
⑤ Ich bin 10-mal älter als mein Hund.
⑥ Wenn ich mein Alter verdoppele und 5 addiere, so erhalte ich das Alter meines Vaters.

2 In einem kleinen Zirkus hat die erste Reihe 10 Plätze, die zweite Reihe hat 12 Plätze, die dritte Reihe hat 14 Plätze usw.
a) Wie viele Sitzplätze befinden sich in Reihe 7?
b) Jana und ihre 27 Klassenkameraden passen genau in eine Sitzreihe.
Welche Reihe ist das?
c) Die Anzahl der Plätze in der Reihe x kann man mit einem Term bestimmen.
Welcher der Terme ist richtig?
① $10 \cdot x + 2$ ② $2 \cdot x + 8$
③ $2 \cdot x + 10$ ④ $10 \cdot x + 8$
d) Gibt es eine Reihe mit 35 Plätzen? Begründe.

3 Übertrage die Tabelle ins Heft.
Setze für die Variablen den gegebenen Wert ein und überprüfe, ob die Aussage wahr oder falsch ist.

x	$2 \cdot x + 3 = 7$	$2 \cdot x + 3 < 7$	$2 \cdot x + 3 > 7$
0			
1			
2			
3			

4 Stelle zu folgendem Text eine Gleichung auf und finde eine Lösung.
Wenn man eine Zahl verdoppelt und das Ergebnis um 4 vermindert, so erhält man 2. Wie heißt die Zahl?

1 Rechenausdrücke gesucht
Chris: „Ich denke mir eine Zahl x aus. Dann addiere ich zu dieser Zahl das Doppelte der Zahl und ziehe anschließend 5 ab."
Leonore: „Ich ziehe vom Vierfachen meiner Zahl 15 ab und addiere dann die Zahl."
Marvin: „Ich addiere zum Fünffachen meiner Zahl x das Achtfache der Zahl. Anschließend subtrahiere ich 14."
a) Welche Ergebnisse erhalten die drei, wenn sie 6 einsetzen?
b) Welche Zahlen haben sie sich jeweils gedacht, wenn sie als Ergebnis 25 erhalten?

2 Rechenausdrücke verstehen
a) Paket A wiegt a kg. Paket B wiegt b kg.
Was bedeuten die Rechenausdrücke?
① $b + 2\,\text{kg} = a$ ② $a + b = 15\,\text{kg}$
③ $b = 2 \cdot a$ ④ $2 \cdot b - 2\,\text{kg} = a$
b) Sandys Taschengeld wird mit x bezeichnet, das von Tim mit y und z steht für Leas Taschengeld.
Was bedeuten die Rechenausdrücke?
① $2 \cdot x = y$ ② $x + y = z$
③ $z - 4 = x$ ④ $x + y + z = 12$
⑤ $y + 2 = z$ ⑥ $x = y - 2$
Finde heraus, wie viel Taschengeld die drei Geschwister jeweils erhalten.
Erläutere deine Vorgehensweise.

3 Übertrage die Tabelle ins Heft.
Setze für die Variablen den gegebenen Wert ein und überprüfe, ob die Aussage wahr oder falsch ist.

x	$2 \cdot (x + 3) = 16$	$2 \cdot (x + 3) < 16$	$2 \cdot (x + 3) > 16$
4			
5			
6			
7			

4 Stelle zu folgendem Text eine Gleichung auf und finde eine Lösung.
Addiert man alle Kantenlängen eines Würfels, so erhält man 72 cm.
Wie lang ist eine Kante?

■ Gleichungen lösen

→ Seite 178

5 Überprüfe durch Einsetzen, ob unter den gegebenen Zahlen die Lösung der Gleichung ist.

a) $3 \cdot x = 21$ (1; 3; 5; 7; 9)
b) $x + 7 = 19$ (15; 14; 13; 12; 11)
c) $2 \cdot x + 1 = 15$ (2; 3; 4; 5; 6)
d) $3 \cdot x + 4 = 5 \cdot x$ (1; 2; 3; 4; 5)

5 Suche alle Zahlen, die beim Einsetzen für x wahre Aussagen ergeben.
Schreibe z. B. „$x = 2$ oder $x = 3$".

a) $23 \cdot x + 2 = 48$ b) $3 \cdot x + 12 < 24$
c) $2 \cdot (x + 40) = 150$ d) $2 \cdot (x + 40) < 150$
e) $180 : x = 30$ f) $180 : x > 30$
g) $6 \cdot x - 5 = 667$ h) $6 \cdot x - 5 > 667$

6 Überprüfe, ob die angegebenen Lösungen richtig sind.

a) $x + 5 = 11;$ $x = 6$
b) $x - 1 = 3;$ $x = 3$
c) $x + 40 = 10;$ $x = 50$
d) $3 \cdot x = 15;$ $x = 5$
e) $6 + x = 21;$ $x = 13$
f) $7 \cdot x = 70;$ $x = 0$
g) $5 \cdot x + 10 = 20;$ $x = 2$
h) $3 \cdot x + 7 < 10;$ $x = 1$

6 Überprüfe, ob die angegebenen Lösungen richtig sind.

a) $12 \cdot x + 2 = 38;$ $x = 3$
b) $3 \cdot x + 15 = 37;$ $x = 7$
c) $6 \cdot (x + 4) = 24;$ $x = 1$
d) $3 \cdot (x - 5) = 15;$ $x = 5$
e) $16 + 5 \cdot x = 56;$ $x = 8$
f) $7 \cdot x - 3 = 63;$ $x = 10$
g) $48 : x = 5;$ $x = 8$
h) $15 = 15 \cdot x;$ $x = 1$

7 Welche Gleichungen werden durch die Balkenwaagen dargestellt?
Zeichne mögliche Lösungsschritte.

a)
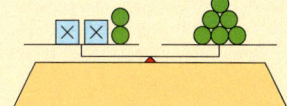

b)
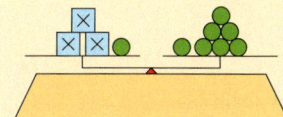

c)
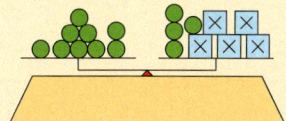

7 Welche Gleichungen werden durch die Balkenwaagen dargestellt?
Zeichne mögliche Lösungsschritte.

a)
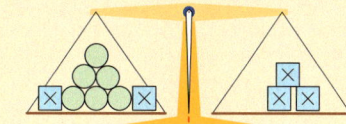

b)
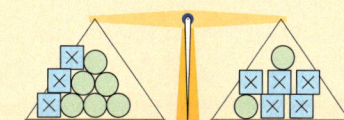

c)
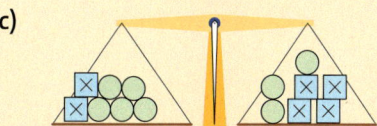

8 Löse die Gleichungen.
Beschreibe jeweils deine Überlegungen.
Prüfe dein Ergebnis durch Einsetzen.

a) $2 \cdot x + 3 = 7$ b) $3 \cdot x + 5 = 17$
c) $4 \cdot x + 2 = 6$ d) $5 \cdot x + 4 = 29$
e) $21 = 5 \cdot x + 1$ f) $41 = 8 \cdot x + 9$
g) $7 \cdot x - 5 = 30$ h) $12 = 6 \cdot x - 12$
i) $2 \cdot x - 8 = 8$ j) $5 \cdot x - 10 = 90$

8 Löse die Gleichungen.
Beschreibe jeweils deine Überlegungen.
Prüfe dein Ergebnis durch Einsetzen.

a) $335 = 3 \cdot x + 2$ b) $12 \cdot x + 18 = 66$
c) $94 = 11 \cdot x + 28$ d) $9 \cdot x + 48 = 120$
e) $25 + 4 \cdot x = 97$ f) $3 \cdot x - 17 = 4$
g) $97 = 5 \cdot x - 18$ h) $84 = 7 \cdot x - 21$
i) $63 = 9 \cdot x - 36$ j) $105 = 8 \cdot x - 55$

Vermischte Übungen

1 Auf einem Bauernhof leben Kühe und Hühner.
x soll für die Anzahl der Hühner stehen und y für die Anzahl der Kühe.

a) Welcher Rechenausdruck gibt an, wie viele Beine die Hühner und Kühe insgesamt haben?
① $x + y$ ② $2 \cdot x + 4 \cdot y$
③ $4 \cdot x + y$ ④ $4 \cdot x + 2 \cdot y$

b) Was kann man mit dem Rechenausdruck ① berechnen?

c) Auf dem Hof befinden sich 20 Beine. Wie viele Hühner und Kühe leben dort? Es gibt mehrere Möglichkeiten.

d) Auf einem anderen Hof befinden sich 30 Beine und insgesamt 12 Tiere. Wie viele Kühe und Hühner leben auf dem Hof?

2 Setze in die Gleichungen nacheinander die Zahlen 1 bis 10 ein.
Welche Zahl ist Lösung der Gleichung?

a) $52 \cdot x - 18 = 44$

b) $100 + 22 \cdot x = 188$

c) $5 \cdot x = 30$

d) $2 \cdot (x - 4) = 12$

e) $3 \cdot (x + 2) = 33$

1 Die folgenden Figuren sind aus Hölzchen in drei verschiedenen Längen gelegt.

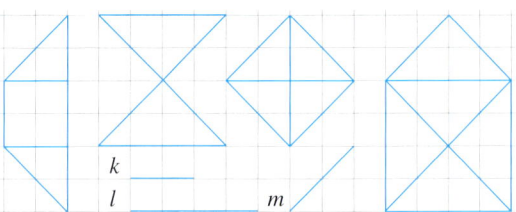

a) Gib jeweils einen Rechenausdruck für die Gesamtlänge der verwendeten Hölzchen an.

b) Ist es bei einigen Figuren möglich, verschiedene Rechenausdrücke anzugeben? Welche Vereinbarungen muss man treffen, damit es für jede Figur nur einen Rechenausdruck gibt?

c) Zeichne selbst Figuren zu den folgenden Rechenausdrücken.
① $4 \cdot l + 4 \cdot k$ ② $6 \cdot k + 2 \cdot m + 2 \cdot l$
③ $4 \cdot m + 2 \cdot k$ ④ $2 \cdot l + 4 \cdot k + 2 \cdot m$
⑤ $2 \cdot m + 6 \cdot k$ ⑥ $2 \cdot m + 4 \cdot l + k$

2 Löse die Gleichungen.
Überprüfe deine Lösungen durch eine Probe.

a) $6 \cdot (x + 5) = 666$

b) $9 \cdot (x - 10) = 729$

c) $125 : x = 25$

d) $2200 : x = 4$

e) $810 = 9 \cdot x - 9$

f) $679 = 7 \cdot (x - 3)$

3 Die folgenden Abbildung zeigt, wie eine Figur von Stufe zu Stufe wächst.

1. Stufe 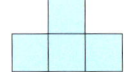 2. Stufe 3. Stufe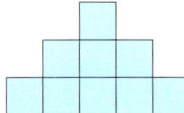

a) Wie kann man berechnen, wie viele Quadrate man für die n-te Stufe der Figur benötigt? Berechne die Anzahl der Quadrate in der 9. und 20. Stufe.

b) Gib an, wie viele Quadrate man insgesamt bis zur 1. (2., 3., 4. und 5.) Stufe benötigt.

c) Wie viele Quadrate benötigt man insgesamt bis einschließlich der n-ten Stufe?

d) Welcher Zusammenhang besteht zwischen der Anordnung der Quadrate oben und der folgenden Figurenfolge?

1. Stufe  2. Stufe   3. Stufe 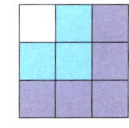 4. Stufe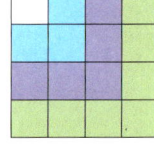

4 Sarah besitzt einige DVDs. Zum Geburtstag bekommt sie von ihren Freunden 6 DVDs geschenkt. Nun hat sie dreimal so viele DVDs wie vorher.
Wie viele DVDs hatte sie vorher?

5 In einem Schwimmbecken beträgt die Wasserhöhe am Morgen 60 cm.
Wird die Wasserleitung voll aufgedreht, dann erhöht sich der Wasserstand um 8 cm pro Stunde.
Wie lange dauert es, bis die Wasserhöhe 180 cm beträgt?

6 Eine Bohnenpflanze ist 10 cm hoch.
Sie wächst jeden Tag um 2 cm.
Wie lange dauert es, bis sie eine Höhe von 80 cm hat?

7 Leon macht mit einer Jugendgruppe eine Wanderung. Auf dem Campingplatz an der Talsperre macht die Gruppe Rast.
Die Gruppe besteht aus acht Jungen. Sie wohnen in zwei Zelten.
Je Tag muss jeder der Jungen 1,50 € bezahlen. Für jedes Zelt muss täglich 2 € bezahlt werden.
Wie viele Tage war die Gruppe auf dem Campingplatz, wenn sie insgesamt 64 € zahlen musste?

8 Familie Stein möchte mit zwei Kindern 14 Tage in Urlaub fahren. Für das Ferienhaus sind in der Hauptsaison täglich 29,50 € pro Person zu zahlen, in der Nachsaison täglich 24,90 €.
a) Was kostet der Urlaub für Familie Stein in der Hauptsaison?
b) Was kostet der Urlaub für Familie Stein in der Nachsaison?
c) Wie viel kann Familie Stein sparen, wenn sie ihren Urlaub in der Nachsaison nimmt?

4 Ein Geschicklichkeitsspiel wird in einem Beutel für 2,20 € verkauft.
Das Spiel ist um 2 € teurer als der Beutel.
Wie viel kostet das Spiel?
Wie viel kostet der Beutel?

5 Die Familien Görtz und Möller bewohnen ein Zweifamilienhaus. Die jährlichen Kosten für die Müllabfuhr in Höhe von 336 € sollen entsprechend der Personenzahl auf beide Familien verteilt werden.
Im Haushalt der Familie Görtz leben 3 Personen, bei Familie Möller sind es 4 Personen.
a) Wie viel muss pro Person gezahlt werden?
b) Wie viel muss jede Familie zahlen?

6 Frau Heine benutzt im Urlaub einen Mietwagen. Sie muss pro Tag 55 € Miete zahlen und pro gefahrenem Kilometer zusätzlich 0,25 €.
a) Als sie den Wagen nach einem Tag zurückgibt, zahlt sie 167 €.
Wie weit ist sie mit dem Auto gefahren?
b) Eine Woche später leiht sie das Auto noch einmal für zwei Tage und muss 222,50 € zahlen.
Wie weit ist sie diesmal gefahren?

7 Paul bezahlt für sein Handy eine monatliche Grundgebühr von 4,95 €.
Eine Gesprächseinheit kostet 0,25 €.
Jede SMS kostet 0,15 €.
a) Für den Monat Mai erhält er eine Rechnung über 21,20 €.
Wie viele Einheiten hat er vertelefoniert, wenn er keine SMS verschickt hat?
b) Im Juni muss er 12,20 € zahlen.
Wie viele SMS hat er verschickt, wenn er 20 Einheiten vertelefoniert hat?
c) Im Juli erhält er eine Rechnung über 18,88 €. Begründe, warum sich Paul sofort beschwert.

8 Eine Kerze ist 30 cm hoch. Wenn sie brennt, wird sie jede Stunde 6 mm kürzer.
a) Wie lange dauert es, bis die Kerze vollständig abgebrannt ist?
b) Nach welcher Zeit ist sie nur noch halb so lang wie vorher?

$$\frac{x+y}{2}$$

Teste dich!

(6 Punkte)

1 Schreibe als Rechenausdruck und berechne …

a) die Summe der Zahlen 78 und 56.

b) das 3-Fache der Summe aus 78 und 79.

c) 8 vermehrt um das Doppelte von 5.

d) den Quotienten aus 75 und der Hälfte von 50.

e) die Differenz der Zahlen 356 und 58.

f) 10 vermehrt um das Produkt aus 45 und 2.

(10 Punkte)

2 Finde zu jeder Aussage einen passenden Rechenausdruck und begründe deine Wahl. Wofür stehen in dem Rechenausdruck die jeweiligen Variablen?

| $6 \cdot x + 5 \cdot y$ | $250 + x \cdot 150$ | $39 \cdot x + 100$ | $5 + 6 \cdot x$ | $10 \cdot x + 39 \cdot y$ |

a) Eine Pizza kostet 6 €. Für die Fahrt des Pizzataxis werden 5 € berechnet.

b) Pro Kilometer Taxifahrt zahlt man 1,50 €. Die Grundgebühr beträgt 2,50 €.

c) Eine SMS kostet 0,10 € und ein Anruf 0,39 € pro Minute.

d) Eine Kinokarte kostet für Kinder 5,00 € und für Erwachsene 6,00 €.

e) Pro Fotoabzug zahlt man 39 Cent, für den Versand 1 €.

(8 Punkte)

3 Zeichne die nächsten zwei Figuren der Musterfolge ins Heft.

a) Welcher der folgenden Rechenausdrücke gibt die Anzahl der Quadrate in jeder Stufe an?

① $2 \cdot n$ ② $2 \cdot n - 1$

③ $n \cdot (n + 1) : 2$ ④ $n + 1$

b) Überprüfe mit dem Rechenausdruck, ob es eine Stufe gibt, in der man 36 oder 100 Quadrate erhält.

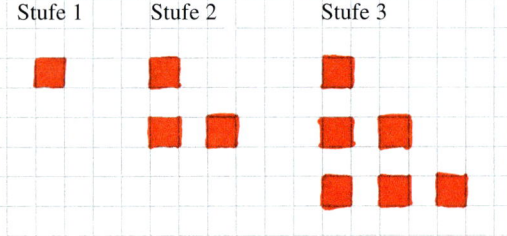

Stufe 1 Stufe 2 Stufe 3

(12 Punkte)

4 Übertrage die Tabellen ins Heft. Setze für die Variablen den gegebenen Wert ein und überprüfe, ob eine wahre oder eine falsche Aussage entsteht.

a)

x	$5 \cdot x + 3 = 28$	$5 \cdot x + 3 < 28$	$5 \cdot x + 3 > 28$
4			
5			
6			
7			

b)

x	$3 \cdot (x + 2) = 14$	$3 \cdot (x + 2) < 14$	$3 \cdot (x + 2) > 14$
0			
1			
2			
3			

(8 Punkte)

5 Stelle jeweils eine Gleichung oder eine Ungleichung auf und löse sie.

a) Lea kann monatlich von ihrem Taschengeld höchstens 12 € sparen.
Sie möchte sich gern eine Tasche für 55 € davon kaufen.
Wie viele Monate muss Lea mindestens für die Tasche sparen?

b) Murat schreibt in 7 Tagen eine Klassenarbeit.
Er nimmt sich vor, für diese Arbeit mindestens 10 Stunden zu üben.
Wie viele Minuten müsste Murat dann pro Tag für die Arbeit üben?

(5 Punkte)

6 In einem Personenzug befinden sich 280 Fahrgäste.
In der 1. Klasse sind 3-mal so viele Personen wie im Speisewagen.
In der 2. Klasse halten sich 70 Personen mehr auf als in der 1. Klasse.
Wie viele Personen sitzen in den verschiedenen Wagen?

7 Die beiden Pakete sollen mit Paketschnur verschnürt werden.   *(8 Punkte)*

a) Gib für beide Pakete einen Term an, mit dem man die Länge der Paketschnur (ohne Knoten) berechnen kann.

b) Berechne die Länge der Schnur, wenn $a = 20\,cm$, $b = 40\,cm$ und $c = 15\,cm$ ist.

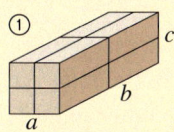 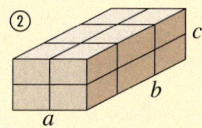

8 Überprüfe, ob die angegebenen Lösungen richtig sind.   *(8 Punkte)*

a) $5 \cdot x + 27 = 52$; $x = 5$
b) $33 + 4 \cdot x = 77$; $x = 10$
c) $12 \cdot x + 6 = 78$; $x = 6$
d) $26 \cdot x - 3 = 49$; $x = 2$
e) $4 \cdot (x + 5) = 64$; $x = 10$
f) $135 : x = 9$; $x = 14$
g) $20 \cdot (x - 5) = 240$; $x = 17$
h) $3 + 37 \cdot x = 17 \cdot x + 3$; $x = 0$

9 Löse die Gleichungen. Überprüfe deine Rechnung mit einer Probe.   *(9 Punkte)*

a) $x + 18 = 49$
b) $x - 9 = 23$
c) $53 - x = 45$
d) $50 = 2 \cdot x + 12$
e) $40 = 400 - 8 \cdot x$
f) $75 = 153 - 6 \cdot x$
g) $100 - 4 \cdot x = 48$
h) $42 = 3 \cdot x + 6$
i) $52 = 4 \cdot x + 8$

10 Jannik spart für ein Rennrad, das $498\,€$ kostet. Jeden Monat legt er $20\,€$ zurück. Seine Eltern geben ihm den Rest von $178\,€$ dazu.
Wie viele Monate muss Jannik sparen, damit er sich mithilfe seiner Eltern das Fahrrad kaufen kann?   *(5 Punkte)*

11 Yasemin möchte sich ein Fahrrad für $450\,€$ kaufen.
Sie kann das Rad kaufen, wenn sie jeden Monat $25\,€$ spart und von ihren Eltern $50\,€$ bekommt.   *(6 Punkte)*

a) Wie lange muss sie sparen?

b) Wie lange müsste sie sparen, wenn die Eltern nichts dazugeben würden?

12 Simon hat für eine Jeans, ein T-Shirt und eine Kappe zusammen $130\,€$ ausgegeben. Dabei war das T-Shirt $60\,€$ billiger als die Jeans und die Kappe $10\,€$ teurer als das T-Shirt. Wie viel haben die Kleidungsstücke im Einzelnen gekostet?   *(5 Punkte)*

13 Von einer $175\,cm$ langen Holzleiste werden vier gleiche Stücke abgeschnitten. Ein $55\,cm$ langes Stück bleibt übrig.
Wie lang ist jedes der vier abgeschnittenen Stücke der Leiste?
Überprüfe dein Ergebnis.   *(5 Punkte)*

14 Giannas Bruder Pedro ist doppelt so alt wie Gianna. Ihre Mutter ist 26 Jahre älter als Pedro. Zusammen sind Gianna, Pedro und ihre Mutter 56 Jahre alt.
Wie alt ist jeder der drei?   *(5 Punkte)*

Gold: 96–100 Punkte, Silber: 80–95 Punkte, Bronze: 60–79 Punkte

Zusammenfassung

→ Seite 174

Gleichungen und Ungleichungen

In der Mathematik nennt man einen Platzhalter oder eine Leerstelle, in die man Zahlen oder Größen einsetzen kann, **Variable**.

Statt Zeichen wie ■, □ oder ▲ verwendet man für Variablen häufig kleine Buchstaben: z. B. *a*, *b*, *c* oder auch *x*, *y*, *z*.

Ein **Rechenausdruck** ist eine sinnvolle Verbindung von Variablen, Zahlen und Rechenzeichen, z. B. $3 \cdot x + 5$.

Eine **Gleichung** verbindet zwei Rechenausdrücke durch ein Gleichheitszeichen „=".

Werden zwei Rechenausdrücke durch ein „<" oder „>" verbunden, so entsteht eine **Ungleichung**.

Stufe 1   Stufe 2   Stufe 3

Möchte man die Anzahl der Hölzer in einer späteren Stufe berechnen, kann man die Zahl der Stufe durch eine Variable *x* ersetzen.

Der passende Rechenausdruck zur Berechnung der Anzahl der Hölzer in Stufe *x*:
$2 \cdot x + 1$

$x + 5 = 10$ oder $6 = 2 \cdot 3$ oder $3 \cdot a = 5$
Gegenbeispiele: $4 +$ oder) $7a$ oder $7 \cdot (4$

$x + 5 > 10$ oder $6 < 3 \cdot 3$ oder $3 \cdot a < 5$

→ Seite 178

Gleichungen lösen

Eine Zahl heißt **Lösung** einer Gleichung, wenn durch Einsetzen der Zahl für die Variable die Gleichung zu einer wahren Aussage wird.

Die Gleichung $x + 7 = 10$ hat die Lösung $x = 3$, denn wenn man 3 für *x* in der Gleichung einsetzt, ergibt sich $3 + 7 = 10$ und das ist eine wahre Aussage.

Lösen einer Gleichung

1. Möglichkeit
Man findet durch Probieren eine Zahl, die man für die Variable einsetzen kann, sodass eine wahre Aussage entsteht.

$$3 \cdot \quad x + 9 = 99$$
$x = 5$: $3 \cdot \quad 5 + 9 = 24$ $24 < 99$
$x = 15$: $3 \cdot 15 + 9 = 54$ $54 < 99$
$x = 30$: $3 \cdot 30 + 9 = 99$ wahr

2. Möglichkeit
Man kann sich inhaltlich überlegen, wie groß die Lösung sein muss.

$10 \cdot x + 4 = 94$
(1) Wenn $10 \cdot x + 4 = 94$ ist, dann muss $10 \cdot x = 90$ sein, denn $90 + 4 = 94$.

3. Möglichkeit
Man kann wie bei einer Waage mithilfe von Umkehrrechnungen die Gleichung schrittweise umformen, bis man die Lösung leicht ablesen kann.

(2) Wenn $10 \cdot x = 90$ ist, dann muss $x = 9$ sein, denn $10 \cdot 9 = 90$.
Probe: $10 \cdot 9 + 4 = 94$ wahr

Mit der **Probe** überprüft man seine Rechnung. Erhält man beim Einsetzen der ermittelten Lösung in die Gleichung eine wahre Aussage, so ist die Gleichung richtig gelöst.

Brüche

Bei jedem Schirm setzt sich die Bespannung
aus Einzelteilen gleicher Form zusammen.
Meistens sind es acht Teile, von denen vier die gleiche Farbe haben.
Nur bei einem Schirm besteht die Bespannung aus
mehr als acht „Bruchteilen" gleicher Form.

Noch fit?

Einstieg

1 Im Kopf dividieren
a) 64 : 8   b) 15 : 15
c) 140 : 14   d) 143 : 13

2 Schriftlich dividieren
Überschlage zuerst, rechne dann schriftlich.
Prüfe mit der Umkehraufgabe.
a) 984 : 8   b) 216 : 9
c) 342 : 6   d) 6825 : 7

3 Halbes im Alltag
a) Wie viele Minuten hat eine halbe Stunde?
b) Wie viele Stunden sind ein halber Tag?
c) Wie viele Monate hat ein halbes Jahr?
d) Wie viele halbe Liter ergeben zusammen
    einen ganzen Liter?

4 Gerecht teilen

a) Anna und Max wollen sich die Tafel
    Schokolade gerecht teilen.
    Wie viele Stückchen bekommt jeder?
b) Wie viele Stückchen bekommt jeder,
    wenn sich drei Kinder die Schokolade
    gerecht teilen?

5 Größen umrechnen
Rechne in die in Klammern angegebene
Einheit um.
a) 5 cm (mm)   b) 700 cm (m)
c) 3 kg (g)   d) 6500 g (kg)
e) 2,35 € (ct)   f) 2000 ct (€)
g) 3 h (min)   h) 30 min (h)

Aufstieg

1 Im Kopf dividieren
a) 42 : 7   b) 420 : 70
c) 420 : 7   d) 4200 : 70

2 Schriftlich dividieren
Überschlage zuerst, rechne dann schriftlich.
Prüfe mit der Umkehraufgabe.
a)   4071 : 3   b) 24 240 : 8
c) 122 436 : 12   d) 81 510 : 11

3 Bekannte Brüche
a) Wie viele Minuten hat eine Dreiviertel-
    stunde?
b) Wie viele Zentimeter ergeben zusammen
    anderthalb Meter?
c) Wie viele Tage sind zweieinhalb Monate?

4 Gerecht teilen

Till und Sandra wollen sich eine Tafel Schokolade teilen. Till hat aber schon 8 Stück
gegessen.
a) Wie viele Stücke darf er nur noch essen?
b) Wie viele Stücke darf Till noch essen,
    wenn sie sich zu dritt die Tafel teilen?

5 Größen umrechnen
Rechne in die in Klammern angegebene Einheit um.
a) 5 t (kg)   b) 500 kg (t)
c) 10 000 km (m)   d) 200 m (km)
e) 1 d 12 h (h)   f) 60 h (d)
g) 18,50 € (ct)   h) 12 345 ct (€)

6 Kurz und knapp
a) Vier Kinder sollen sich 5 € gerecht teilen. Wie viel Geld erhält jedes Kind?
b) Finde den Fehler! 14 + 21 : 7 = 35 : 7 = 5
c) Wie viele Monate (Tage, Stunden) bist du ungefähr alt?
d) Runde 34 507 auf Tausender, Hunderter und Zehner.

Brüche als Teile von Ganzen

Erforschen und Entdecken

1 Nils und Abbas im Gespräch.

1. Ich bin total müde, ich muss immer um halb sieben aufstehen. Mein Bus fährt um viertel nach sieben zur Schule.

2. Ich bin auch noch müde. Ich habe mir gestern Abend das Halbfinale der Fußball-WM im Fernsehen angeschaut. Glaubst Du, dass Deutschland das Finale gewinnt?

3. Keine Ahnung. Ich habe aber gehört, dass drei Viertel der Deutschen das glauben. Isst Du heute in der Mensa?

4. Nein. Heute gibt es Pizza. Die ist immer so groß – davon schaffe ich höchstens die Hälfte.

HINWEIS
„Viertel nach sieben" ist eine andere Sprechweise für „viertel acht".

Lies dir den Dialog zwischen Nils und Abbas aufmerksam durch.
Schreibe alle Brüche heraus.
In welchem Zusammenhang kommen Brüche in deinem Alltag vor?

2 Besorge dir ein Blatt DIN-A4-Papier.
a) Gib mindestens drei Möglichkeiten an, das Blatt durch einmaliges Falten in zwei gleich große Teile zu zerlegen.
Skizziere alle gefundenen Möglichkeiten wie im Beispiel am Rand in deinem Heft.
b) Wie oft musst du das Blatt falten, um vier gleich große Teile zu erhalten?
c) Wie viele Teile erhältst du, wenn das Blatt viermal gefaltet wird?

3 Drei Kinder wollen eine Pizza gerecht untereinander aufteilen.
Wie würdest du die Pizza schneiden? Begründe.

① 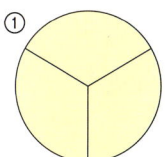 ② 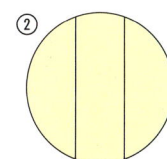 ③ 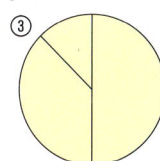 ④ 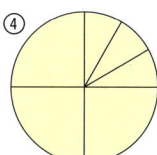 ⑤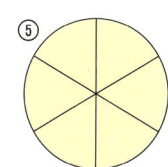

4 Moritz, Mika, Lucia und Laurin haben jeweils drei Viertel eines Quadrats rot ausgemalt.

Moritz	Mika	Laurin	Lucia
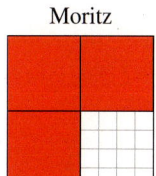	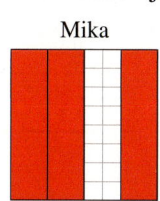	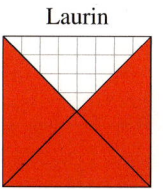	

a) Beschreibe Gemeinsamkeiten und Unterschiede in der Vorgehensweise.
b) Zeichne ein Quadrat mit der Seitenlänge $a = 4\,\text{cm}$. Male fünf Achtel der Fläche rot aus.
Vergleicht untereinander eure Ergebnisse. Beschreibt, wie ihr vorgegangen seid.
c) Färbe in einem Rechteck mit $a = 4\,\text{cm}$, $b = 3\,\text{cm}$ verschiedene Anteile. Gib ihre Namen an.

Lesen und Verstehen

Frau Bruns hat für ihre Tochter Lena eine Pizza gebacken. Die fertige Pizza schneidet sie in vier gleich große Stücke. Ein Stück entspricht dann $\frac{1}{4}$ (einem Viertel) der Pizza.

> Mit **Brüchen** können Teile eines Ganzen beschrieben werden.
> Wird ein Ganzes in 2, 3, 4, 5, 6, … gleich große Teile zerlegt, so erhält man Halbe, Drittel, Viertel, Fünftel, Sechstel, …
>
> Dafür schreibt man $\frac{1}{2}, \frac{1}{3}, \frac{1}{4}, \frac{1}{5}, \frac{1}{6}, \dots$

BEISPIEL 1

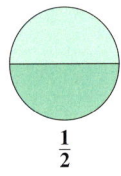 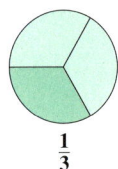 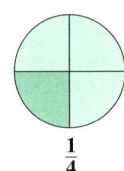 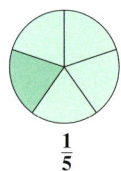 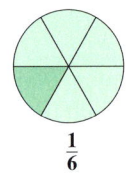

$$\frac{1}{2} \qquad \frac{1}{3} \qquad \frac{1}{4} \qquad \frac{1}{5} \qquad \frac{1}{6}$$

Lena isst drei der vier Pizzastücke, also 3 mal $\frac{1}{4}$ Pizza. Den Rest isst ihre Mutter.

> Gleiche Bruchteile können zu einem Bruch zusammengefasst werden.
>
> Dabei gibt der **Nenner** an, in wie viele gleich große Teile das Ganze unterteilt wurde.
>
> Der **Zähler** gibt an, wie viele dieser Teile genommen wurden.

BEISPIEL 2
Lena isst $\frac{3}{4}$ (drei Viertel) der Pizza. Den Rest überlässt sie ihrer Mutter, die das letzte Viertel der Pizza isst.

BEISPIEL 3

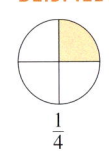 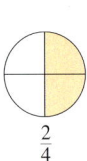 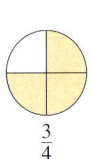 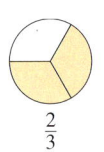  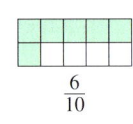 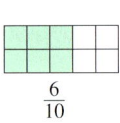

$$\frac{1}{4} \qquad \frac{2}{4} \qquad \frac{3}{4} \qquad \frac{2}{3} \qquad \frac{3}{5} \qquad \frac{6}{10} \qquad \frac{6}{10}$$

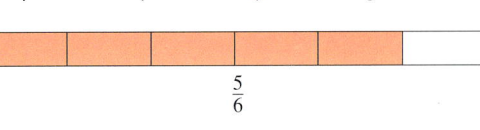

$$\frac{5}{6} \qquad\qquad\qquad \frac{6}{10}$$

> Sind Zähler und Nenner eines Bruches gleich groß, so erhält man ein Ganzes.
>
> Es gilt: $\frac{1}{1} = \frac{2}{2} = \frac{3}{3} = \frac{4}{4} = \dots = 1$

BEISPIEL 4
1 Pizza
$= \frac{4}{4}$ Pizzastücke.

$$\frac{x+y}{2}$$

Basisübungen

1 Bestimme den Teil der Fläche, der rot eingefärbt ist.

a)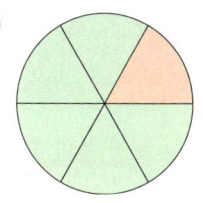

b)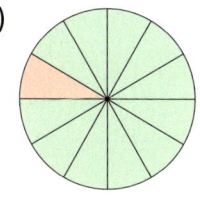

c)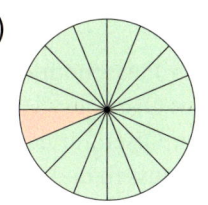

d)

1 Bestimme den Teil der Fläche, der rot eingefärbt ist.

a)

b)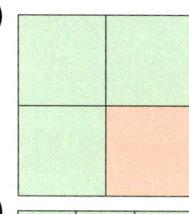

c)

d)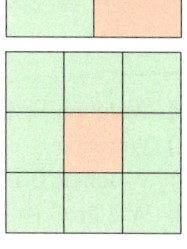

2 Welcher Teil der Gesamtfläche ist rot eingefärbt?

a)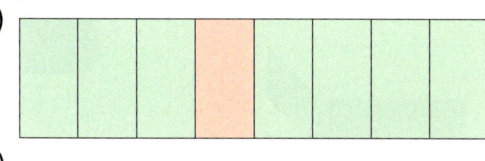

b)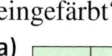

2 Welcher Teil der Gesamtfläche ist rot eingefärbt, welcher Teil ist grün?

a)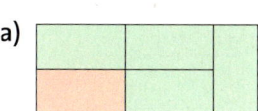

b)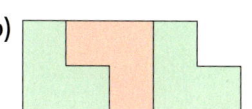

c)

d)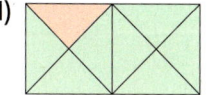

3 Falte wie im Bild einen Kreis so, dass du vier gleich große Teile erhältst.

  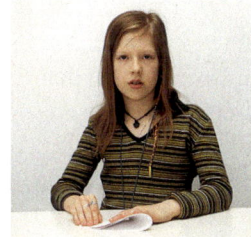 

a) Färbe ein Viertel der Kreisfläche rot und eine Hälfte blau ein.

b) Falte nun so, dass du acht gleich große Teile erhältst. Färbe ein Achtel der Kreisfläche grün ein und ein Viertel rot.

4 Sind die farbigen Teile als Bruch richtig geschrieben? Begründe.

a)

b)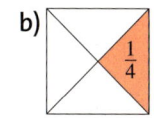

c)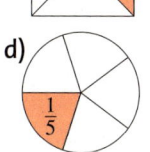

d)

4 Ein Quadrat wurde in fünf Teile zerlegt. In welcher Abbildung ist $\frac{1}{5}$ rosa markiert? Begründe deine Antwort.

a)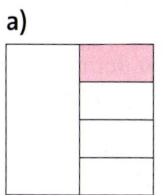

b)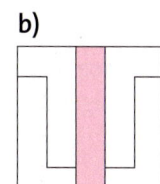

c)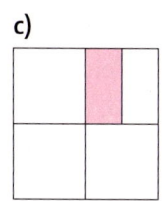

NACHGEDACHT
Welcher Anteil ist hier jeweils gefärbt?

a)

b)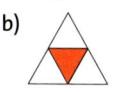

c)

d)

e)

f)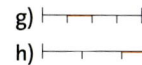

g)

h)

i)

193

5 Die Abbildung zeigt die Ackerflächen von Bauer Janssen und Bauer Olsen.

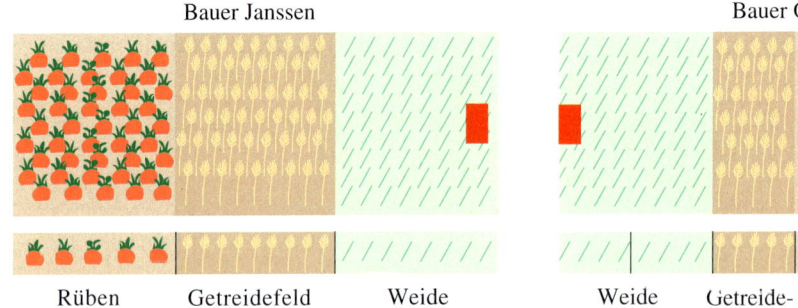

Bauer Janssen

Rüben   Getreidefeld   Weide

Bauer Olsen

Weide   Getreide-   Rüben
                feld

a) Welchen Bruchteil der Gesamtfläche nutzt Bauer Janssen für den Rübenanbau?
b) Welchen Bruchteil der Gesamtfläche nutzt Bauer Olsen als Getreidefeld?
c) Welchen Bruchteil der Gesamtfläche nutzt Bauer Olsen für den Rübenanbau?
d) Wie groß ist der Bruchteil der Weide bei Bauer Janssen und Bauer Olsen?

6 Welcher Teil der Fläche ist rot (grün) eingefärbt?

a)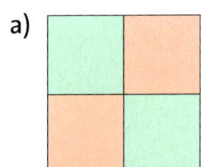

b)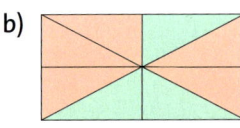

c)

d)

6 Welcher Anteil des Körpers ist blau markiert?

a)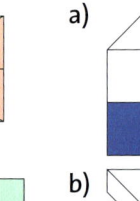

d)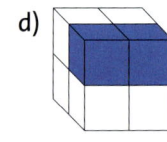

b)

c)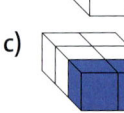

e)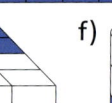

f)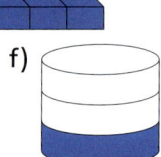

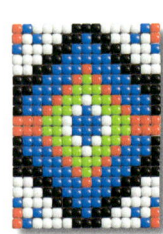

7 Ordne die angegebenen Bruchzahlen den entsprechend gefärbten Kreisen zu.

a) $\frac{3}{4}$ b) $\frac{1}{2}$ c) $\frac{3}{10}$ d) $\frac{5}{8}$ e) $\frac{1}{8}$ f) $\frac{2}{6}$

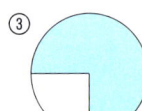
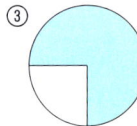
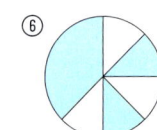

7 Bei den folgenden Figuren sollte jeweils ein Drittel der Fläche blau eingefärbt werden. Bei einigen Figuren wurden Fehler gemacht. Suche sie heraus und erkläre, was falsch ist.

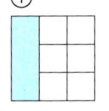
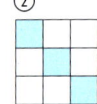
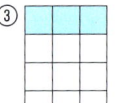

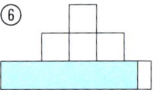
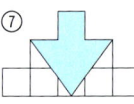

8 Zeichne jeweils einen Kreis mit dem Radius $r = 5\,\text{cm}$. Färbe folgenden Bruchteil ein.

a) $\frac{3}{4}$ b) $\frac{6}{8}$ c) $\frac{3}{8}$ d) $\frac{4}{8}$

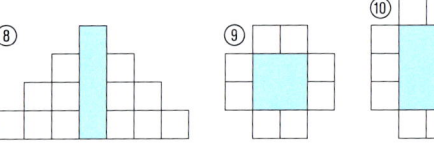

$$\frac{x+y}{2}$$

■ Bruchteile von Größen

Erforschen und Entdecken

1 Bildet in der Klasse 2 er-, 3 er- und 4 er-Gruppen.
Jede Gruppe erhält sechs Fruchtgummi-Schnüre.

a) Überlegt, wie ihr zunächst eine Schnur, dann zwei Schnüre und schließlich drei Schnüre gerecht in eurer Gruppe aufteilen könnt.
Notiert eure Vorgehensweise und Ergebnisse.

b) Stellt den anderen Gruppen vor, wie ihr beim Aufteilen vorgegangen seid.
Sammelt eure Ideen zum Aufteilen an der Tafel.

c) Wäre eine Verteilung von Schnüren an die Gruppen gerecht, wenn die 2 er-Gruppe eine Schnur, die 3er Gruppe zwei Schnüre und die 4 er Gruppe drei Schnüre erhält? Begründet.

d) Angenommen eine Schnur ist 24 cm lang. Paula, Carina und Till möchten sich die Schnur gerecht teilen. Wie lang ist das Stück, das jeder bekommt?

e) Ergänze in der folgenden Tabelle die Länge der Anteile durch Berechnung oder indem du die Strecken zeichnest, die Anteile markierst und die markierten Längen misst.

HINWEIS
Fruchtgummi-Schnüre gibt es im Supermarkt.

Originalstrecke	ein Drittel	zwei Drittel	ein Viertel	drei Viertel	fünf Sechstel
12 cm		8 cm			
6 cm					
18 cm					
9 cm					
15 cm					

2 Sicherlich gibt es auch in eurem Haushalt einen Messbecher.

a) Ergänze die Tabelle rechts im Heft, indem du die notwendigen Informationen vom Messbecher abliest.

b) Zeichne die Skala des Messbechers in dein Heft (1 cm entspricht 100 ml).
Ergänze an der „Literskala" die Brüche $\frac{1}{5}$, $\frac{3}{5}$, $\frac{1}{8}$ und $\frac{5}{8}$.
Beschreibe und begründe, wie du vorgegangen bist.

c) Rechne 5 l; $2\frac{1}{2}$ l; $3\frac{1}{4}$ l und $4\frac{4}{5}$ l in ml um.

d) Rechne 10 000 ml; 7500 ml; 1250 ml; 8400 ml und 1325 ml in Liter um.

Liter (l)	Milliliter (ml)
$\frac{1}{4}$	
$\frac{1}{2}$	
$\frac{3}{4}$	
1	

BEISPIEL
Drei Fünftel der Schüler treiben aktiv Sport. Das sind 18 Schüler.

3 Nimm dir 30 Steine, Papierkugeln oder Ähnliches. Jeder Stein stellt einen Schüler dar.
Ermittle jeweils die Anzahl der Schüler in den folgenden Gruppen, indem du entsprechend der Aufgabe gleich große Gruppen bildest.
Ein Beispiel findest du am Rand.

a) Die Hälfte der 30 Schüler sind Jungen.

b) Ein Sechstel der Schüler nennt als Lieblingsfach „Sport".

c) Zwei Drittel der Schüler finden das Schulessen lecker.

d) Zwei Fünftel der Schüler haben blaue Augen.

e) Jeder zehnte Schüler spielt ein Instrument.

f) Drei von fünf Schülern kommen mit dem Rad zur Schule.

Lesen und Verstehen

Anna möchte für ihre Oma einen Kuchen backen.
Im Rezept steht, dass sie dafür unter anderem $\frac{1}{2}$ Stück Butter und $\frac{3}{8}$ Liter Milch benötigt.
Ein Stück Butter wiegt 250 g, wie viel Gramm sind dann $\frac{1}{2}$ Stück Butter?
Ein Liter sind 1000 ml, wie viel Milliliter sind dann $\frac{3}{8}$ Liter?

Brüche werden häufig genutzt, um **Anteile von Größen** anzugeben, z. B. $\frac{1}{2}$ l Saft oder $\frac{3}{4}$ Stunde.

Möchte man wissen, wie groß ein solcher Anteil ist, so wird die Ausgangsgröße zunächst durch den Nenner des Bruches geteilt und das Ergebnis mit dem Zähler multipliziert.

BEISPIEL 1

Wie viel Milliliter sind $\frac{3}{8}$ Liter Milch?

1 Liter = 1000 Milliliter ⎞ :8
$\frac{1}{8}$ Liter = 125 Milliliter ⎟ ·3
$\frac{3}{8}$ Liter = 375 Milliliter ⎠ ∎

BEISPIEL 2

Berechne $\frac{4}{5}$ von 350 g Käse:

350 g $\xrightarrow{:5}$ 70 g $\xrightarrow{·4}$ 280 g

$\frac{4}{5}$ von 350 g sind 280 g. ∎

BEISPIEL 3

Wie viel Milliliter sind $\frac{5}{8}$ l Wasser?

1 l = 1000 ml

1000 ml $\xrightarrow{:8}$ 125 ml $\xrightarrow{·5}$ 625 ml

$\frac{5}{8}$ l sind 625 ml. ∎

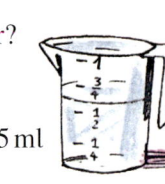

Annas Oma hatte angerufen und gesagt, dass sie in $1\frac{1}{4}$ Stunden zu Besuch kommen wird.
$\frac{3}{5}$ dieser Zeit hat Anna benötigt, um den Kuchen zu backen.

Brüche, die größer sind als ein Ganzes, werden häufig als **gemischte Zahlen** geschrieben.
Eine gemischte Zahl besteht aus einer natürlichen Zahl und einem Bruch, z. B. $3\frac{1}{2}$ oder $5\frac{2}{3}$.

BEISPIEL 4

Wie viele Minuten sind $1\frac{1}{4}$ Stunden?

1 h = 60 min und $\frac{1}{4}$ h = 15 min

$1\frac{1}{4}$ h = 60 min + 15 min = 75 min

$1\frac{1}{4}$ h sind 75 min. ∎

Um Anteile von Größen bestimmen zu können, können diese zunächst in eine kleinere Einheit umgewandelt werden.

BEISPIEL 5

Wie viele Minuten sind $\frac{3}{5}$ von $1\frac{1}{4}$ Stunden? 75 min $\xrightarrow{:5}$ 15 min $\xrightarrow{·3}$ 45 min

45 min hat Anna zum Kuchenbacken benötigt. ∎

Basisübungen

1 Rechne im Kopf.

a) $\frac{1}{2}$ von 24 kg

b) $\frac{1}{3}$ von 24 kg

c) $\frac{1}{4}$ von 24 kg

d) $\frac{2}{3}$ von 24 kg

e) $\frac{2}{7}$ von 77 Bällen

f) $\frac{1}{3}$ von 99 t

g) $\frac{1}{4}$ von 84 Tagen

h) $\frac{1}{5}$ von 25 g

2 Berechne die Anteile.

a) $\frac{3}{4}$ von 424 kg

b) $\frac{2}{5}$ von 245 g

c) $\frac{7}{10}$ von 240 mg

d) $\frac{2}{3}$ von 834 km

e) $\frac{2}{3}$ von 930 m

f) $\frac{5}{6}$ von 72 €

g) $\frac{7}{2}$ von 20 l

h) $\frac{3}{7}$ von 28 €

3 Bestimme den Anteil.
a) ein Fünftel von 35 Kindern
b) ein Sechstel von 48 Autos
c) drei Achtel von 24 Spielern
d) drei Zehntel von 50 Heften
e) zwei Drittel von 60 Büchern
f) fünf Achtel von 240 Äpfeln

4 Tilla meint „Die Hälfte der Reißzwecken in der Schachtel ist blau, ein Viertel ist rot und ein Fünftel ist gelb." Kontrolliere und berichtige gegebenenfalls.

5 Die Klasse 5 a wird von 28 Schülerinnen und Schülern besucht.
Berechne jeweils die Anzahl der Kinder.
a) Die Hälfte sind Jungen.
b) Drei Viertel besitzen einen Computer.
c) Ein Viertel hat ein Haustier.
d) Vier Siebtel lieben Pizza.
e) Drei Vierzehntel sind blond.

1 Berechne nacheinander ein Zehntel, ein Viertel, drei Viertel und sieben Zehntel von den angegebenen Größen.
a) 60 kg
b) 200 cm
c) 4 h
d) 1000 g
e) 280 t
f) 2 l
g) 240 l
h) 100 mm
i) 3 h
j) 3000 t
k) 150 €
l) 3 kg

2 Berechne die Anteile.

a) $\frac{3}{4}$ von 24 kg

b) $\frac{5}{6}$ von 30 h

c) $\frac{3}{5}$ von 10 m

d) $\frac{2}{3}$ von 30 min

e) $\frac{5}{12}$ von 168 mg

f) $\frac{4}{15}$ von 255 m

g) $\frac{7}{11}$ von 176 h

h) $\frac{12}{13}$ von 234 €

3 Bestimme den Anteil.
a) ein Fünftel von 85 m Schnur
b) drei Fünftel von 25 kg Kartoffeln
c) fünf Zwölftel von 42 l Wasser
d) zwei Drittel von 27 Schülern
e) drei Viertel von 392 €

4 Die Erdoberfläche ist 510 Millionen km² groß. Ungefähr $\frac{2}{3}$ der Erdoberfläche sind Wasser und nur $\frac{1}{3}$ ist Land.
a) Wie groß ist die Wasserfläche der Erde?
b) Der Pazifische Ozean (auch Stiller Ozean genannt) macht rund $\frac{9}{17}$ der Wasserfläche der Erde aus. Berechne die Fläche des Pazifiks.

5 Die Gesamtfläche der Bundesrepublik Deutschland beträgt rund 35 Mio. ha. Davon entfallen etwa $\frac{14}{25}$ auf die Landwirtschaft, $\frac{3}{10}$ auf Waldflächen, $\frac{2}{25}$ auf Gebäude- und Industrieflächen, $\frac{1}{25}$ auf Straßen, $\frac{1}{50}$ auf Wasserflächen.
Gib die einzelnen Flächen in Hektar an.

SCHON GEWUSST?
Hektar ist eine Einheit für die Größe von Flächen.
1 ha = 10 000 m²

6 Wie viel Zeit ist es?

a) Gib in Minuten an.

① $1\frac{1}{2}$ h ② $1\frac{3}{4}$ h ③ $1\frac{1}{4}$ h

④ $3\frac{1}{10}$ h ⑤ $4\frac{3}{10}$ h ⑥ $6\frac{4}{5}$ h

b) Gib in Monaten an.

① $2\frac{1}{2}$ Jahre ② $1\frac{1}{4}$ Jahre ③ $2\frac{3}{4}$ Jahre

④ $3\frac{1}{3}$ Jahre ⑤ $1\frac{1}{6}$ Jahre ⑥ $2\frac{5}{6}$ Jahre

7 Gib in der nächstkleineren Einheit an.

a) $\frac{1}{4}$ von 2 km **b)** $\frac{4}{5}$ von 1 kg

c) $\frac{3}{10}$ von 1 h **d)** $\frac{7}{20}$ von 1 min

8 Ergänze den Bruchteil im Heft.

a) $\frac{1}{2}$ m = ▨ cm **b)** $\frac{3}{4}$ m = ▨ cm

c) $\frac{7}{10}$ m = ▨ cm **d)** $\frac{1}{2}$ km = ▨ m

e) $\frac{3}{4}$ km = ▨ m **f)** $\frac{1}{5}$ km = ▨ m

g) $\frac{1}{4}$ h = ▨ min **h)** $\frac{3}{8}$ kg = ▨ g

9 Wie viel Gramm Fett enthält 1 kg der verschiedenen Nahrungsmittel?

Nahrungsmittel	Fettanteil
Äpfel	$\frac{1}{250}$
Eis	$\frac{3}{25}$
Goudakäse	$\frac{3}{10}$
Haselnüsse	$\frac{3}{8}$
Möhren	$\frac{1}{500}$

10 Was ist mehr?
Begründe, ohne zu rechnen.

a) $\frac{1}{5}$ von 10 Eiern oder $\frac{2}{5}$ von 10 Eiern

b) $\frac{1}{3}$ von 21 kg oder $\frac{1}{3}$ von 30 kg

c) $\frac{1}{3}$ von 20 € oder $\frac{3}{10}$ von 20 €

d) $\frac{1}{4}$ von 10 min oder $\frac{1}{5}$ von 10 min

6 Gib in der nächst kleineren Einheit an.

a) $1\frac{1}{4}$ l **b)** $1\frac{2}{5}$ kg **c)** $2\frac{3}{4}$ m

d) $5\frac{3}{4}$ min **e)** $2\frac{3}{5}$ cm **f)** $4\frac{2}{8}$ km

g) $2\frac{8}{15}$ min **h)** $5\frac{9}{20}$ km **i)** $2\frac{5}{8}$ kg

7 Berechne den Bruchteil.

a) $\frac{3}{4}$ von 25 € **b)** $\frac{9}{10}$ von 31 cm

c) $\frac{1}{6}$ von 69 € **d)** $\frac{4}{5}$ von 48 kg

e) $\frac{1}{8}$ von 27 t **f)** $\frac{5}{8}$ von 10 cm

8 Ergänze den Bruchteil im Heft.

a) $\frac{12}{50}$ km = ▨ m **b)** $\frac{4}{5}$ € = ▨ Cent

c) $\frac{▨}{4}$ m = 75 cm **d)** $\frac{▨}{▨}$ kg = 125 g

e) $\frac{▨}{▨}$ h = 20 min **f)** $\frac{▨}{▨}$ € = 50 Cent

g) $\frac{▨}{20}$ km = 100 m **h)** $\frac{▨}{15}$ min = 8 s

9 Die Abbildung zeigt die Ausgaben der Familie Berns.

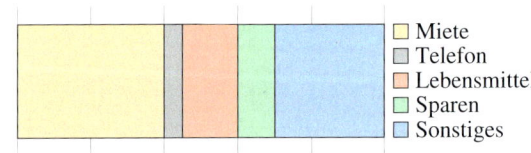

Miete
Telefon
Lebensmittel
Sparen
Sonstiges

a) Bestimme jeweils den Bruchteil, den Familie Berns für Miete, Telefon und Lebensmittel ausgibt.

b) Die Ausgaben von Familie Berns betragen monatlich 1500 €.
Wie viel Euro werden für Miete, Telefon und Lebensmittel im Monat ausgegeben?

10 Bestimme das Ganze.
Rechne, falls nötig, in eine andere Einheit um.

a) $\frac{1}{2}$ sind 40 € **b)** $\frac{1}{4}$ sind 5 kg

c) $\frac{1}{6}$ sind 10 min **d)** $\frac{3}{4}$ sind 9 Monate

e) $\frac{2}{3}$ sind 18 m **f)** $\frac{4}{5}$ sind 12 g

$\dfrac{x+y}{2}$

■ Brüche vergleichen und ordnen

Erforschen und Entdecken

1 Conny, Paul und Mona haben ihre Pizza mit Salami, Pilzen und Paprika belegt und anschließend gebacken. Jeder hat seine Pizza in gleich große Teile zerschnitten.

Connys Pizza   Pauls Pizza   Monas Pizza

a) Bestimme den mit Salami belegten Anteil bei Connys, Pauls und Monas Pizza.

b) Bestimme den mit Pilzen belegten Anteil bei den drei Pizzen.

c) Zeichne drei 6 cm lange und 8 cm breite Rechtecke auf ein Blatt Papier und übertrage in den Rechtecken die unterschiedlichen Beläge von Conny, Paul und Mona.
Vergleiche die Belaganteile auf den einzelnen Pizzen, z. B. indem du die Rechtecke zerschneidest. Was fällt dir auf?

d) Conny, Paul und Mona haben noch drei Kinder zum Pizzaessen eingeladen. Wie viel Pizza kann jedes der sechs Kinder essen, wenn die Pizzen gerecht aufgeteilt werden?

e) Kann jedes Kind von jedem Belag den gleichen Anteil bekommen, wenn die Pizzen wie auf den Bildern geteilt sind? Was ist zu tun?

2 Abendessen bei Familie Becker: Vater, Mutter und die drei Kinder haben riesigen Hunger. In der Tiefkühltruhe finden sie nur noch drei runde Pizzen und fünf Portionen Eis.

a) Wie lassen sich die drei Pizzen gerecht unter den fünf Familienmitgliedern aufteilen?

b) Nach der Pizza hat die Mutter keinen Hunger mehr.
Wie kann man das Eis gerecht unter den verbliebenen Familienmitgliedern verteilen?

3 In welchem der drei Gefäße ist die Chance, eine rote Kugel zu ziehen, am geringsten, bei welchem Gefäß am höchsten? Gib eine Begründung an.

  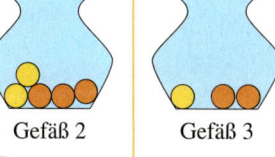

Gefäß 1   Gefäß 2   Gefäß 3

4 Jonas hat zu seinem Geburtstag neun Freunde eingeladen. Für das Abendessen hat Jonas Mutter für die zehn Kinder insgesamt sieben Tiefkühlpizzen gekauft, fünfmal Pizza mit Salami und zweimal Pizza Funghi (mit Pilzen).
Da Till, Gustav und Rita Vegetarier sind, teilen sie sich die beiden Pizzen mit Pilzen. Die anderen Kinder teilen sich die Pizzen mit Salami.

a) Wie groß ist der Anteil, den jedes Kind von der „Pizza-Salami-Gruppe" erhält?

b) Welchen Anteil erhält jedes Kind der „Pizza-Funghi-Gruppe"?

c) Bekommen die Vegetarier weniger als die anderen? Begründe deine Antwort.

Pizza mit natürlichen Zahlen ...

Lesen und Verstehen

Tom und Pia wollen ihre in zwei Hälften geteilte Pizza mit vier weiteren Freunden essen. Sie teilen jede Hälfte noch einmal in drei Teile. Eine Hälfte ist also so groß wie $\frac{3}{6}$.

Erweitern eines Bruchs bedeutet, Zähler und Nenner des Bruchs mit der gleichen natürlichen Zahl zu multiplizieren.

Kürzen eines Bruchs bedeutet, Zähler und Nenner des Bruchs durch die gleiche natürliche Zahl zu dividieren.

BEISPIEL 1

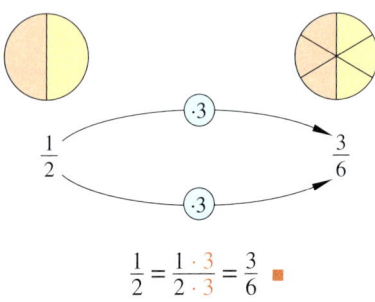

$$\frac{1}{2} = \frac{1 \cdot 3}{2 \cdot 3} = \frac{3}{6} \ \blacksquare$$

BEISPIEL 2

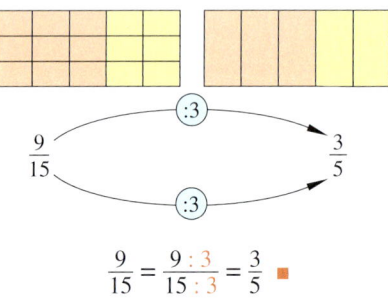

$$\frac{9}{15} = \frac{9 : 3}{15 : 3} = \frac{3}{5} \ \blacksquare$$

Tom und Pia haben durch Teilen einer Pizza herausgefunden, dass $\frac{1}{2}$ das gleiche wie $\frac{3}{6}$ ist. Das kann man sich auch am Zahlenstrahl verdeutlichen:

Ein Ganzes wird geteilt in 6 gleiche Teile:

Ein Ganzes wird geteilt in 2 gleiche Teile:

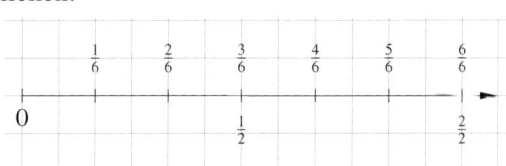

Jedem Bruch lässt sich ein Punkt auf dem Zahlenstrahl zuordnen.

Brüche, die durch Kürzen oder Erweitern auseinander hervorgehen, geben den gleichen Anteil an und werden an der gleichen Stelle auf dem Zahlenstrahl eingetragen.

Der Zahlenstrahl eignet sich sehr gut zum **Vergleichen von Brüchen**.

Ein Bruch ist größer als ein anderer Bruch, wenn er auf dem Zahlenstrahl weiter rechts liegt als der andere.

Besonders gut lassen sich Brüche vergleichen, die einen gleichen Nenner oder einen gleichen Zähler haben, z. B. $\frac{5}{6} > \frac{4}{6}$ oder $\frac{2}{4} < \frac{2}{3}$.

Haben zwei Brüche verschiedene Nenner, so kann man sie kürzen oder erweitern bis sie den gleichen Nenner haben.

BEISPIEL 3

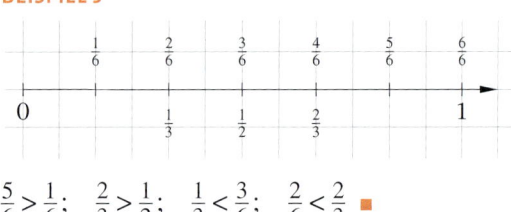

$$\frac{5}{6} > \frac{1}{6}; \quad \frac{2}{3} > \frac{1}{2}; \quad \frac{1}{3} < \frac{3}{6}; \quad \frac{2}{6} < \frac{2}{3} \ \blacksquare$$

BEISPIEL 4

Ist $\frac{2}{3}$ größer als $\frac{3}{5}$?

Erweitern der Brüche $\frac{2}{3} \overset{\cdot 5}{=} \frac{10}{15}$ und $\frac{3}{5} \overset{\cdot 3}{=} \frac{9}{15}$

$\frac{10}{15} > \frac{9}{15}$, also ist $\frac{2}{3} > \frac{3}{5}$. $\blacksquare$

$$\frac{x+y}{2}$$

Basisübungen

1 Kürze durch 5.

a) $\frac{15}{25}$ b) $\frac{40}{100}$ c) $\frac{35}{45}$ d) $\frac{50}{30}$ e) $\frac{10}{55}$

f) $\frac{65}{75}$ g) $\frac{20}{30}$ h) $\frac{45}{60}$ i) $\frac{80}{95}$ j) $\frac{105}{125}$

2 Erweitere mit 3.

a) $\frac{7}{5}$ b) $\frac{3}{4}$ c) $\frac{6}{11}$ d) $\frac{5}{7}$ e) $\frac{9}{2}$

f) $\frac{7}{3}$ g) $\frac{5}{3}$ h) $\frac{10}{2}$ i) $\frac{29}{23}$ j) $\frac{31}{25}$

3 Zeige durch Kürzen oder Erweitern, dass das Gleichheitszeichen stimmt.

a) $\frac{2}{6} = \frac{1}{3}$ b) $\frac{12}{36} = \frac{2}{6}$ c) $\frac{12}{36} = \frac{1}{3}$

d) $\frac{4}{12} = \frac{12}{36}$ e) $\frac{2}{6} = \frac{4}{12}$ f) $\frac{1}{3} = \frac{4}{12}$

g) $\frac{24}{48} = \frac{1}{2}$ h) $\frac{28}{35} = \frac{4}{5}$ i) $\frac{7}{8} = \frac{28}{32}$

4 Bestimme die fehlende Zahl.

a) $\frac{5}{8} = \frac{\blacksquare}{32}$ b) $\frac{4}{5} = \frac{\blacksquare}{30}$ c) $\frac{5}{6} = \frac{\blacksquare}{24}$

d) $\frac{7}{4} = \frac{\blacksquare}{28}$ e) $\frac{2}{3} = \frac{\blacksquare}{27}$ f) $\frac{8}{9} = \frac{\blacksquare}{63}$

5 Ergänze die fehlende Zahlen im Heft.

a) $\frac{60}{180} = \frac{\blacksquare}{90} = \frac{\blacksquare}{18} = \frac{\blacksquare}{6} = \frac{\blacksquare}{3}$

b) $\frac{72}{270} = \frac{36}{\blacksquare} = \frac{\blacksquare}{45} = \frac{4}{\blacksquare}$

c) $\frac{\blacksquare}{360} = \frac{48}{\blacksquare} = \frac{12}{\blacksquare} = \frac{\blacksquare}{6} = \frac{2}{3}$

6 Kürze den Bruch immer weiter, bis man ihn nicht mehr kürzen kann.

a) $\frac{32}{40}$ b) $\frac{25}{30}$ c) $\frac{72}{84}$ d) $\frac{56}{64}$

e) $\frac{24}{60}$ f) $\frac{8}{12}$ g) $\frac{16}{20}$ h) $\frac{15}{35}$

7 Kürze soweit wie möglich.

a) $\frac{96}{120}$ b) $\frac{42}{126}$ c) $\frac{60}{144}$ d) $\frac{48}{128}$

e) $\frac{96}{162}$ f) $\frac{44}{132}$ g) $\frac{42}{30}$ h) $\frac{112}{84}$

1 Bestimme die fehlende Zahl.

a) $\frac{\blacksquare}{7} = \frac{15}{35}$ b) $\frac{\blacksquare}{9} = \frac{45}{81}$ c) $\frac{\blacksquare}{5} = \frac{12}{20}$

d) $\frac{\blacksquare}{11} = \frac{35}{77}$ e) $\frac{\blacksquare}{3} = \frac{7}{21}$ f) $\frac{\blacksquare}{15} = \frac{56}{120}$

2 Bestimme x.

a) $\frac{3}{x} = \frac{24}{56}$ b) $\frac{7}{x} = \frac{84}{108}$ c) $\frac{5}{x} = \frac{50}{90}$

d) $\frac{8}{x} = \frac{72}{90}$ e) $\frac{10}{x} = \frac{40}{96}$ f) $\frac{11}{x} = \frac{66}{96}$

3 Erweiterungszahl gesucht

a) Schreibe als Bruch mit dem Nenner 24.

① $\frac{2}{3}$ ② $\frac{7}{12}$ ③ $\frac{3}{8}$ ④ $\frac{1}{2}$ ⑤ $\frac{11}{3}$

b) Schreibe als Bruch mit dem Nenner 48.

① $\frac{1}{2}$ ② $\frac{5}{6}$ ③ $\frac{7}{12}$ ④ $\frac{23}{24}$ ⑤ $\frac{7}{3}$

4 Stimmt das Gleichheitszeichen?

a) $\frac{8}{9} = \frac{96}{108}$ b) $\frac{7}{8} = \frac{63}{64}$ c) $\frac{1}{9} = \frac{5}{95}$

d) $\frac{96}{104} = \frac{12}{13}$ e) $\frac{154}{214} = \frac{15}{21}$ f) $\frac{105}{213} = \frac{34}{71}$

5 Ergänze die fehlenden Zahlen im Heft.

a) $\frac{240}{\blacksquare} = \frac{\blacksquare}{72} = \frac{20}{24} = \frac{10}{\blacksquare} = \frac{\blacksquare}{6}$

b) $\frac{\blacksquare}{630} = \frac{45}{\blacksquare} = \frac{\blacksquare}{105} = \frac{5}{35} = \frac{1}{\blacksquare}$

c) $\frac{\blacksquare}{360} = \frac{72}{\blacksquare} = \frac{24}{60} = \frac{\blacksquare}{15} = \frac{2}{\blacksquare}$

6 Kürze den Bruch so lange, bis man ihn nicht mehr kürzen kann.

a) $\frac{75}{105}$ b) $\frac{80}{120}$ c) $\frac{20}{24}$ d) $\frac{39}{65}$

e) $\frac{105}{120}$ f) $\frac{60}{108}$ g) $\frac{216}{102}$ h) $\frac{276}{216}$

7 Kürze soweit wie möglich.

a) $\frac{504}{672}$ b) $\frac{528}{792}$ c) $\frac{630}{4410}$ d) $\frac{1260}{1620}$

e) $\frac{72}{1728}$ f) $\frac{384}{3072}$ g) $\frac{210}{350}$ h) $\frac{693}{594}$

HINWEIS

Um Ergebnisse leicht vergleichen zu können, werden sie meistens so angegeben, dass man sie nicht mehr kürzen kann.

Beispiele

Schrittweises Kürzen:

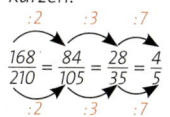

Kürzen in einem Schritt:

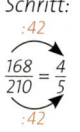

8 Welche Brüche sind auf dem Zahlenstrahl markiert?

a)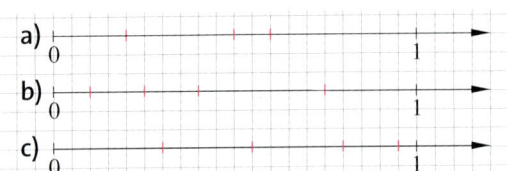

8 Welche Brüche sind auf dem Zahlenstrahl markiert?

9 Zeichne einen Zahlenstrahl mit dem angegebenen Abstand zwischen 0 und 1. Trage die Zahlen ein.

a) 12 cm Abstand zwischen 0 und 1

$$\frac{5}{12}; \ \frac{7}{12}; \ \frac{1}{6}; \ \frac{5}{6}; \ \frac{2}{3}; \ \frac{1}{4}; \ \frac{3}{4}; \ \frac{1}{2}; \ \frac{11}{24}$$

b) 3 cm Abstand zwischen 0 und 1

$$\frac{1}{3}; \ \frac{5}{6}; \ \frac{1}{2}; \ 3\frac{2}{3}; \ \frac{1}{12}; \ \frac{12}{6}; \ \frac{9}{3}; \ 1\frac{1}{6}$$

9 Zeichne einen Zahlenstrahl mit dem angegebenen Abstand zwischen 0 und 1. Trage die Zahlen ein.

a) 4 cm Abstand zwischen 0 und 1

$$\frac{1}{4}; \ \frac{3}{4}; \ \frac{1}{2}; \ \frac{5}{8}; \ \frac{7}{4}; \ \frac{8}{4}; \ 2\frac{1}{2}; \ \frac{5}{2}; \ \frac{18}{8}$$

b) 6 cm Abstand zwischen 0 und 1

$$\frac{4}{6}; \ \frac{1}{3}; \ \frac{1}{2}; \ \frac{1}{4}; \ 1\frac{3}{4}; \ \frac{10}{6}; \ \frac{5}{12}; \ \frac{7}{24}; \ \frac{13}{12}$$

10 Vergleiche die beiden dargestellten Brüche. Welcher Bruch ist größer?

① 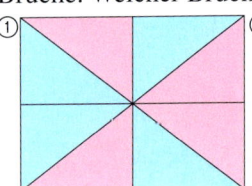 ②

10 Vergleiche die beiden dargestellten Brüche.

① 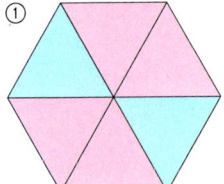 ②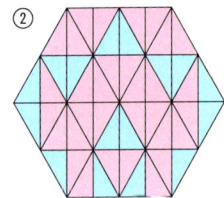

11 Setze im Heft < oder > ein.

a) $\dfrac{7}{12} \ \square \ \dfrac{5}{12}$ b) $\dfrac{3}{4} \ \square \ \dfrac{1}{4}$ c) $\dfrac{1}{2} \ \square \ \dfrac{2}{3}$

d) $\dfrac{2}{3} \ \square \ \dfrac{2}{5}$ e) $\dfrac{3}{4} \ \square \ \dfrac{3}{7}$ f) $\dfrac{5}{6} \ \square \ \dfrac{5}{9}$

11 Mache gleichnamig und vergleiche.

a) $\dfrac{3}{4}; \dfrac{5}{7}$ b) $\dfrac{7}{3}; \dfrac{2}{5}$ c) $\dfrac{2}{3}; \dfrac{4}{7}$

d) $\dfrac{5}{8}; \dfrac{7}{9}$ e) $\dfrac{5}{6}; \dfrac{3}{11}$ f) $\dfrac{9}{8}; \dfrac{7}{6}$

g) $\dfrac{4}{3}; \dfrac{9}{2}$ h) $\dfrac{7}{12}; \dfrac{4}{5}$ i) $\dfrac{3}{16}; \dfrac{2}{15}$

12 Welcher Anteil ist größer? Begründe.

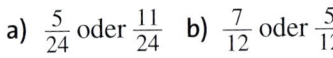

a) $\dfrac{5}{24}$ oder $\dfrac{11}{24}$ b) $\dfrac{7}{12}$ oder $\dfrac{5}{12}$

c) $\dfrac{9}{12}$ oder $\dfrac{4}{12}$ d) $\dfrac{1}{2}$ oder $\dfrac{1}{4}$

e) $\dfrac{5}{6}$ oder $\dfrac{2}{3}$ f) $\dfrac{1}{8}$ oder $\dfrac{1}{6}$

g) $\dfrac{3}{4}$ oder $\dfrac{9}{12}$ h) $\dfrac{2}{3}$ oder $\dfrac{3}{4}$

12 Bringe die Brüche auf einen gemeinsamen Nenner und vergleiche sie.

a) $\dfrac{5}{6}; \dfrac{3}{8}$ b) $\dfrac{3}{10}; \dfrac{4}{15}$ c) $\dfrac{7}{8}; \dfrac{11}{12}$ d) $\dfrac{5}{12}; \dfrac{7}{9}$

e) $\dfrac{3}{16}; \dfrac{5}{24}$ f) $\dfrac{5}{14}; \dfrac{10}{21}$ g) $\dfrac{15}{27}; \dfrac{10}{18}$ h) $\dfrac{11}{20}; \dfrac{13}{25}$

13 Ralph fotografiert sehr gerne. An seinem Fotoapparat muss er die Belichtungszeit einstellen. Er kann wählen zwischen $\dfrac{1}{500}$ s, $\dfrac{1}{250}$ s, $\dfrac{1}{125}$ s und $\dfrac{1}{60}$ s.

Welche Belichtungszeit muss er einstellen, wenn der Film möglichst kurz belichtet werden soll?

13 Wer hatte den kleinsten Fehleranteil bei der Englischarbeit?

	Anzahl der Worte	Anzahl der Fehler	Fehleranteil
Silke	200	7	$\dfrac{7}{200}$
Heike	250	8	
Ina	140	6	
Lena	300	9	

$$\frac{x + y}{2}$$

Methode: Brüche auf dem Geobrett darstellen

Brüche lassen sich auch am Geobrett ver-
anschaulichen.
Zum Geobrett benötigt man noch zwei Gum-
mis in möglichst unterschiedlicher Farbe.
Vorgehensweise:
Mit einem Gummi umspannt man alle Nägel.
So wird das Ganze dargestellt, also der Be-
reich, der in Bruchteile zerlegt wird.
Mit dem zweiten Gummi wird der Bruch
umspannt, der gesucht ist.

HINWEIS

203-1

*Du kannst ein
Geobrett selbst
bauen.
Unter dem Web-
code 203-1 findest
du eine Bauan-
leitung zum Geo-
brett.*

BEISPIEL

Auf dem Foto siehst du ein Geobrett, auf
dem der Bruchteil $\frac{1}{4}$ dargestellt ist. ■

---

1 Spanne auf viele verschiedene Arten …
a) ein Halb. **b)** ein Viertel.
c) ein Achtel. **d)** ein Sechstel.

2 Spanne auf möglichst viele Arten …
a) $\frac{3}{4}$ **b)** $\frac{5}{8}$ **c)** $\frac{7}{16}$ **d)** $\frac{11}{32}$

3 Spanne mit einem Gummi eine möglichst
kleine (große) Fläche ein. Bestimme den
Bruchteil dieser Fläche an der Gesamtfläche.
Vergleicht eure Ergebnisse.

4 Warum lässt sich mit dem Geobrett der
Bruch $\frac{1}{3}$ nicht darstellen, wenn die Gesamtfläche das Ganze darstellt?
Nenne weitere Stammbrüche, die sich mit
dem Geobrett nicht darstellen lassen.

5 Welcher Bruchteil ist jeweils auf dem Geobrett dargestellt?

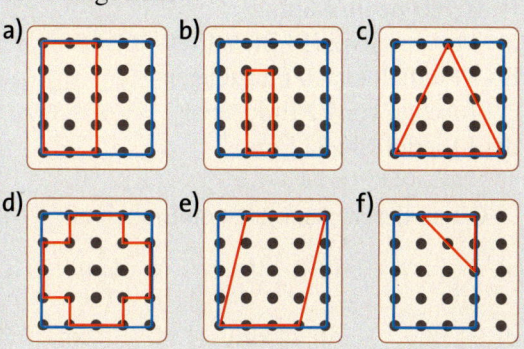

6 Schwarzer Peter mit Bruchteilen
Spiele mit deinem Nachbarn nach den
bekannten Regeln „Schwarzer Peter".
Du benötigst 21 Karten zum Spielen.
Karten herstellen:
Überlege dir zu den folgenden Brüchen
$\frac{1}{4}, \frac{3}{8}, \frac{3}{4}, \frac{5}{16}, \frac{3}{32}$
jeweils vier verschiedene Darstellungen und
zeichne jede auf eine Karte.
Füge den schwarzen Peter hinzu, eine Karte,
die den Bruch $\frac{7}{16}$ darstellt.

HINWEIS

203-2

*Unter dem Web-
code 203-2 findest
du eine Karten-
vorlage für das
Spiel „Schwarzer
Peter".*

BEISPIEL

Vier Darstellungen für $\frac{1}{8}$:

① 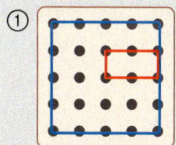 ② ③ 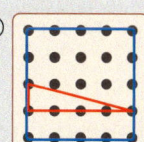 ④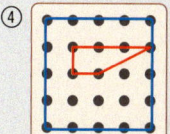

7 Verändere den Bereich des Gummis für das
Ganze so, dass du den angegebenen Bruch
darstellen kannst.
Stellt eure Ergebnisse in der Klasse vor.

a) $\frac{1}{3}$ **b)** $\frac{1}{6}$ **c)** $\frac{1}{5}$

d) $\frac{1}{3}$ und $\frac{1}{5}$ gemeinsam

e) $\frac{1}{3}$ und $\frac{1}{4}$

Klar soweit?

→ Seite 192

■ Brüche als Teile von Ganzen

1 Welcher Teil ist rot eingefärbt?
Welcher Teil ist blau?

a) 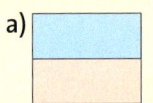 b)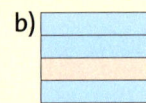

c) 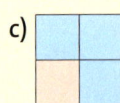 d)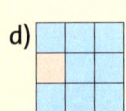

1 Welcher Teil ist rot eingefärbt?
Welcher Teil ist blau?

a)

b)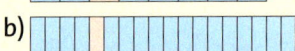

c) 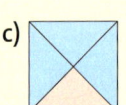 d) 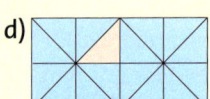 e)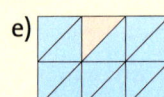

2 Sina hat sich das erste Stück aus der Pizza herausgeschnitten.
Welchen Bruchteil von der gesamten Pizza hat sie ungefähr gewählt?

2 Du siehst eine Schale mit 10 Kugel, die orange, pink oder blau gefärbt sind.

a) Bestimme von jeder Kugelfarbe den Bruchteil an der Gesamtzahl der Kugeln.
b) Stell dir vor, es werden noch zwei blaue Kugeln hinzugelegt. Welche Bruchteile ergeben sich dann für die Farben?

3 Zeichne Quadrate mit 36 Kästchen.
Färbe die angegebenen Bruchteile.

a) $\dfrac{1}{4}$ b) $\dfrac{2}{3}$ c) $\dfrac{3}{4}$ d) $\dfrac{5}{6}$ e) $\dfrac{3}{12}$

f) $\dfrac{5}{12}$ g) $\dfrac{5}{36}$ h) $\dfrac{7}{9}$ i) $\dfrac{1}{2}$ j) $\dfrac{5}{18}$

3 Zeichne Rechtecke mit 30 Kästchen auf ein Blatt Papier und färbe:

a) $\dfrac{3}{5}$ b) $\dfrac{7}{10}$ c) $\dfrac{3}{4}$ d) $\dfrac{5}{6}$ e) $\dfrac{4}{5}$

f) $\dfrac{3}{15}$ g) $\dfrac{17}{30}$ h) $\dfrac{2}{3}$ i) $\dfrac{1}{2}$ j) $\dfrac{13}{15}$

→ Seite 196

■ Bruchteile von Größen

4 Berechne im Kopf.
a) 1 Sechstel von 42 Bonbons
b) 1 Fünftel von 45 Nüssen
c) 1 Achtel von 72 Erdbeeren
d) 1 Drittel von 15 Perlen

4 Berechne im Kopf.
a) 3 Sechstel von 18 Bleistiften
b) 2 Fünftel von 10 Flugzeugen
c) 7 Achtel von 72 Erdbeeren
d) 3 Viertel von 32 Euro

5 Gib in Minuten an.

a) $1\tfrac{1}{2}\,$h   b) $1\tfrac{3}{4}\,$h   c) $1\tfrac{1}{4}\,$h

d) $3\tfrac{1}{10}\,$h   e) $4\tfrac{3}{10}\,$h   f) $6\tfrac{4}{5}\,$h

5 Gib in der nächst kleineren Einheit an.

a) $2\tfrac{1}{2}\,$l   b) $1\tfrac{1}{4}\,$kg   c) $2\tfrac{4}{5}\,$m

d) $3\tfrac{3}{4}\,$min   e) $2\tfrac{2}{5}\,$km   f) $3\tfrac{3}{5}\,$cm

6 Berechne.

a) $\dfrac{3}{5}$ von 15 kg

b) $\dfrac{4}{7}$ von 21 €

c) $\dfrac{2}{5}$ von 100 cm

d) $\dfrac{3}{4}$ von 60 min

e) $\dfrac{7}{8}$ von 16 km

f) $\dfrac{3}{50}$ von 100 €

g) $\dfrac{5}{12}$ von 240 g

h) $\dfrac{3}{7}$ von 49 t

i) $\dfrac{4}{9}$ von 36 s

j) $\dfrac{7}{100}$ von 1000 €

6 Ergänze im Heft zu einem richtigen Satz.

a) ■ sind $\dfrac{1}{3}$ von 15 kg.

b) 4 kg sind ■ von 20 kg.

c) ■ sind $\dfrac{3}{4}$ von 20 m.

d) ■ sind $\dfrac{1}{8}$ von 32 cm.

e) 16 € sind ■ von 48 €.

7 Zwei Drittel von ihrem Taschengeld gibt Andrea für einen Tischtennisschläger aus. Sie bekommt 24 € Taschengeld. Wie teuer ist der Tischtennisschläger?

7 Ein Passagierflugzeug braucht etwa sieben Stunden, um den Atlantik zu überqueren. Die Raumfähre Discovery benötigt $\dfrac{1}{42}$ dieser Zeit. Wie lange fliegt sie über den Atlantik?

■ Brüche vergleichen und ordnen

→ Seite 200

8 Kürze, falls möglich.

a) $\dfrac{3}{9}$

b) $\dfrac{8}{12}$

c) $\dfrac{18}{27}$

d) $\dfrac{18}{16}$

e) $\dfrac{4}{24}$

f) $\dfrac{21}{44}$

8 Kürze, so weit wie möglich.

a) $\dfrac{3}{100}$

b) $\dfrac{6}{81}$

c) $\dfrac{180}{540}$

d) $\dfrac{12}{90}$

e) $\dfrac{14}{41}$

f) $\dfrac{40}{200}$

9 Erweitere.

a) $\dfrac{1}{2};\ \dfrac{4}{5};\ \dfrac{2}{3};\ \dfrac{5}{6};\ \dfrac{14}{15}$ auf $\dfrac{\blacksquare}{30}$

b) $\dfrac{1}{4};\ \dfrac{1}{6};\ \dfrac{2}{3};\ \dfrac{3}{8};\ \dfrac{5}{6};\ \dfrac{7}{12}$ auf $\dfrac{\blacksquare}{24}$

c) $\dfrac{1}{2};\ \dfrac{1}{3};\ \dfrac{1}{4};\ \dfrac{1}{6};\ \dfrac{1}{12}$ auf $\dfrac{\blacksquare}{36}$

d) $\dfrac{3}{4};\ \dfrac{2}{3};\ \dfrac{5}{6};\ \dfrac{3}{8};\ \dfrac{4}{9};\ \dfrac{11}{18}$ auf $\dfrac{\blacksquare}{72}$

9 Ergänze im Heft.

a) $\dfrac{11}{3} = \dfrac{\blacksquare}{143}$

b) $\dfrac{4}{7} = \dfrac{24}{\blacksquare}$

c) $\dfrac{5}{8} = \dfrac{20}{\blacksquare}$

d) $\dfrac{4}{13} = \dfrac{\blacksquare}{52}$

e) $\dfrac{3}{7} = \dfrac{105}{\blacksquare}$

f) $\dfrac{3}{4} = \dfrac{99}{\blacksquare}$

g) $\dfrac{1}{3} = \dfrac{24}{\blacksquare}$

h) $\dfrac{2}{5} = \dfrac{50}{\blacksquare}$

10 Welche Brüche sind hier dargestellt?

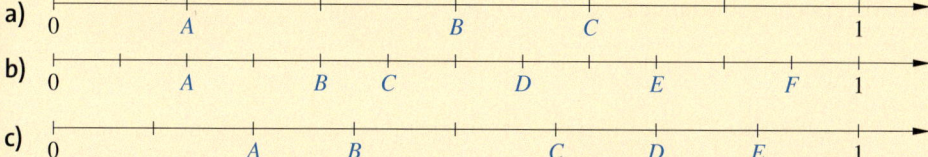

a)

b)

c)

11 Ordne die Brüche der Größe nach.

a) $\dfrac{3}{4};\ \dfrac{2}{3};\ \dfrac{5}{8}$

b) $\dfrac{11}{7};\ \dfrac{3}{2};\ \dfrac{7}{6}$

c) $\dfrac{4}{7};\ \dfrac{2}{5};\ \dfrac{1}{2}$

d) $\dfrac{11}{15};\ \dfrac{13}{20};\ \dfrac{3}{5}$

e) $\dfrac{9}{4};\ \dfrac{15}{6};\ \dfrac{8}{3}$

f) $\dfrac{5}{3};\ \dfrac{5}{12};\ \dfrac{11}{9}$

11 Setze im Heft das richtige Zeichen.

a) $\dfrac{4}{12}\ \blacksquare\ \dfrac{3}{9}$

b) $\dfrac{2}{5}\ \blacksquare\ \dfrac{18}{45}$

c) $\dfrac{7}{12}\ \blacksquare\ \dfrac{5}{6}$

d) $\dfrac{12}{14}\ \blacksquare\ \dfrac{40}{35}$

e) $\dfrac{27}{18}\ \blacksquare\ \dfrac{6}{4}$

f) $\dfrac{36}{42}\ \blacksquare\ \dfrac{30}{36}$

$$\frac{x+y}{2}$$

Vermischte Übungen

ZUM WEITERARBEITEN
Schätze den Anteil jeder Farbe an der Gesamtfläche. Vergleicht eure Ergebnisse.

1 Bestimme den Teil der Fläche, der rot eingefärbt ist.

a)  b)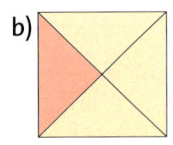

c) 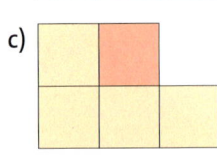 d)

e)  f)

2 Bestimme den Teil der Strecke, der rot markiert ist.

a)  b)

c)  d)

3 Hier siehst du verschiedene Flaggen:

 Italien 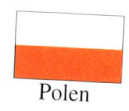 Polen  Deutschland

a) Bestimme für jede Flagge den Bruchteil, den jede Farbe einnimmt.

b) Gestalte eine eigene Flagge, bei der $\frac{1}{6}$ grün und $\frac{1}{3}$ orange ist. Der restliche Teil der Flagge soll gelb werden.
Bestimme zunächst den Anteil der gelben Fläche.

4 Erläutere die folgenden Abbildungen.

a)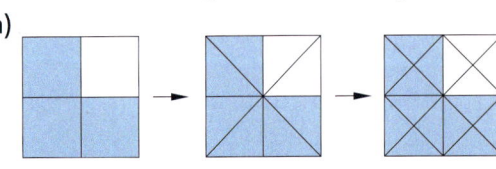

b)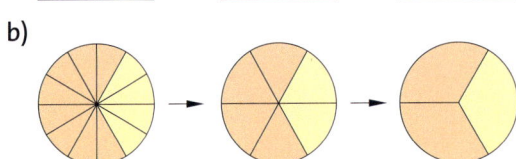

1 Welcher Teil der Gesamtfläche ist rot (gelb) eingefärbt?

a) 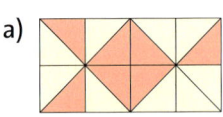 b)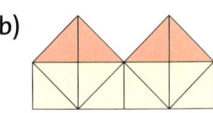

c) 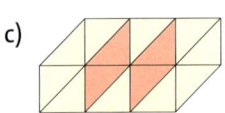 d)

e) 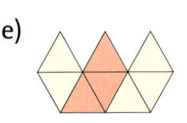 f) 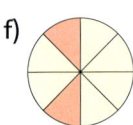 g)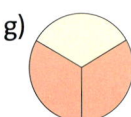

2 Zeichne für jede Teilaufgabe eine Strecke mit 8 cm Länge.
Markiere den angegebenen Streckenteil.

a) $\frac{1}{2}$ b) $\frac{1}{4}$ c) $\frac{5}{8}$ d) $\frac{7}{16}$

3 Bei einer vollen Umdrehung überstreicht der Sekundenzeiger einer Stoppuhr 60 Sekunden. Das ist eine Minute.
Welche Bruchteile einer Minute sind hier gestoppt? Wie viele Sekunden sind das?

a) 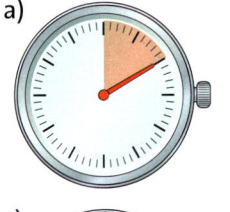 b)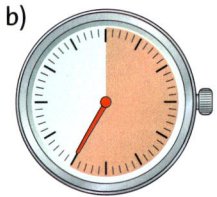

c) 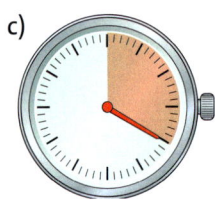 d)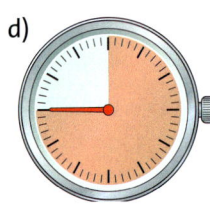

4 Gib jeweils mehrere Brüche an, die genau so groß sind wie der dargestellte rote Anteil.

a)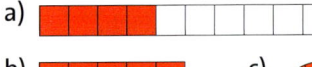

b) 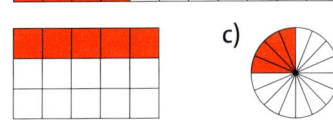 c)

5 Welche Brüche sind gleich? Begründe.

$\dfrac{4}{24}$; $\dfrac{1}{3}$; $\dfrac{2}{6}$; $\dfrac{2}{12}$; $\dfrac{1}{6}$; $\dfrac{3}{18}$; $\dfrac{40}{240}$; $\dfrac{3}{9}$; $\dfrac{4}{12}$; $\dfrac{20}{60}$; $\dfrac{10}{30}$

6 Berechne die Bruchteile.

a) $\dfrac{2}{9}$ von 360 € b) $\dfrac{2}{5}$ von 80 m

c) $\dfrac{3}{4}$ von 100 kg d) $\dfrac{5}{6}$ von 132 h

e) $\dfrac{3}{10}$ von 420 cm f) $\dfrac{5}{8}$ von 256 t

7 Das Kreisdiagramm zeigt, welcher Teil des gesamten Niederschlags der Bundesrepublik Deutschland an der Oberfläche verdunstet, durch Flüsse oder Bäche zum Meer abfließt oder durch den Boden zum Grundwasser absickert.

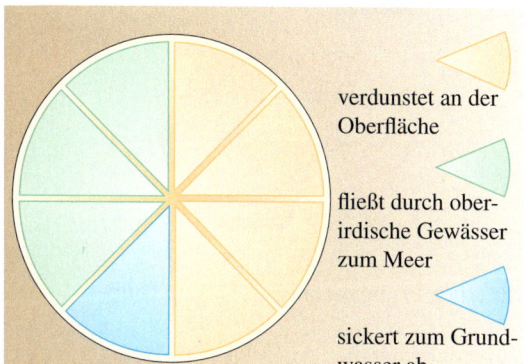

verdunstet an der Oberfläche

fließt durch oberirdische Gewässer zum Meer

sickert zum Grundwasser ab

Welcher Teil des gesamten Niederschlags …
a) verdunstet?
b) fließt oberirdisch ab?
c) versickert?
d) fließt oberirdisch zum Meer oder sickert zum Grundwasser ab?

8 Rechne um und fülle die Lücken im Heft.

a) $\dfrac{1}{2}$ h = ▨ min b) $2\dfrac{1}{4}$ h = ▨ min

c) $\dfrac{2}{3}$ d = ▨ h d) $1\dfrac{3}{5}$ kg = ▨ g

e) $3\dfrac{1}{2}$ l = ▨ ml f) $2\dfrac{7}{10}$ g = ▨ mg

9 Ordne der Größe nach.
Beginne mit dem kleinsten Bruch.

a) $\dfrac{3}{5}$; $\dfrac{16}{30}$; $\dfrac{7}{10}$; $\dfrac{9}{15}$ b) $\dfrac{2}{5}$; $\dfrac{5}{6}$; $\dfrac{1}{2}$; $\dfrac{3}{4}$; $\dfrac{9}{10}$

5 Erweitere, falls möglich auf Hundertstel.

$\dfrac{1}{2}$; $\dfrac{1}{3}$; $\dfrac{3}{4}$; $\dfrac{3}{5}$; $\dfrac{5}{6}$; $\dfrac{2}{8}$; $\dfrac{3}{8}$; $\dfrac{7}{10}$; $\dfrac{8}{12}$; $\dfrac{9}{12}$; $\dfrac{10}{12}$; $\dfrac{11}{12}$; $\dfrac{7}{13}$

6 Gib in Brüchen an. Ergänze im Heft.

a) 500 g = ▨ kg b) 750 m = ▨ km
c) 20 min = ▨ h d) 3 mm = ▨ cm
e) 250 kg = ▨ t f) 125 m = ▨ km
g) 50 min = ▨ h h) 4 cm = ▨ dm

7 Eine ausgewachsene Dogge benötigt pro Tag durchschnittlich 2 kg Futter.
Das Futter sollte aus $\dfrac{3}{5}$ Fleisch, $\dfrac{3}{10}$ Haferflocken und Gemüse bestehen.
Es ist möglich, das Futter komplett durch 900 g Trockenfutter zu ersetzen.
Eine Packung mit 15 kg Trockenfutter kostet 50 €.

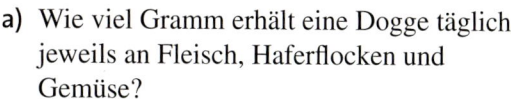

a) Wie viel Gramm erhält eine Dogge täglich jeweils an Fleisch, Haferflocken und Gemüse?
b) Wie lange reicht eine 15-kg-Packung Trockenfutter?
c) Wie teuer ist das Trockenfutter für eine Dogge im Jahr?

8 Rechne um und fülle die Lücken im Heft.

a) $2\dfrac{1}{6}$ h = ▨ min b) $5\dfrac{3}{4}$ h = ▨ min

c) $3\dfrac{7}{10}$ dm = ▨ cm d) $2\dfrac{7}{20}$ h = ▨ min

e) $1\dfrac{4}{5}$ m = ▨ dm f) $2\dfrac{5}{8}$ kg = ▨ g

g) $3\dfrac{1}{8}$ t = ▨ kg h) $12\dfrac{3}{4}$ h = ▨ min

i) $1\dfrac{3}{8}$ l = ▨ ml j) $6\dfrac{2}{3}$ d = ▨ min

9 Ordne der Größe nach.
Beginne mit dem kleinsten Bruch.

a) $\dfrac{2}{3}$; $\dfrac{1}{4}$; $\dfrac{7}{8}$; $\dfrac{5}{6}$; $\dfrac{11}{12}$

b) $\dfrac{1}{9}$; $\dfrac{1}{4}$; $\dfrac{1}{2}$; $\dfrac{1}{6}$; $\dfrac{1}{12}$; $\dfrac{1}{36}$; $\dfrac{1}{18}$

c) $\dfrac{3}{5}$; $\dfrac{3}{8}$; $\dfrac{7}{8}$; $\dfrac{7}{2}$; $\dfrac{5}{2}$; $\dfrac{5}{12}$

$$\frac{x+y}{2}$$

Teste dich!

(6 Punkte)

1 Die abgebildete Flagge ist die Flagge Kolumbiens.
a) Bestimme den Bruchteil der gelben, der blauen und der roten Fläche.
b) Erfinde eine neue Flagge, in der die Bruchteile der Farben unverändert bleiben.

(5 Punkte)

2 Welcher Bruchteil der Gesamtfläche ist eingefärbt?

a)

b)

c)   d)

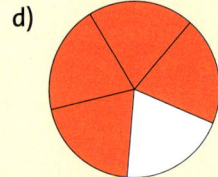

e)

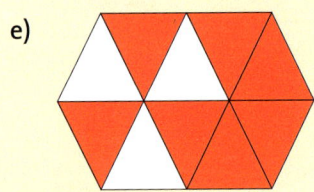

(8 Punkte)

3 Übertrage die Figuren in dein Heft und färbe von jeder Figur die angegebenen Teile.

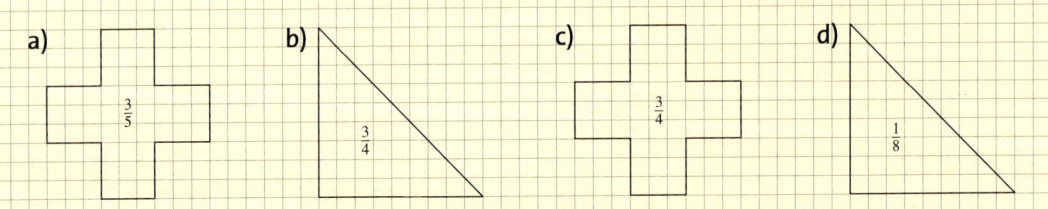

a) $\frac{3}{5}$ b) $\frac{3}{4}$ c) $\frac{3}{4}$ d) $\frac{1}{8}$

(5 Punkte)

4 Veranschauliche folgende Brüche an Rechtecken.

a) $\frac{1}{2}$ b) $\frac{7}{10}$ c) $\frac{3}{5}$ d) $\frac{75}{100}$ e) $\frac{1}{3}$

(3 Punkte)

5 Der abgebildete Würfel besteht aus 27 kleinen, gleich großen Würfeln.
Die sichtbaren Seitenflächen des großen Würfels sind mit I, II und III nummeriert.
a) Welcher Bruchteil der Seitenfläche I ist gelb?
b) Welcher Bruchteil der Seitenflächen II und III zusammen ist rot?
c) Welcher Bruchteil der Seitenflächen I, II und III zusammen ist grün?

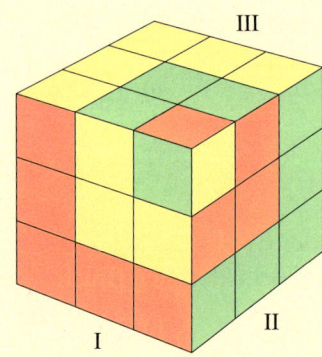

6 Berechne den jeweils angegebenen Bruchteil. *(9 Punkte)*

a) $\frac{2}{7}$ von 77 Gläsern

b) $\frac{1}{4}$ von 108 kg

c) $\frac{1}{3}$ von 930 m

d) $\frac{5}{6}$ von 72 €

e) $\frac{7}{2}$ von 20 l

f) $\frac{4}{5}$ von 95 Tagen

g) $\frac{3}{7}$ von 28 €

h) $\frac{1}{3}$ von 99 t

i) $\frac{5}{12}$ von 24 Monaten

7 Formuliere zu den folgenden Situationen passende Fragen und beantworte sie. *(10 Punkte)*
a) Die Klasse 5 a hat 24 Schüler. Zwei Drittel sind Jungen.
b) Die Klasse 5 b hat 20 Schüler. Der Anteil der Mädchen beträgt $\frac{1}{5}$.
c) Drei Viertel von 600 Schülern kommen mit dem Fahrrad zur Schule.
d) Von 250 untersuchten Fahrrädern waren $\frac{3}{10}$ nicht verkehrssicher.
e) Oma Doris gewinnt 3000 €. An ihr Enkelkind Bastian gibt sie $\frac{7}{100}$.

8 Was ist mehr? *(16 Punkte)*

a) $\frac{1}{4}$ von 72 € oder $\frac{3}{4}$ von 72 €

b) $\frac{2}{5}$ von 135 l oder $\frac{3}{5}$ von 85 l

c) $\frac{2}{3}$ von 660 kg oder $\frac{4}{3}$ von 330 kg

d) $\frac{1}{2}$ von 56 m oder $\frac{1}{4}$ von 108 m

e) $\frac{6}{7}$ von 105 € oder $\frac{3}{4}$ von 64 €

f) $\frac{4}{9}$ von 108 kg oder $\frac{7}{11}$ von 121 kg

g) $\frac{5}{6}$ von 1 h oder $\frac{5}{4}$ von 40 min

h) $\frac{1}{2}$ l von 7 l oder $\frac{1}{2}$ l von 9 l

9 Ermittle die fehlenden Zahlen. *(16 Punkte)*

a) $\frac{1}{5} = \frac{\blacksquare}{10}$

b) $\frac{5}{15} = \frac{1}{\blacksquare}$

c) $\frac{18}{24} = \frac{\blacksquare}{4}$

d) $\frac{2}{\blacksquare} = \frac{12}{30}$

e) $\frac{\blacksquare}{3} = \frac{16}{24}$

f) $\frac{3}{4} = \frac{21}{\blacksquare}$

g) $\frac{49}{63} = \frac{7}{\blacksquare}$

h) $\frac{132}{180} = \frac{11}{\blacksquare}$

i) $\frac{2}{9} = \frac{\blacksquare}{81}$

j) $\frac{7}{8} = \frac{49}{\blacksquare}$

k) $\frac{17}{5} = \blacksquare\frac{\blacksquare}{5}$

l) $\frac{14}{8} = \blacksquare\frac{3}{\blacksquare}$

m) $\frac{\blacksquare}{7} = \frac{66}{77}$

n) $\frac{5}{\blacksquare} = \frac{60}{144}$

o) $\frac{58}{6} = \blacksquare\frac{2}{\blacksquare}$

p) $\frac{108}{48} = \blacksquare\frac{1}{\blacksquare}$

10 Übertrage den Zahlenstrahl ins Heft und markiere die Lage der folgenden Brüche. *(6 Punkte)*

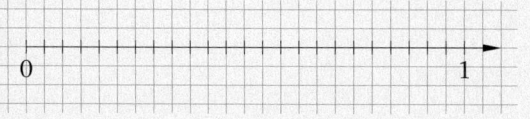

$\frac{1}{2}$; $\frac{3}{4}$; $\frac{1}{3}$; $\frac{5}{8}$; $\frac{7}{12}$; $\frac{17}{24}$

11 Ordne die folgenden Brüche nach der Größe. Beginne mit dem größten Bruch. *(16 Punkte)*

a) $\frac{2}{8}$; $\frac{5}{8}$; $\frac{3}{8}$; $\frac{7}{8}$; $\frac{4}{8}$; $\frac{1}{8}$; $\frac{8}{8}$; $\frac{9}{8}$; $\frac{6}{8}$

b) $\frac{3}{4}$; $\frac{2}{3}$; $\frac{7}{8}$; $\frac{11}{12}$; $\frac{1}{2}$; $\frac{5}{6}$; $\frac{23}{24}$; $\frac{47}{48}$

c) $\frac{1}{3}$; $\frac{1}{2}$; $\frac{1}{4}$; $\frac{1}{8}$; $\frac{1}{12}$; $\frac{1}{5}$; $\frac{1}{9}$; $\frac{1}{7}$; $\frac{1}{10}$; $\frac{1}{1}$; $\frac{1}{6}$; $\frac{1}{11}$

d) $\frac{1}{6}$; $\frac{3}{10}$; $\frac{2}{3}$; $\frac{8}{15}$; $\frac{7}{10}$; $\frac{5}{6}$; $\frac{3}{5}$; $\frac{13}{30}$; $\frac{1}{2}$; $\frac{4}{15}$

$$\frac{x+y}{2}$$

Zusammenfassung

→ Seite 192

Brüche als Teile von Ganzen

Wird ein Ganzes in 2, 3, 4, 5, 6, … gleich große Teile zerlegt, so erhält man Halbe, Drittel, Viertel, Fünftel, Sechstel, … .

Dafür schreibt man $\frac{1}{2}, \frac{1}{3}, \frac{1}{4}, \frac{1}{5}, \frac{1}{6}, \dots$

$\frac{1}{2}$ $\qquad$ $\frac{1}{3}$ $\qquad$ $\frac{1}{8}$

Gleiche Bruchteile können zu einem Bruch zusammengefasst werden.
Der **Nenner** gibt an, in wie viele gleich große Teile das Ganze unterteilt wurde.
Der **Zähler** gibt an, wie viele dieser Teile genommen wurden.

$$\frac{3}{4} \begin{array}{l} \text{— Zähler} \\ \text{— Bruchstrich} \\ \text{— Nenner} \end{array}$$

→ Seite 196

Bruchteile von Größen

Brüche werden häufig genutzt, um **Anteile von Größen** anzugeben.

Möchte man wissen, wie groß der Anteil ist, geht man in zwei Schritten vor:

1) Die Ausgangsgröße wird zunächst durch den Nenner des Bruches geteilt.
2) Das Ergebnis wird mit dem Zähler multipliziert.

Wie viel Milliliter sind $\frac{3}{8}$ Liter Milch?

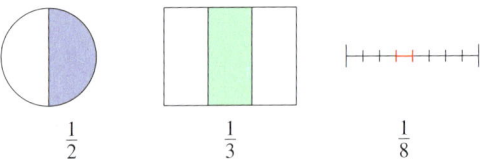

1 Liter = 1000 Milliliter
$\frac{1}{8}$ Liter = 125 Milliliter $\quad$:8
$\frac{3}{8}$ Liter = 375 Milliliter $\quad$ ·3

Brüche, die größer sind als ein Ganzes, werden häufig als gemischte Zahlen geschrieben.
Eine **gemischte Zahl** besteht aus einer natürlichen Zahl und einem Bruch.

Wie viel Minuten sind $1\frac{1}{4}$ Stunden?

$1\,h = 60\,min$ und $\frac{1}{4}h = 15\,min$

$1\frac{1}{4}h = 60\,min + 15\,min = 75\,min$

→ Seite 200

Brüche vergleichen und ordnen

Erweitern eines Bruchs: Zähler und Nenner werden mit der gleichen natürlichen Zahl multipliziert. Der erweiterte Bruch ist genau so groß wie der Ausgangsbruch.

Erweitern eines Bruches:

$$\frac{3}{4} = \frac{3 \cdot 2}{4 \cdot 2} = \frac{6}{8}$$

Kürzen eines Bruchs: Zähler und Nenner werden durch die gleiche natürliche Zahl dividiert. Der gekürzte Bruch ist genau so groß wie der Ausgangsbruch.

Kürzen eines Bruches:

$$\frac{6}{9} = \frac{6 : 3}{9 : 3} = \frac{2}{3}$$

Mithilfe des Zahlenstrahls kann man Brüche gut vergleichen:

Ein Bruch ist größer als ein anderer Bruch, wenn er auf dem Zahlenstrahl weiter rechts liegt.

Aufgabenpraktikum

■ Thema: Bei uns in Sachsen-Anhalt

1 Befragungen von Kindern

a) Im Bild siehst du die Ergebnisse einer Befragung von Kindern zum Thema „Frühstück".

  ① Beschreibe das Diagramm mit deinen eigenen Worten.

  ② Wie viele Kinder wurden befragt?

  ③ In welche Gruppe gehörst du?

  ④ Was meinst du: Warum wurden die Kinder nach ihrem Frühstück gefragt?

Wie häufig frühstücken die Kinder vor Schulbeginn?

b) Bei einer anderen Befragung zum Thema „Insgesamt fühle ich mich wohl in meiner Haut" antworteten von 100 befragten Kindern 2 Kinder mit „stimmt nicht", 6 sagten „stimmt wenig", 19 antworteten „stimmt teils/teils", 29 sagten „stimmt ziemlich" und 44 antworteten „stimmt völlig".
Erstelle zu dem Text ein Säulendiagramm.

HINWEIS

www 212-1

Im Internet findest du die aktuelle Geburtenstatistik für das Land Sachsen-Anhalt. Der Webcode 212-1 führt dich auf eine passende Webseite.

2 Wissenswertes über Sachsen-Anhalt

a) Im Bild siehst du ein Säulendiagramm, in dem die Entwicklung der Anzahl der Neugeborenen im Land Sachsen-Anhalt von 2005 bis 2008 dargestellt ist.

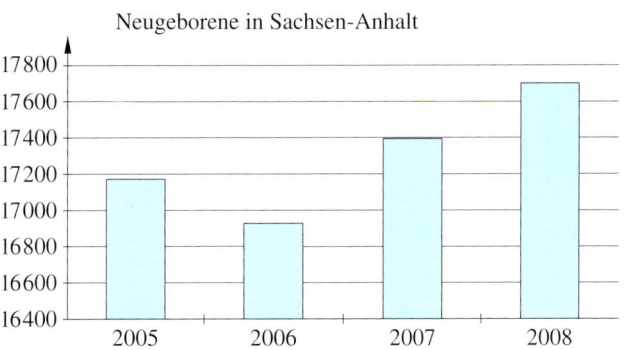

Neugeborene in Sachsen-Anhalt

  ① Beschreibe das Diagramm mit eigenen Worten.

  ② Gibt das Diagramm die Geburtenentwicklung richtig wieder?

  ③ Schätze die Geburtenanzahl in Sachsen-Anhalt im Jahr 2009.

  ④ Vergleiche deinen geschätzten Wert mit dem tatsächlichen Wert.

b) Die folgende Tabelle enthält die Geburtenzahlen im Land Sachsen-Anhalt von 1991 bis 2008.

Jahr	Geburten	Jahr	Geburten	Jahr	Geburten	Jahr	Geburten
1991	19 459	1996	16 152	2001	18 073	2006	16 927
1992	16 284	1997	17 194	2002	17 617	2007	17 387
1993	14 610	1998	17 513	2003	16 889	2008	17 697
1994	14 280	1999	18 176	2004	17 377		
1995	14 568	2000	18 723	2005	17 116		

Zeichne ein Säulendiagramm für diese Jahre und vergleiche es mit dem Diagramm bei a).

c) Schreibe einen kurzen Bericht über die Entwicklung der Geburtenzahlen der letzten 20 Jahre in Sachsen-Anhalt.

10

■ Thema: Schätzen mit Professor Fermi

Professor Fermi war ein Physiker, der seinen Studentinnen und Studenten gern Fragen gestellt hat, die sie nicht genau beantworten konnten.
Er fand besonders die Art und Weise interessant, in der sie sich einer Antwort näherten.

BEISPIEL

Wie viele Nadeln hat ein Weihnachtsbaum?

① **Suche nach geeigneten Hilfsfragen**

Wie groß ist der Baum?
Wie viele Kränze von Ästen hat der Baum?
Wie viele Äste hat jeder Kranz?
Wie viele Astabschnitte hat jeder Ast?

② **Abschätzen (oder Nachschlagen) der benötigten Werte und berechnen**

Der Baum hat 6 Kränze.
Jeder Kranz besitzt 6 Äste.
Jeder Ast hat etwa 30 Astabschnitte.
Jeder Astabschnitt hat ca. 100 Nadeln.
Also: $6 \cdot 6 \cdot 30 \cdot 100 = 108\,000$ Nadeln

③ **Auf Glaubhaftigkeit prüfen**

Kann das sein?
Welche Annahmen könnten falsch gewesen sein?
Wie wirkt sich eine Veränderung der Schätzungen auf das Ergebnis aus? ■

1 Größen schätzen

Auf dem Foto siehst du die Plastik „Der moderne Fußballschuh".
Wie hoch sind diese Riesenschuhe?

2 Zeitspannen schätzen

Arbeitet zu zweit oder in Gruppen und beschreibt eure Vorgehensweise.
Wie viele Stunden (Tage, Wochen, Monate, Jahre) hast du in deinem Leben bisher …
a) mit Essen verbracht?
b) geschlafen?
c) vor dem Fernseher verbracht?
d) telefoniert?
e) Sport getrieben?
f) in der Schule verbracht?
g) gelesen?
h) Zähne geputzt?

NACHGEDACHT
Was meinst du?
Wie viele Straßen-laternen gibt es ungefähr in Deutschland?

3 Weitere Fermi-Aufgaben

a) Wie viele Tische gibt es in deiner Schule?
b) Wie schwer ist euer Schulgebäude?
c) Wie viele Haare hast du auf dem Kopf?
d) Wie viele Weihnachtsbäume werden in diesem Jahr in Deutschland aufgestellt?
e) Wie viele Bäume stehen in Deutschland?
f) Wie alt sind alle Deutschen zusammen?
g) Denke dir selbst eine Fermi-Aufgabe aus.

4 Große Zahlen schätzen

a) Wie alt können Elefanten ungefähr werden?

| 25 Jahre | 60 Jahre | 100 Jahre |

b) Wie schwer ist ein Auto ungefähr?

| 300 kg | 600 kg | 1100 kg |

c) Wie weit ist es von Dessau nach Berlin?

| 11 km | 110 km | 1100 km |

■ Thema: Mathematik und Kunst

1 Parallelen und Senkrechte in der Kunst

a) Dieses Bild hat Wassily Kandinsky 1931 gemalt. Es heißt *Zeichenreihe*.
Zeichne es, so gut es geht, in dein Heft.
Denke daran, die zueinander senkrechten und parallelen Linien mit dem Geodreieck
zu konstruieren.

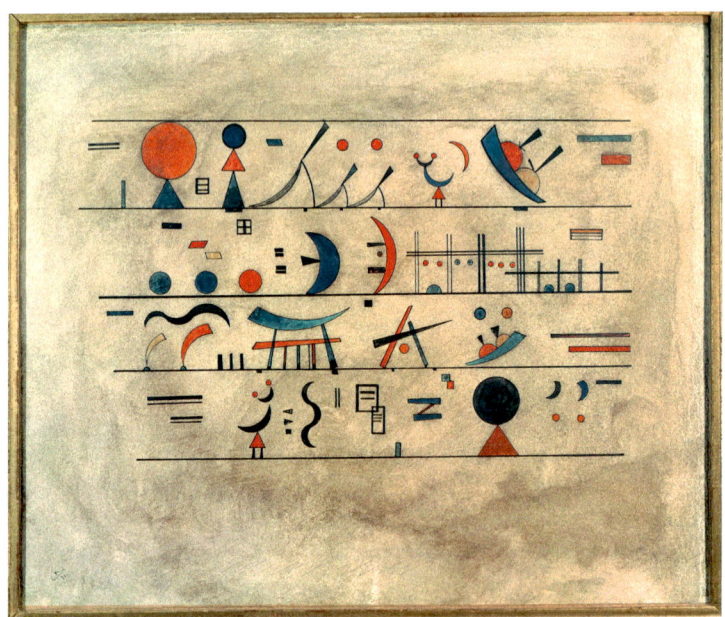

b) Entwirf ein eigenes Bild, in dem viele geometrische Figuren sowie senkrecht und parallel
verlaufende Linien vorkommen.

2 Regelmäßiges im Winter

Hast du schon einmal Schneeflocken ganz genau angesehen?
Unter dem Mikroskop sehen Schneekristalle ganz besonders aus:

 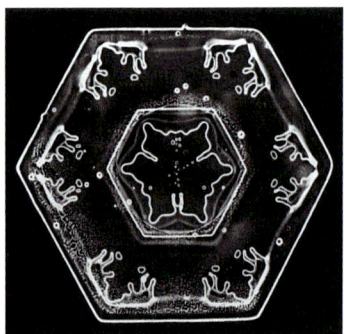 

a) Welche Gemeinsamkeiten und welche Unterschiede kannst du bei den drei verschiedenen
Schneekristallen finden?
Wer von euch findet die meisten Gemeinsamkeiten?

b) Untersuche, wie viele verschiedene Symmetrieachsen jeder Schneekristall hat.
Betrachte die Symmetrie einmal ganz streng wie in der Mathematik und einmal etwas groß-
zügiger, beachte also dann kleine Abweichungen nicht.
Sprecht untereinander über eure Entdeckungen.

c) Entwirf einen eigenen Schneekristall, der streng symmetrisch ist.

■ Thema: Rechnen im Alltag

1 Flohmarkt

Maximilian berät seine kleine Schwester
Hannah beim Einkauf auf dem Flohmarkt.
Hannah möchte gerne ein paar Anziehsachen
für ihre Puppen kaufen. Sie hat 3 Euro
Taschengeld dabei. Maximilian schlägt ihr
vor, eine Jacke für 1 Euro, einen Strampler
für 70 Cent, eine Mütze für 60 Cent und ein
T-Shirt für 50 Cent zu kaufen.
Vom letzten Geld teilen sich die beiden eine
Waffel. Wie teuer ist die Waffel?

2 Wohnungskosten

Janos Mutter erhält für ihre Mietwohnung folgende Nebenkostenjahresabrechnung.

Straßenreinigung	54,76 €	Haftpflichtversicherung	10,50 €
Müllabfuhrgebühren	86,23 €	Allgemeinstrom	7,60 €
Kanalgebühren	106,93 €	Heizkosten	595,44 €
Wasser	79,12 €	Hausreinigung	102,69 €
Gebäudeversicherung	98,16 €	Kabelfernsehen	57,52 €

a) Wie hoch ist die Jahresabrechnung?
b) Janos Mutter hat 1188 €, das sind 99 € im Monat, vorausgezahlt.
   Muss sie noch eine Nachzahlung leisten?

3 Rechnen im Beruf

a) Die Ziegelbrennerei Windmüller hat einen Bestand von 1 500 000 Ziegelsteinen
   zu Beginn des Jahres.

   Im ersten Halbjahr verkauft sie:
   Januar: 23 420 Steine
   Februar: 28 265 Steine
   März: 182 425 Steine
   April: 268 750 Steine
   Mai: 327 685 Steine
   Juni: 124 450 Steine

   ① Welchen Bestand hat die Firma nach dem ersten Vierteljahr?
   ② Welchen Bestand hat sie zu Beginn des Monats Juli?
   ③ Im zweiten Halbjahr verkauft die Firma insgesamt 220 610 Steine.
      Welchen Bestand hat die Firma zu Beginn des nächsten Jahres?
b) Herr Serlin besitzt ein Elektrogeschäft.
   Er beschäftigt fünf Angestellte, die im vergangenen Jahr 13 128 €, 13 436 €, 15 404 €,
   14 012 € und 11 563 € an Jahreslohn erhielten.
   Die Einnahmen betrugen 207 460 €. An Kosten (ohne Lohnkosten) hatte er 68 235 €.
   ① Wie hoch waren die Gesamtausgaben?
   ② Welchen Betrag hatte er im letzten Jahr noch zur Verfügung, wenn er noch zwei Liefer-
      wagen zu dem Preis von 12 050 € und 9845 € gekauft hat?

Thema: Flächen auslegen

1 Puzzleteile erfinden

Der niederländische Künstler und Grafiker
M. C. Escher (1898–1972) beschäftigte
sich viel mit der lückenlosen Aufteilung von
Flächen.
Dabei erfand er Figuren, die gedreht und ver-
schoben wie Puzzleteile ineinandergreifen.
Findest du die Grundfigur in M. C. Eschers
Bild „Begegnung"?

Erfinde selbst Figuren, die man wie in diesem
Bild so aneinanderlegen kann, dass sie eine
komplett bedeckte Fläche ergeben, ohne dass
die einzelnen Figuren sich überschneiden.

2 Wege und Fußböden pflastern

Mit Vielecken kann man Flächen auslegen.
Man findet sie zum Beispiel bei Pflasterungen
auf Wegen oder bei der Gestaltung von Fuß-
böden. Man spricht daher auch von „Parkettierungen".
Beschreibe, welche Vielecke bei den abgebildeten Pflasterungen benutzt wurden.

3 Parkettieren

Zeichne selbst Parkettierungen wie in den
folgenden Abbildungen.

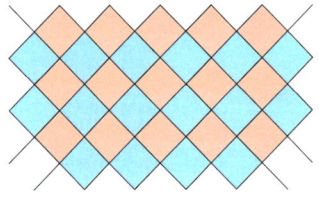

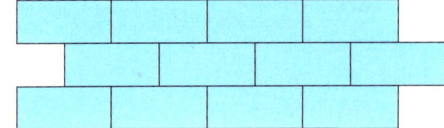

4 Was Farben bewirken

Die abgebildete Parkettierung besteht nur aus
Vierecken.

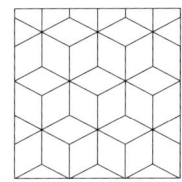
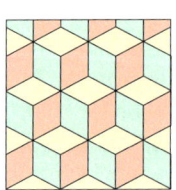

a) Welche Eigenschaften haben die Vierecke?
b) Zeichne die Parkettierung auf Punktpapier.
Beachte den Hinweis am Rand.

c) Male die Flächen mit drei verschiedenen
Farben aus, ähnlich wie in der zweiten Abbildung. Welcher Eindruck entsteht?

HINWEIS

 216-1

*Die Parkettierung
in Aufgabe 4
lässt sich beson-
ders gut auf
Punktpapier
zeichnen.
Unter dem Link
216-1 findest
du ein Arbeits-
blatt mit
Punktraster.*

Thema: Klassenausflug zum Musical

Das Musical „Der König der Löwen" wird in Hamburg aufgeführt.
Die große Abbildung unten zeigt dir den Saalplan des Theaters im Hamburger Hafen.
Die folgende Tabelle beinhaltet die Preise für die einzelnen Sitzbereiche im Saal.

SCHON GEWUSST?
„Der König der Löwen" erzählt die Geschichte des kleinen Löwen Simba, der darum kämpft, seine vorbestimmte Rolle als König einzunehmen.

PK = Preiskategorie (Nettopreise in €)	PK 4	PK 3	PK 2	PK 1
Di 18:30 Uhr, Mi 18:30 Uhr, Do 20:00 Uhr	30 €	55 €	75 €	85 €
So 19:00 Uhr	40 €	60 €	80 €	90 €
Fr 20:00 Uhr, So 14:00 Uhr	45 €	65 €	85 €	95 €
Sa 15:00 Uhr	50 €	70 €	90 €	100 €
Sa 20:00 Uhr	60 €	80 €	100 €	115 €

1 Einnahmen berechnen

a) Ermittle mithilfe des Saalplans die Anzahl der Sitzplätze in den jeweiligen Preiskategorien.

b) Bestimme die Einnahmen durch den Verkauf von Eintrittskarten an einem Dienstag, wenn das Theater ausverkauft ist.

c) Bestimme die Einnahmen durch den Verkauf von Eintrittskarten an einem Samstag, wenn beide Aufführungen ausverkauft sind.

d) Berechne die Wocheneinnahmen durch den Verkauf von Eintrittskarten, wenn alle Aufführungen ausgebucht sind.

2 Zuschauerzahlen berechnen

Bei einer Dienstag-Vorstellung wurden 27 625 € mit den Karten der Preiskategorie 1 eingenommen.

a) Wie viele Zuschauer hatten Karten der Preiskategorie 1?

b) Wie viele Plätze der Preiskategorie 1 waren nicht besetzt?

3 Gruppenreise

Eine Klassenlehrerin organisiert eine Fahrt für 47 Personen zum Musical „Der König der Löwen". Sie hat für 1880 € Karten vorbestellt. Wie teuer war eine Karte?
An welchem Tag besucht die Gruppe das Musical?

■ Thema: Karneval

Der Rosenmontagszug ist der Höhepunkt des Karnevals.
In Köln zum Beispiel stehen bis zu 1 500 000 Zuschauer am Straßenrand.
Etwa 10 000 Personen sind beim Umzug aktiv dabei.

1 Karnevalskostüm nähen
Judith möchte sich ein Kostüm für den Karnevalsumzug nähen.
a) Sie kauft 2,50 m Stoff. Jeder Meter kostet 4,90 €. Wie teuer ist der Stoff?
b) Nachmittags sitzt sie von 13:55 Uhr bis 17:38 Uhr an der Nähmaschine.
  Wie lange war sie mit Nähen beschäftigt?

2 Beute vergleichen
Nach dem Umzug vergleichen Judith und ihre Freunde, wer die meisten Süßigkeiten gefangen hat. Sortiere die Massen nach der Größe und beginne mit der größten.
Anja: 1,02 kg; Ben: 778 g; Franka: 1,21 kg; Judith: 980 g; Niklas: 0,78 kg; Uli: 0,9 kg

3 Wie lange fährt der Zug?
Lies den nebenstehenden Text.
a) Nach welcher Zeit ist der erste Wagen
  im Ziel? Wie spät ist es dann?
b) Um wie viel Uhr ist der letzte Wagen im
  Ziel? Er konnte erst 3,5 Stunden nach dem
  ersten Wagen starten.

> **Rosenmontagszug in Köln**
> Hintereinander aufgestellt haben die Festwagen, Musikkapellen und Fußgruppen eine Länge von etwa 7000 m. Die Strecke ist aber nur 6500 m lang. Der Zug startet um 11 Minuten vor 11 Uhr vormittags. Der Zug kommt pro Stunde etwa 2000 m vorwärts.

4 Material für den Karnevalswagen
Für den Bau der Karnevalswagen in Köln wurden etwa 4200 m Holzlatten, 5 km Bindedraht, 75 kg Nägel und Krampen, 3600 kg Kleber sowie 700 kg Papier verwendet.
Gib alle Maße in mindestens einer kleineren und einer größeren Einheit an.

5 Kamelle
Aus den Wagen werden den vielen Närrinnen und Narren Bonbons und Süßigkeiten (Kamelle) sowie kleine Geschenke wie Blumen oder Stoffpuppen zugeworfen.
Zum Wurfmaterial gehören etwa 140 Tonnen Süßigkeiten und über 700 000 Tafeln Schokolade. Eine Tafel Schokolade wiegt 100 g.
a) Wie viele Tonnen Schokolade werden an die Zuschauer verteilt?
b) Eine 100-g-Tafel Schokolade kostet im Supermarkt 0,35 € und eine 500-g-Tüte Kaubonbons 1,59 €.
  Wie hoch sind die Kosten für die geworfenen Schokoladen und Kaubonbons?

Thema: Geschichten erfinden

1 Hausgeschichten

In einem dreistöckigen Haus wohnen im 1. Stockwerk doppelt so viele Leute wie im Erdgeschoss. Im 2. Stockwerk wohnen 2 Leute mehr als im Erdgeschoss.

a) Wie viele Leute wohnen in dem Haus, wenn im Erdgeschoss 8 Personen wohnen?
b) Kann es sein, dass 21 Leute in dem Haus wohnen?
c) Wie viele Leute könnten insgesamt in dem Haus wohnen?
   Gib verschiedene Lösungen an.
d) Gib eine allgemeine Gleichung an, mit der man die Gesamtzahl der Bewohner des Hauses berechnen kann.
e) Schreibe eine ähnliche Hausgeschichte für die folgenden Gleichungen:
   ① $2 \cdot x + 4 \cdot x + x$ ② $5 \cdot x + x + x - 5$

2 Lichterkettenlänge

Die Firma Hell beginnt bereits im Mai mit der Herstellung von Weihnachtsbeleuchtungen. Das Modell Weihnachtsbaum (siehe rechts) ist aus einem Leuchtschlauch hergestellt und wird in verschiedenen Größen angeboten.

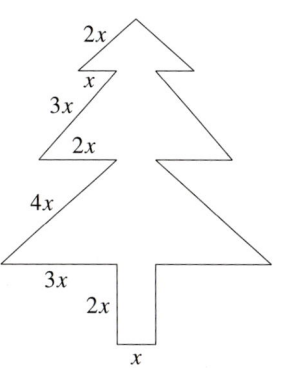

a) Beschreibe mit Worten, in welchem Größenverhältnis die anderen Längen zur „Dicke" des Stamms x stehen.
b) Gib eine Gleichung für die gesamte Länge des benötigten Leuchtschlauchs an.
c) Wie lang muss der Leuchtschlauch insgesamt sein, wenn der Stamm x eine Dicke von 10 cm haben soll?
d) Wie groß muss x sein, wenn man den Baum aus genau 4,55 m Leuchtschlauch herstellen möchte?
e) Schreibe eine Geschichte, zu der deine Gleichung aus b) auch passen würde.

3 Berechnung von Rechenausdrücken

a	b	$2 \cdot a + 3 \cdot b$	$5 \cdot a + 3$	$b + 2 \cdot a + 2 \cdot b$	$2 \cdot a + 3 + 3 \cdot a$	$7 \cdot b + 2 \cdot a - 4 \cdot b$
2	3					
6	12					
4	0					
0	10					

a) Fülle die Tabelle im Heft aus, indem du für die Variablen die gegebenen Zahlen einsetzt.
b) Vergleiche mit deinem Nachbarn die Ergebnisse der Spalten.
   Was beobachtet ihr, wenn ihr die einzelnen Spalten vergleicht?
c) Vereinfache zusammen mit deinem Nachbarn die folgenden vier Rechenausdrücke und berechne ihre Werte für die gegebenen Zahlen. Setze die Zahlen auch in die ursprünglich gegebenen Rechenausdrücke ein und kontrolliere so, ob du richtig zusammengefasst hast.
   ① $7 \cdot x + 13 \cdot x - 12 \cdot x + 17 \cdot x - 5 \cdot x$ für $x = 3$
   ② $15 \cdot a + 3 \cdot b - 7 \cdot a + 10 \cdot b - 3 \cdot a - 12 \cdot b$ für $a = 3$ und $b = 2$
   ③ $20 \cdot m - 5 \cdot n - 12 \cdot n - 11 \cdot m + 21 \cdot n$ für $m = 4$ und $n = 2$
   ④ $26 \cdot k - 8 + 3 \cdot k - 3 \cdot l - 8 - 4 \cdot l$ für $k = 2$ und $l = 1$
d) Finde jeweils geeignete Zahlen für die Variablen in Teilaufgabe c), sodass der Wert des Terms 100 ergibt.
e) Erfinde kleine Rechengeschichten zu den Rechenausdrücken aus der Tabelle.

■ Thema: Getränke mischen

1 Cocktail „Sweet dream"

Sweet Dream 1

Zutaten
3–4 Eiswürfel
2 cl Bananen-Sirup
2 cl flüssige Sahne
4 cl Grapefruitsaft
Menge: 8 cl
Zubereitung
Die Zustaten in einen
Shaker geben und gut
schütteln.

Sweet Dream 2

Ein Teil Bananensirup,
ein Teil flüssige Sahne
und zwei Teile Grape-
fruitsaft zusammen
mit einigen Eiswürfeln
in einen Shaker geben
und gut schütteln.
Shakerinhalt in ein
Glas schütten.

Sweet Dream 3

Fülle ein Glas zu
einem Viertel mit Ba-
nanensirup, zu einem
weiteren Viertel mit
flüssiger Sahne und zur
Hälfte mit Grapefruit-
saft.
Rühre den Inhalt gut
durch und gib einige
Eiswürfel hinzu.

a) Vergleiche die Rezepte für den Cocktail „Sweet Dream".
Nenne Gemeinsamkeiten und Unterschiede.

b) Welches Rezept würdest du nehmen, wenn du für deine Geburtstagsparty zwei Liter
„Sweet Dream" mixen möchtest? Erkläre, wie du vorgehst.

c) Welches Rezept würdest du nehmen, wenn du ein Glas „Sweet Dream" herstellen möchtest?
Beschreibe und begründe, wie du vorgehst.

2 Frucht-Cocktails mischen

Roadrunner
Energiespender

Zutaten
4 Teile Kirsch-Nektar
3 Teile Grapefruitsaft
1 Teil flüssige Sahne
1 Teil Zucker-Sirup

Rabbit
Karottentrunk

Zutaten
6 Teile Karottensaft
1 Teil Ananassaft
1 Teil Limettensirup

Tutti-Frutti
pfiffiger Frucht-Mix

Zutaten
je 1 Teil Maracujasaft,
Pfirsich-Nektar,
Ananassaft,
Kirsch-Nektar und
flüssige Sahne

Amazonas
Tropen-Cocktail

Zutaten
2 Teile Zitronensaft
2 Teile Maracujasirup
2 Teile Ananassaft
3 Teile Orangensaft

a) Gib für jeden Cocktail die Bruchteile der einzelnen Zutaten an.

b) Bestimme die Menge der Zutaten, wenn 450 ml von jedem Cocktail hergestellt werden sollen.

3 Kaffee-Mix

Frau Völler ist leidenschaftliche Kaffeetrinkerin.
Sie hat in einer Zeitschrift die folgende Tabelle entdeckt.

Cappuccino	ein Teil Espresso, ein Teil Milch und ein Teil aufgeschäumte Milch
Latte	ein Teil Espresso, drei Teile heiße Milch und ein Teil aufgeschäumte Milch
Mocha	ein Teil Espresso, zwei Teile heiße Schokolade und ein Teil aufgeschäumte Milch
Café au lait	Filterkaffee und heiße Milch je zur Hälfte

a) Bestimme für jede Kaffeespezialität den Bruchteil der benötigten Zutaten.

b) Fertige wie im Bild rechts zu jeder Kaffeespezialität eine Zeichnung an, aus der die Anteile
der jeweiligen Zutaten hervorgehen.

c) Berechne die Menge der Zutaten, die zur Herstellung von je 120 ml einer Kaffeespezialität
benötigt werden.

Daten: Seiten 20/21

1 a) zum Beispiel:
① Welche Sendung siehst du am liebsten?
② Wie lange siehst du am Tag fern?
③ Wann siehst du am häufigsten fern?

b) Antworten zu ①:
Kreuze an: ☐ Nachrichten
☐ Zeichentrickfilme
☐ Talkshows

Antworten zu ②:
Kreuze an: ☐ 0–1 Stunde
☐ 1–3 Stunden
☐ mehr als 3 Stunden

Antworten zu ③:
Kreuze an: ☐ morgens
☐ vormittags
☐ mittags
☐ nachmittags
☐ abends

2 ohne die bunten Buchstaben:

Buchstabe	Strichliste	Häufigkeit
a	卌 卌	10
e	卌 卌 卌 卌 卌 卌 卌	35
n	卌 卌 卌 IIII	19
v	III	3

3 a) 20 Mohnbrötchen
b) 150 Brötchen
c) 110 Körnerbrötchen
d) Schokobrötchen
e) Mohnbrötchen

4 a)

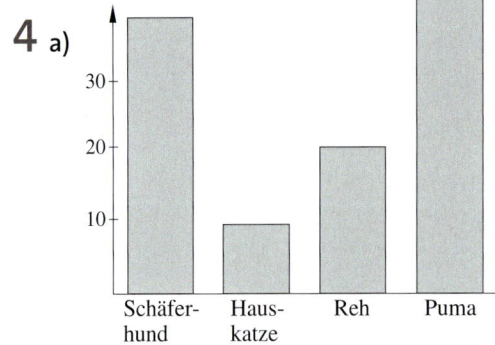

b) Beispiele:
Eine Ameise wiegt zu wenig.
Ein Elefant ist zu schwer.

5 a) Der Fußballverein hat 140 Mitglieder.
Der Handballverein hat 120 Mitglieder.
Der Turnverein hat 80 Mitglieder.
b) Insgesamt hat der Verein 340 Mitglieder.

6 a)

Stadt	Temp.		Stadt	Temp.
Berlin	2 °C		Palma	18 °C
Hamburg	6 °C		Paris	7 °C
London	10 °C		Rom	17 °C
Madrid	12 °C		Tunis	19 °C
München	8 °C		Wien	6 °C
Oslo	12 °C			

b) Die höchste Temperatur ist 19 °C in Tunis.
c) Die niedrigste Temperatur ist 2 °C in Berlin.
d) In Tunis ist es 17 Grad wärmer als in Berlin.
e) verschiedene Lösungen möglich

7 a) Die meisten Wiederholungen hatte Yasmin. Die wenigsten Wiederholungen hatte Svenja.
b) Yasmin hatte 24 Wiederholungen mehr als Svenja.
c)

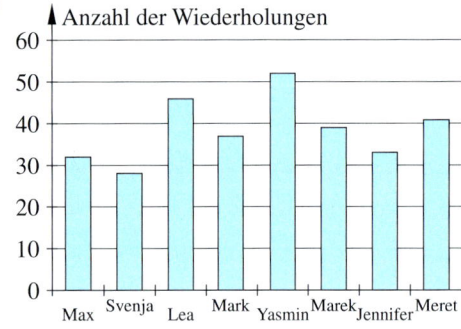

8 a)

Jahr	2007	2008	2009
Taschengeld	58 €	60 €	65 €

b) Das stimmt nicht. 65 € ist nicht das Doppelte von 60 €.
c) Die Einteilung der y-Achse muss bei 0 € beginnen und nicht erst bei 54 €.

9 Das Diagramm zeigt, zu welcher Uhrzeit welche Temperatur gemessen wurde.

Die natürlichen Zahlen: Seiten 42/43

1 a)   40 000;   170 000;   350 000;
     640 000;   990 000;   1 040 000

2 a)
b)
c)
d)
e)
f)

3 a) 9200   b) 312 000 000
   c) 275 502   d) 28 322 000
   e) 20 000 600 000   f) 5 000 320 000 000

4 dreitausendsechshundertundeins;
fünfundfünfzig Billionen einhundert-
dreiundfünfzig Milliarden zwölf;
zwei Milliarden neun Millionen
achtzigtausend

5

	Billionen			Milliarden			Millionen			Tausend					
	H	Z	E	H	Z	E	H	Z	E	H	Z	E	H	Z	E
a)													1	3	0	6	7
b)								2	6	2	0	0	0	0	0
c)					1	0	0	1	1	0	0	0	0	0	0
d)							1	2	7	0	0	0	3	4	5
e)		6	0	0	6	0	0	6	0	0	0	0	0	6	0
f)		5	0	0	0	0	0	0	0	5	0	0	0	0	1

6 a) $8 \cdot 10^4 + 3 \cdot 10^3 + 8 \cdot 10^1 + 3 \cdot 10^0$
   b) $2 \cdot 10^5 + 2 \cdot 10^3 + 2 \cdot 10^2 + 2 \cdot 10^0$
   c) $1 \cdot 10^6 + 2 \cdot 10^5 + 3 \cdot 10^4 + 4 \cdot 10^3 +$
     $5 \cdot 10^2 + 6 \cdot 10^1 + 7 \cdot 10^0$
   d) $2 \cdot 10^8 + 3 \cdot 10^7 + 8 \cdot 10^6 + 2 \cdot 10^2 +$
     $3 \cdot 10^1 + 8 \cdot 10^0$
   e) $5 \cdot 10^{14} + 5 \cdot 10^{11} + 5 \cdot 10^8$
   f) $5 \cdot 10^5 + 2 \cdot 10^1 + 1 \cdot 10^0$

7

	a)	V:	666 998	N:	667 000
	b)	V:	101 009	N:	101 001
	c)	V:	9 999	N:	10 001
	d)	V:	5 Bio. 5 Mrd. 998	N:	5 Bio. 5 Mrd. 1000
	e)	V:	99 998 999 999	N:	99 999 000 001
	f)	V:	gibt es nicht	N:	1

8 a) 9 101 101   b) 2 463 577 899
   c) 2 463 577   d) beide sind gleich
   e) 123 789 760 000   f) 178 157 789 999

9 a) $5^2 = 25$ b) $3^3 = 27$
   c) $1^7 = 1$ d) $10^5 = 100 000$
   e) $2^4 = 16$ f) $0^6 = 0$

10 a) $3 \cdot 3 = 9$ b) $2 \cdot 2 \cdot 2 = 8$
   c) $7 \cdot 7 = 49$
   d) $0 \cdot 0 \cdot 0 \cdot 0 \cdot 0 \cdot 0 \cdot 0 \cdot 0 = 0$
   e) $10 \cdot 10 \cdot 10 \cdot 10 \cdot 10 = 100 000$
   f) $1 \cdot 1 \cdot 1 \cdot 1 \cdot 1 \cdot 1 \cdot 1 \cdot 1 \cdot 1 \cdot 1 = 1$

11 a) Luxemburg, Dänemark, Belgien,
     Griechenland, Niederlande,
     Italien, Großbritannien, Frankreich,
     Deutschland
   b) Merkur, Venus, Erde, Mars, Jupiter,
     Saturn, Uranus, Neptun

12 a) $\approx 123 460$; $\approx 123 000$; $\approx 100 000$
   b) $\approx 3 001 000$; $\approx 3 001 000$; $\approx 3 000 000$
   c) $\approx 111 999 110$; $\approx 111 999 000$;
     $\approx 112 000 000$

13 Teilt man das Bild in 20 gleich große
Felder, so findet man ungefähr 15 Blumen in
jedem Feld. Es sind also etwa 300 Blumen auf
der Wiese zu sehen.

Grundbegriffe der Geometrie: Seiten 66/67

1 a) 1 Strecke, 4 Strahlen, 2 Geraden
b) 6 Strecken, 18 Strahlen, 4 Geraden

2 Beispiel:

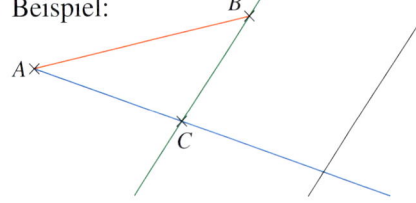

Hinweis: Für die Lage der schwarzen Linie
gibt es zwei Möglichkeiten.

3 a) $g_1 \perp g_3$; $g_2 \perp g_4$
b) $g_1 \parallel g_3$; $g_2 \parallel h_4$; $h_1 \parallel h_2$

4 a) $A(1|3)$; $B(4|3)$; $C(3|2)$; $D(2|4)$;
$E(7|2)$; $F(9|3)$
b) $A(1|1)$; $B(0|3)$; $C(2|0)$; $D(3|3)$;
$E(5|2)$; $F(7|1)$

5 a)
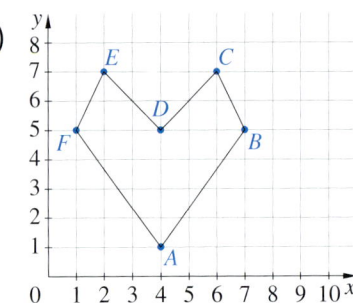

b)

c)
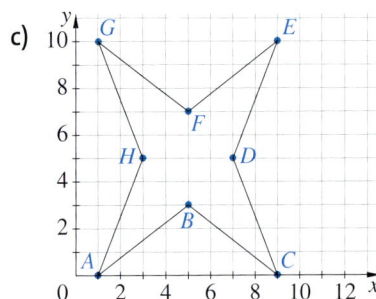

6 a) b) c) d)
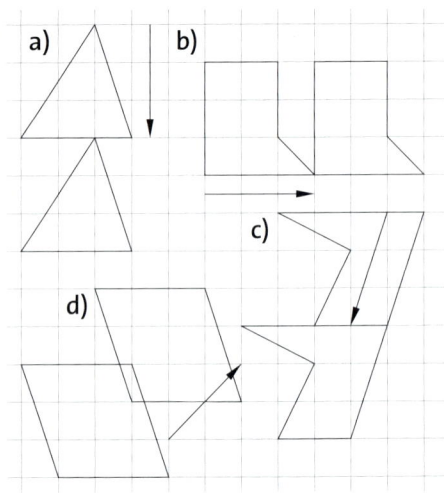

7
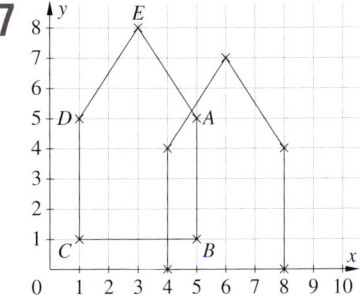

8 a) 1   b) 2   c) 0   d) 3

9
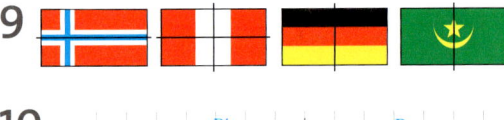

10 a)
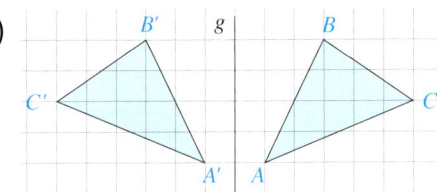

b) Es ergibt sich ein Flugzeug.

11 a)
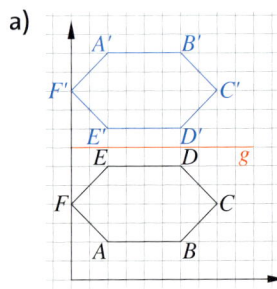

b) $A'(2|12)$,
$B'(6|12)$,
$C'(8|10)$,
$D'(6|8)$,
$E'(2|8)$,
$F'(0|10)$

Natürliche Zahlen addieren und subtrahieren: Seiten 90/91

1
a) Ü: 150 + 230 = 380;   385
b) Ü: 470 + 320 = 790;   791
c) Ü: 1000 + 400 = 1400;   1426
d) Ü: 10000 + 5000 = 15000;   14290
e) Ü: 15000 + 85000 = 100000; 100000
f) Ü: 8000000 + 7000000 = 15000000; 15570507
g) Ü: 400 – 100 = 300;   313
h) Ü: 800 – 300 = 500;   419
i) Ü: 4000 – 1000 = 3000;   2897
j) Ü: 700 – 300 = 400;   365
k) Ü: 13000 – 1000 = 12000; 11468
l) Ü: 300000 – 100000 = 200000; 210891

2
a) 89 – 19 = 70
b) 45 + 136 = 181
c) 2401 + 5428 = 7829
d) 47 – $\boxed{11}$ = 36
e) 368 + 378 = 746
f) $\boxed{108}$ – 60 = 48
g) $\boxed{64}$ + $\boxed{64}$ = 128
h) 68 – 28 = 40

3
a)
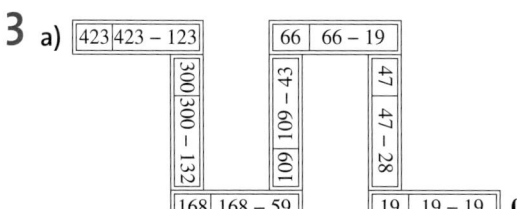

b)
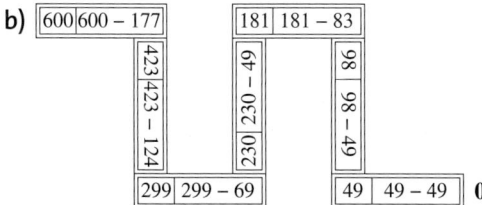

4
a) 13723
b) 845020
c) 8404
d) 54444
e) 12539536
f) 202202
g) 4687
h) 47092

5
a) 18766; 16421; 12965; 8398
b) 832242; 806443; 749568; 652867

6
a) 57 – 5 – 7 – 8 – 2 – 6 = 29
Der Bäcker hat noch 29 Brötchen.
b) 30000 – 4270 – 5660 – 7279 = 12791
Im Tank sind noch 12791 Liter Benzin.

7
a) (124 + 138) + (67 + 58) = 387
b) (182 – 39) – (28 + 49) = 66
c) (147 – 29) + (154 – 39) = 233
d) (224 + 137) – (87 – 39) = 313

8
a)
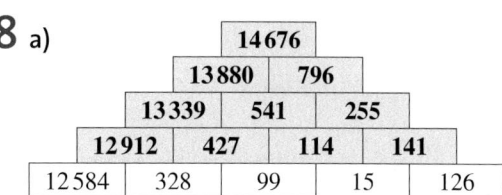

b)
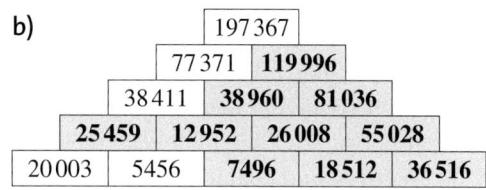

9
2007:   5800 – 204 + 265 = 5861
2008:   5861 –   86 + 195 = 5970
2009:   5970 – 241 + 187 = 5916
Ende 2009 hatte der Verein 5916 Mitglieder.

10
a)
3	13	**11**
17	9	**1**
7	**5**	15

b)
35	**42**	**28**	65
52	41	55	**22**
63	30	44	**33**
20	57	**43**	50

11
a) (35 + 75) + (61 + 19) = 190
b) (68 + 2) + (13 + 27) = 110
c) (74 + 26) + (88 + 12) = 200
d) (37 + 13) + (12 + 58) + (19 + 11) = 150
e) (345 + 155) + (76 + 424) = 1000
f) (778 + 122) + (11 + 99) = 1010
g) (1234 + 566) + 667 = 2467
h) (789 + 111) + (238 + 122) + (45 + 755) = 2060

12 Ü: 5 + 2 + 3 + 2 + 4 = 16
Die gesamten Ausgaben betragen 15,41 €.

Flächen und Körper: Seiten 116/117

1

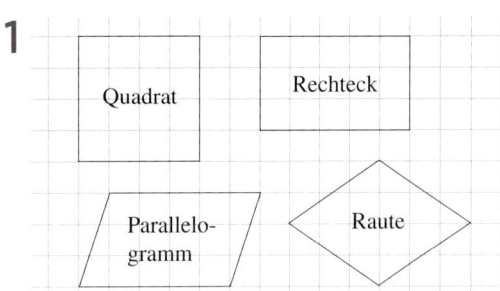

2 a) Quadrat; Raute
b) Würfel
c) Quadrat, Rechteck

3 a) Falsch. Bei einem Rechteck sind nicht unbedingt alle Seiten gleich lang.
b) Richtig.
c) Falsch. Beim Würfel sind alle zwölf Kanten gleich lang und der Würfel ist ein besonderer Quader.
d) Richtig. Alle Seitenflächen eines Würfels sind Quadrate und Quadrate sind besondere Parallelogramme.

4 a) Alle gegenüberliegende Kanten sind jeweils gleich lang und parallel.
Je zwei benachbarte Kanten stehen senkrecht aufeinander.
Alle Seitenflächen sind Rechtecke.
Gegenüberliegende Seitenflächen sind gleich groß und parallel zueinander.
b) Beim Würfel sind zusätzlich alle Kanten gleich lang. Alle Seitenflächen sind Quadrate.

5 a) Beispiel: b) Beispiel:

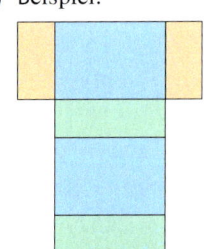 

6 a) 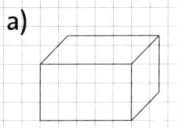   b)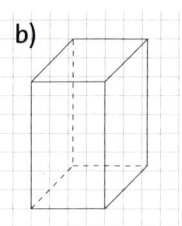

7 a) Beispiel für Quadrat:
$C(8|11)$, $D(0|11)$
Beispiel für Rechteck, das kein Quadrat ist:
$C(8|6)$, $D(0|6)$
b) Beispiel für Quadrat:
$A(0|3)$, $D(3|7)$
Beispiel für Rechtecke, das kein Quadrat ist:
$A(7|0)$, $D(4|4)$

8 a) $D(3|6)$ b) $A(6|1)$
c) $C(12|3)$ d) $B(11|1)$

9 (4) ist das Schrägbild eines Würfels.
Bei (1) und (2) verlaufen die Strecken nach „hinten" nicht an der Kästchendiagonalen entlang.
Bei (3) sind die Strecken nach „hinten" nicht um die Hälfte verkürzt.

10 1 b,   2 c,   3 a

11 a)   b)

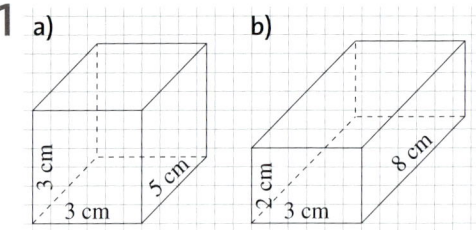

Natürliche Zahlen multiplizieren und dividieren: Seiten 140/141

1
a) $(32 + 76) : 18 = 6$
b) $(14 + 39) \cdot 11 = 583$
c) $(225 - 50) : 35 = 5$
d) $8 \cdot (165 - 82) = 664$
e) $(519 - 279) : 40 = 6$

2
a) 90　　b) 0
c) 12　　d) 700
e) 1　　f) 3
g) 280
h) Durch Null darf nicht geteilt werden.
i) 68　　j) 306
k) 300　　l) 6

3
a) Ü: $200 \cdot 20 = 4000$; 4230
b) Ü: $1500 \cdot 60 = 90\,000$; 92\,318
c) Ü: $8000 \cdot 50 = 400\,000$; 422\,766
d) Ü: $5000 \cdot 3 = 15\,000$; 15\,786
e) Ü: $40\,000 \cdot 8 = 320\,000$; 335\,936
f) Ü: $40\,000 \cdot 10 = 400\,000$; 414\,546
g) Ü: $4000 \cdot 90 = 360\,000$; 377\,970
h) Ü: $90\,000 \cdot 100 = 9\,000\,000$; 8\,626\,380

4 passender Rechenbaum:

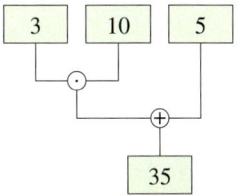

Geschichte zum anderen Rechenbaum, z. B:
Drei Väter besorgen die Getränke für das Klassenfest. Jeder bringt 10 Flaschen Mineralwasser und 5 Flaschen Saft.
Wie viele Flaschen sind das zusammen?

5
a) Ü: $40\,000 : 8 = 5000$; 5249
b) Ü: $40\,000 : 10 = 4000$; 3426
c) Ü: $5000 : 5 = 1000$; 879
d) Ü: $90\,000 : 9 = 10\,000$; 10\,090
e) Ü: $360\,000 : 12 = 30\,000$; 30\,058
f) Ü: $6000 : 6 = 1000$; 1272
g) Ü: $210\,000 : 7 = 30\,000$; 30\,258
h) Ü: $1\,000\,000 : 20 = 50\,000$; 58\,426

6
a)

·	12	5	123
3	36	15	369
8	96	40	984
10	120	50	1230
12	144	60	1476

b)

·	11	28	49	85
13	143	364	637	1105
31	341	868	1519	2635
49	539	1372	2401	4165
75	825	2100	3675	6375

7
a) 256 Rest 1　b) 130 Rest 2
c) 90 Rest 4　d) 72 Rest 4
e) 22 Rest 10　f) 30 Rest 17
g) 15 Rest 14　h) 30 Rest 13
i) 17 Rest 7　j) 12 Rest 20
k) 110 Rest 16　l) 102 Rest 19

8 Es werden 576\,000 Würstchen ausgeliefert. Das sind 96\,000 Päckchen.

9 Der Schatz wiegt 14\,950 g

10
a) Bei 5 Stunden kostet es 193 €.
b) Der Maler hat 12 Stunden gearbeitet.

11
a) Falsch, z. B. $3 + 9 = 12$
b) Falsch, z. B. $5 \cdot 7 = 35$
c) Richtig.
d) Falsch, z. B. $6 : 3 = 2$
e) Falsch, z. B. $2 \cdot (2 \cdot (2 \cdot 3)) = 24$

12
a) $55\,897 : 148 = 377$ Rest 101
Pro Tag werden ungefähr 378 Kilogramm Gemüse benötigt.
b) $590 + 250 = 840$,
$19\,258 : 840 = 22$ Rest 778
Pro Person werden ungefähr 23 Kilogramm Fleisch veranschlagt.
c) $84\,794 : 840 = 100$ Rest 794;
Pro Person werden etwa 100 kg Obst verarbeitet.
$100\,kg = 100\,000\,g$;
$100\,000 : 148 = 675$ Rest 100
Pro Person und Tag werden ungefähr 675 Gramm Obst verarbeitet.

Größen: Seiten 168/169

1 a) zum Beispiel
Zeit, Geld, Längen, Massen
b) für Zeit:
Stunde (h), Minute (min)
für Geld:
Euro (€), Cent (ct)
für Längen:
Meter (m), Zentimeter (cm)
für Massen:
Kilogramm (kg), Gramm (g)

2 ① B   ② D   ③ F   ④ E
⑤ G   ⑥ A   ⑦ C

3 a)

Kaufpreis	gegeben	Wechselgeld
34,50 €	50,00 €	15,50 €
17,80 €	20,00 €	2,20 €
73,00 €	100,00 €	27,00 €
54,60 €	70,00 €	15,40 €

b)

Kaufpreis	gegeben	Wechselgeld
26,50 €	50,00 €	23,50 €
82,65 €	100,00 €	17,35 €
6,05 €	20,10 €	14,05 €
2,83 €	20,00 €	17,17 €

4 a) 3 h 14 min   b) 49 min
c) 1 h 37 min   d) 15 h 59 min
e) 2 h 11 min   f) 9 h 46 min
g) 11 h 48 min   h) 23 h 58 min
i) 9 h 59 min   j) 12 h 22 min

5 Airbus: 177 t = 177 000 kg
Passagiere:
440 · 70 kg = 30 800 kg
Gepäck: 440 · 20 kg = 8 800 kg
Treibstoff: 120 t = 120 000 kg
177 000 + 30 800 + 8 800 + 120 000 = 336 600
Der Airbus wiegt insgesamt 336 600 kg (336,6 t)
und darf starten.

6 a) 2 · 30 cm + 4 · 15 cm + 2 · 20 cm = 160 cm
Man braucht 160 cm Schnur.
b) 160 cm + 2 · 30 cm + 2 · 20 cm = 260 cm
Man braucht 260 cm Schnur.

7 a) Spielmannsau: 938 m
Riffenkopf: 1749 m
Kegelkopf: 1960 m
Höpats: 2258 m
Strahlkopf: 2351 m
Kreuzeck: 2375 m
Kratzer: 2424 m
Öfnerspitze: 2578 m
Großer Krottenkopf: 2657 m
b) 2657 m − 983 m = 1674 m
Der Höhenunterschied zwischen
dem Großen Krottenkopf und der
Spielmannsau beträgt 1674 m.

8 1. Kiste: 5 · 3 · 4 = 60
2. Kiste: 7 · 2 · 4 = 56
In der ersten Kiste passt mehr hinein, weil der
orange Würfel hier 60-mal hineinpasst und in
der zweiten Kiste nur 56-mal.

9 d) 6 cm^2
e) 10 cm^2
b) 14 cm^2
a) 15 cm^2
c) 23 cm^2

10 a) ① 4000 m   ② 360 ct
③ 3500 mg   ④ 16 000 dm
⑤ 4000 mg   ⑥ 120 min
⑦ 3000 mm^2 ⑧ 5 cm^3
b) ① 18 t   ② 5 dm^3
③ 4,590 kg   ④ 1 060 000 m^2
⑤ 34,50 €   ⑥ 34 mm
⑦ 72 h   ⑧ 5 m

11 a) Schulweg: 25 min
Unterrichtszeit: 5 · 45 min = 225 min
Pausen: 30 min
          2 · 5 min = 10 min
          10 min
25 min + 225 min + 30 min + 10 min
+ 10 min = 300 min = 5 h
7 : 35 Uhr + 5 h = 12 : 35 Uhr
Carolin hat um 12 : 35 Uhr Unterrichtsschluss.
b) 12 : 35 Uhr + 15 min = 12 : 50 Uhr
Sie ist um 12 : 50 Uhr zu Hause.

Gleichungen: Seiten 186/187

1 a) $78 + 56 = 134$ b) $3 \cdot (78 + 79) = 471$
c) $8 + 2 \cdot 5 = 18$ d) $75 : (50 : 2) = 3$
e) $356 - 58 = 298$ f) $10 + 45 \cdot 2 = 100$

2 a) $5 + 6x$; x: Anzahl der Pizzen
b) $250 + x \cdot 150$; x: gefahrene Kilometer
c) $10x + 39y$;
   x: Anzahl der verschickten SMS;
   y: Dauer der Anrufe in Minuten
d) $6x + 5y$;
   x: Anzahl der Karten für Erwachsene;
   y: Anzahl der Kinokarten für Kinder
e) $39 \cdot x + 100$; x: Anzahl der Fotoabzüge

3

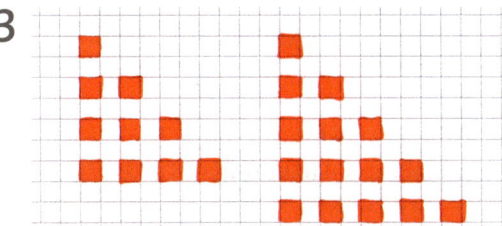

a) Rechenausdruck (3)
b) Die Stufe 8 hat 36 Quadrate:
   $8 \cdot (8 + 1) : 2 = 36$
   Es gibt keine Stufe mit 100 Quadraten:
   Stufe 13 hat $13 \cdot (13 + 1) : 2 = 91$ Quadrate.
   Stufe 14 hat $14 \cdot (14 + 1) : 2 = 105$ Quadrate.

4 a)

x	$5 \cdot x + 3 = 28$	$5 \cdot x + 3 < 28$	$5 \cdot x + 3 > 28$
4	$23 = 28$ f	$23 < 28$ w	$23 > 28$ f
5	$28 = 28$ w	$28 < 28$ f	$28 > 28$ f
6	$33 = 28$ f	$33 < 28$ f	$33 > 28$ w
7	$38 = 28$ f	$38 < 28$ f	$38 > 28$ w

b)

x	$3 \cdot (x + 2) = 14$	$3 \cdot (x + 2) < 14$	$3 \cdot (x + 2) > 14$
0	$6 = 14$ f	$6 < 14$ w	$6 > 14$ f
1	$9 = 14$ f	$9 < 14$ w	$9 > 14$ f
2	$12 = 14$ f	$12 < 14$ w	$12 > 14$ f
3	$15 = 14$ f	$15 < 14$ f	$15 > 14$ w

5 a)

x	$x \cdot 12 > 55$
4	$48 > 55$ f
5	$60 > 55$ w

Sie muss mindestens 5 Monate sparen.

b)

x	$7 \cdot x > 600$
85	$595 > 600$ f
86	$602 > 600$ w

Er muss mindestens 86 Minuten am Tag üben.

6 Es sitzen 30 Fahrgäste im Speisewagen, 90 in der ersten Klasse und 160 Fahrgäste in der zweiten Klasse.

7 a) ① $4 \cdot a + 4 \cdot b + 4 \cdot c$
      ② $6 \cdot a + 4 \cdot b + 6 \cdot c$
   b) ① $300\,\text{cm}$ ② $370\,\text{cm}$

8 a) $5 \cdot 5 + 27 = 52$ w
   b) $33 + 4 \cdot 10 = 73 \neq 77$ f
   c) $12 \cdot 6 + 6 = 78$ w
   d) $26 \cdot 2 - 3 = 49$ w
   e) $4 \cdot (10 + 5) = 60 \neq 64$ f
   f) $462 : 14 \neq 9$ f
   g) $20 \cdot (17 - 5) = 240$ w
   h) $3 + 37 \cdot 0 = 17 \cdot 0 + 3$ w

9 a) $x = 31$ b) $x = 32$
   c) $x = 8$ d) $x = 19$
   e) $x = 45$ f) $x = 13$
   g) $x = 13$ h) $x = 13$
   i) $x = 11$

10 $498 = x \cdot 20 + 178$; $x = 16$
Jannik muss 16 Monate sparen.

11 a) $x \cdot 25 + 50 = 450$; $x = 16$
      Sie muss 16 Monate sparen.
   b) $x \cdot 25 = 450$; $x = 18$
      Sie müsste dann 18 Monate sparen.

12 x: Preis des T-Shirts in €
   $130 = (x + 60) + x + (x + 10) = 3 \cdot x + 70$
   $x = 20$
Die Jeans hat 80 € kostet, das T-Shirt hat 20 € und die Kappe hat 30 € gekostet.

13 x: Länge eines Stückes in cm
   $175 = 4 \cdot x + 55$; $x = 30$
Jedes Stück der Leise ist 30 cm lang.

14 x: Alter von Gianna in Jahren
   $x + 2x + (2x + 26) = 56$; $x = 6$
Gianna ist 6 Jahre alt, Pedro ist 12 und die Mutter ist 38 Jahre alt.

Brüche: Seiten 208/209

1 a) Bruchteil der gelben Fläche: $\frac{2}{4}$ oder $\frac{1}{2}$

   Bruchteil der blauen Fläche: $\frac{1}{4}$

   Bruchteil der roten Fläche: $\frac{1}{4}$

   b) verschiedene Lösungen möglich

2 a) $\frac{2}{7}$ b) $\frac{6}{16} = \frac{3}{8}$ c) $\frac{1}{3}$

   d) $\frac{4}{5}$ e) $\frac{7}{10}$

3 Es sind verschiedene Lösungen möglich, zum Beispiel:

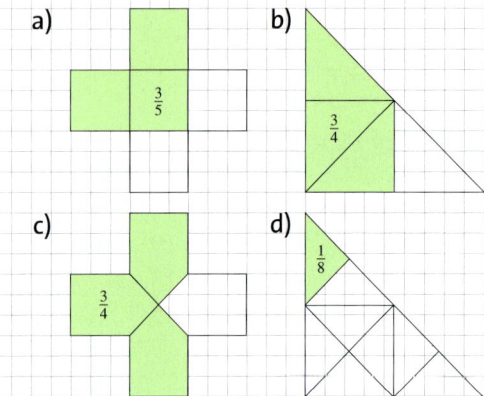

4 Es sind verschiedene Lösungen möglich, zum Beispiel:

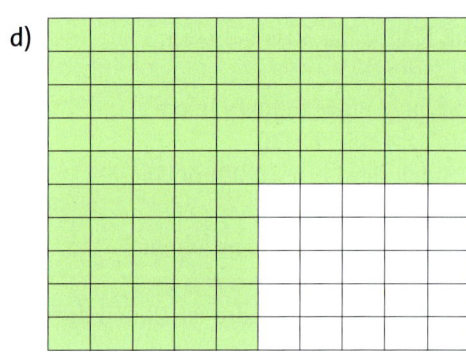

5 a) $\frac{3}{9} = \frac{1}{3}$ b) $\frac{4}{18} = \frac{2}{9}$ c) $\frac{1}{3}$

6 a) 22 Gläser   b) 27 kg
   c) 310 m   d) 60 €
   e) 70 l   f) 76 Tage
   g) 12 €   h) 33 t
   i) 10 Monate

7 a) Wie viele Jungen sind in der Klasse? 16
   b) Wie viele Mädchen sind in der Klasse? 4
   c) Wie viele Schüler kommen mit dem Fahrrad zur Schule? 450
   d) Wie viele Fahrräder waren nicht verkehrssicher? 75
   e) Wie viele gibt Oma Doris ihrem Enkelkind Bastian? 210 €

8 a) $18 € < 54 €$ b) $54 l > 51 l$
   c) $440 kg = 440 kg$ d) $28 m > 27 m$
   e) $90 € > 48 €$ f) $48 kg < 77 kg$
   g) $50 min = 50 min$ h) $\frac{1}{2} l = \frac{1}{2} l$

9 a) $\frac{1}{5} = \frac{2}{10}$ b) $\frac{5}{15} = \frac{1}{3}$ c) $\frac{18}{24} = \frac{3}{4}$

   d) $\frac{2}{5} = \frac{12}{30}$ e) $\frac{2}{3} = \frac{16}{24}$ f) $\frac{3}{4} = \frac{21}{28}$

   g) $\frac{49}{63} = \frac{7}{9}$ h) $\frac{132}{180} = \frac{11}{15}$ i) $\frac{2}{9} = \frac{18}{81}$

   j) $\frac{7}{8} = \frac{49}{56}$ k) $\frac{17}{5} = 3\frac{2}{5}$ l) $\frac{14}{8} = 1\frac{3}{4}$

   m) $\frac{6}{7} = \frac{66}{77}$ n) $\frac{5}{12} = \frac{60}{144}$ o) $\frac{58}{6} = 9\frac{2}{3}$

   p) $\frac{108}{48} = 2\frac{1}{4}$

10

11 a) $\frac{9}{8}; \frac{8}{8}; \frac{7}{8}; \frac{6}{8}; \frac{5}{8}; \frac{4}{8}; \frac{3}{8}; \frac{2}{8}; \frac{1}{8}$

   b) $\frac{47}{48}; \frac{23}{24}; \frac{11}{12}; \frac{7}{8}; \frac{5}{6}; \frac{3}{4}; \frac{2}{3}; \frac{1}{2}$

   c) $\frac{1}{1}; \frac{1}{2}; \frac{1}{3}; \frac{1}{4}; \frac{1}{5}; \frac{1}{6}; \frac{1}{7}; \frac{1}{8}; \frac{1}{9}; \frac{1}{10}; \frac{1}{11}; \frac{1}{12}$

   d) $\frac{5}{6}; \frac{7}{10}; \frac{2}{3}; \frac{3}{5}; \frac{8}{15}; \frac{1}{2}; \frac{13}{30}; \frac{3}{10}; \frac{4}{15}; \frac{1}{6}$

Stichwortverzeichnis

Bildverzeichnis